全国电力行业"十四五"规划教材

U0169292

工程热力学

（第二版）

主　编　华永明

副主编　段伦博

参　编　郭　瑞　崔　毅　杨宏旻

主　审　吴慧英

中国电力出版社
CHINA ELECTRIC POWER PRESS

内 容 提 要

本书主要讲述热力学基本概念、基本定律、气体和蒸汽的热力性质以及各种热力过程和热力循环，对热力学基本关系式和化学热力学也作了扼要的介绍。书中附有例题和习题以及必要的热工图表。全书采用我国法定计量单位，但考虑到当前工程实际，对某些工程单位也做了必要的说明。

本书立足于"教"和"学"，力图能让学生很轻松快乐地理解概念、掌握原理和方法，在文字和图形上力求讲解清晰明白，在符号系统上力图简化，在章节安排上注意教学时间的控制，在内容上注重前后衔接和逻辑的严密性。本书前十章适用 64 学时教学，第十一、十二章为 72 学时增加的授课内容。

本书可作为能源动力类专业工程热力学课程教学用书，也可作为从事核电厂设计、制造、运行、管理的工程技术人员的参考用书。

图书在版编目（CIP）数据

工程热力学/华永明主编 . —2 版 . —北京：中国电力出版社，2023.11
ISBN 978 - 7 - 5198 - 8168 - 9

Ⅰ.①工… Ⅱ.①华… Ⅲ.①工程热力学 Ⅳ.①TK123

中国国家版本馆 CIP 数据核字（2023）第 183309 号

出版发行：中国电力出版社
地　　址：北京市东城区北京站西街 19 号（邮政编码 100005）
网　　址：http://www.cepp.sgcc.com.cn
责任编辑：吴玉贤（010 - 63412540）
责任校对：黄　蓓　常燕昆
装帧设计：赵姗姗
责任印制：吴　迪

印　　刷：廊坊市文峰档案印务有限公司
版　　次：2013 年 9 月第一版　2023 年 11 月第二版
印　　次：2023 年 11 月北京第一次印刷
开　　本：787 毫米×1092 毫米　16 开本
印　　张：15.5
字　　数：384 千字
定　　价：48.00 元

序1
苦甘吾自知

　　华老师布置我给他编写的《工程热力学》写序言，我心中诚惶诚恐：一个无知学子，岂敢在教材上信口开河。不过，这本教材使我回忆起学习热力学时的种种甘苦，是值得写出来和学弟学妹们分享的。

　　工程热力学是一门比较抽象的课程。温度压力很简单，涉及热力学能就复杂起来，碰上焓已"焓焓糊糊"，遇到熵更"熵透脑筋"；热力过程分析也是难点诸多，涉及平衡与非平衡、可逆和不可逆时，显得烦琐难懂、玄而又玄。

　　东南大学学生最喜爱的华老师，以自己对工程热力学的精深理解和多年教学经验，将枯燥的理论讲得更加有趣，课堂上的分析举例无不切中难解之处。现在华老师俨然把他的教学风格延伸到教材之中：书中有丰富的热力学发展史背景，穿插最新的研究成果，同时还加入很多有趣的评论，甚至在十二章中，华老师居然抱怨说："物理学家太过多产的麻烦在于：在电路、热化学领域和热辐射领域都有以基尔霍夫命名的定律"；同时教材行文更加清晰易懂，分析翔实，深中肯綮；教材的知识结构布置更加合理、易于掌握，明显是从学生角度出发而编写，读来顿觉又回到了华老师妙趣横生的课堂。

　　上工程热力学时，我和赵璐等同学深感查询水和水蒸气参数之不便，于是在华老师的指导下，利用国际水蒸气性质协会公布的计算公式，编制了手机上运行的水蒸气热力性质计算程序。这个过程并不像看起来那么简单，尽管公式是现成的，但是仍然需要我们对于水和水蒸气特性进行深入理解：如气液两相区数值求解、饱和参数判断、部分区域同样温度焓值的两组状态参数判断、超临界区域状态参数判断等问题；同时需要考虑手机的运行速度和精度，必须小心选择计算方法和实现方法。解决这些问题动用了我们所学的全部热力学知识和计算机知识。该程序最终发布为同学们提供了方便，并在每一届学生中流传。

　　充分调用所学知识，学以致用，这给我们带来的莫大快乐只有自己经历过才能深刻体会。水和水蒸气的手机工具，虽然算不上什么科研成果，却是几个本科生在工程热力学学习过程中所获得的最光辉的成绩，也是我学习这门课程的一大收获。

　　工程热力学的学习无疑是困难的，但也是充满快乐的。有了这么一本有趣、好懂、易于掌握的课本无疑是学习中的幸事；如果能够积极将学到的知识应用到实际中去，更能使大家感受到学习的乐趣。

学生：李森　2013 年 5 月 13 日

东南大学 2008 届学生，保送东南大学博士研究生

序2
致我们听华老师讲热力学的日子

收到华老师的书稿，迫不及待地阅读。熟悉的风格，熟悉的字句，心中默念，不愧是我们的华老师，一贯的引人入胜，一贯的深入浅出，一贯的旁征博引，一贯的严谨认真。

依然记得华老师在我们的第一堂热力学课上讲的一句话"正确的东西往往是简单的"。当时的我翻着天书般写满各种公式的教材，心中满是疑惑，传说中的"四大名捕"之一能够简单搞定吗？接下来却慢慢发现每一堂课华老师都在用他的方法和行动向我们证实这句话。华老师讲热力学，没有传统的照本宣科，没有快闪的PPT展示，取而代之的是生活现象引发的思考，应用实例的原理解析，简明精辟的归纳总结，科学原理背后的趣味故事。六块黑板，右下角那块是华老师的"保留地"，形象简明的示意图或引出知识，或解释原理；其余五块则永远整齐、简明地写满华老师的板书。热力学课的笔记，视若珍宝，重新整理抄写过不下五遍，至今带着原版，查阅时总能立刻找到相关内容。热力学的作业每次至少写两遍，不是完成不了，更不是作业量大，而是想用干净整洁的作业向认真的老师表达感谢。听华老师讲热力学，羡慕他总有讲不完的故事，惊讶他能够运用科学原理将生活现象解释得如此完美，感叹他能够将复杂的知识概括得清晰简单。暗自勉励自己，要多读书，勤思考，多积累。

翻看本书有一种亲切熟悉的感觉，脑海中总闪现华老师讲课的情形，浑厚的嗓音，幽默的语言，还有大汗淋漓写板书的背影。化繁为简的授课理念，生动幽默的课堂氛围，一丝不苟的现场板书，此般精彩的课堂，此般快乐的学习经历迄今难再遇到。

2008年老师就曾提到过想写一本工程热力学教材，如今终于面世。我想这本书的酝酿时间或许比五年更久，字字句句都凝结着老师这十多年来的心血和经验。拥有此书的学弟学妹们请好好珍惜珍藏。

感恩在二十年的读书经历中能够遇上华老师这样的好老师，钦佩老师的为人为学为师之道。等到重回东大时，希望能够有机会再去听华老师讲课。

祝贺华老师的《工程热力学》出版！

学生：杨燕梅　2013年5月4日

东南大学2011届学生，保送清华大学博士研究生

序 3

无阻力不做功

十分荣幸受到华老师的邀请，再次回忆听华老师讲热力学的日子（致敬一下杨师姐）。热力学是我们能动人最重要的基础课之一，热力学又绝不仅仅是一门基础课。在此入门阶段，有华老师作为引路人的我们是幸运的，没有复杂定理1234需要记忆，对上暗号（$pV = R_gT$），然后跟随华老师开启一段与各类热力循环的爱恨情仇。

言归正传，华老师在热力学课堂上传授的又不仅仅是知识，还有热力学教会我们的有关学习工作的启示。我印象最深的就是"无阻力不做功"这句话。困难与成长总是一体两面。隔三差五地下定决心翻开单词书从"abandon"开始复习是没办法帮你顺利通过四六级的，强迫自己一遍完整的从"A"到"Z"的记忆或许可以，即在学习、工作的过程中，需要感受到阻力才能有收获。

同样的，热力学第二定律告诉我们不可逆热力过程的发展方向总是朝向"熵增"的方向，熵的本质是系统的混乱程度。人的记忆遵循同样的原则，对知识的记忆在没有外界功输入的情况下，总是随时间趋于混乱的，即想要真正掌握并熟练运用知识，需要形成规律、始终坚持学习。

最后，我们始终在探索更高效的能源利用方式，但是热力学第三定律告诉我们绝对零度是无法达到的，如何在这不完美中更进一步，便是属于我们能动人的浪漫。

感恩能够在初入大学之际遇到华老师，华老师严谨治学的态度和亲切幽默的风格给我留下了深刻的印象，曾经的"四大名捕"也真的变成了古老的传说。这是否也说明了，在相同的出功情况下，高效的做功方式的确能够极大地提高产出。

最后，祝贺华老师的《工程热力学》再版！

学生：陈子聿　2023年5月8日
东南大学2018届学生，保送清华大学博士研究生

前　言

十年前，由东南大学华永明主笔的《工程热力学》第一版正式出版，至今已经印刷七次。在此期间，东南大学组建了华永明、段伦博、郭瑞等老师为主的教学团队，收集了教材使用过程中师生的意见和建议，对教材内容进行一些小的修改和优化，在此对使用本书的所有人表示真挚的感谢。

今年，教学团队决定对本教材进行较大规模的修订。本次修订升级，保留了第一版"基于学生学习角度"的特点，坚持以简单的方法说清复杂的理论，并通过重点和难点的强化分析，使学生能快速高效地掌握热力学的基本概念和理论，并掌握分析和解决热力学问题的方法，同时结合当代社会对节能和减排的要求，锻炼和培养学生优化真实热力过程和热工设备的能力。

十年间，教学团队围绕课程进行了多方面的建设，完成了本教材内容所对应教学课件、微课体系、习题等内容，并建设了线上开放课程。线上课程经五年的运行，已经完成了7000多人次的使用量，成为学生的线下补充、课外自学、考研复习的重要工具。结合现代教材的建设，本教材对应的线上内容已整合进本次修订中。请扫描二维码获取资源。

以东南大学周强泰教授为首的一线老师，对第一版《工程热力学》的出版给予了极大的帮助，我们对他们的无私奉献表示感谢和敬意。在第二版的修订中，东南大学的蔡亮教授、沈德魁教授、刘倩教授、马吉亮副教授、陈时熠副教授、刘雪娇讲师等教学团队成员，参与了部分教学内容的优化，对他们的工作表示感谢。

十年间，上海交通大学的崔毅研究员和南京师范大学的杨宏旻教授，对教材的内容提出了很多有益的意见和建议，因此在第二版的修改中，把两位教授也纳入了编者行列。

我们希望，通过这一次的修订，教材质量得到明显的提升，当然，教材仍会有一些不足之处，恳请同行和学生们能不吝指出，这将为我们今后进一步的修订工作发挥很大的作用，不胜感激。

数字资源

华永明

2023 年 10 月 16 日

第一版前言

　　工程热力学课程是动力工程类专业最重要的基础课之一，通常也是动力工程类学生接触到的第一科带有强烈专业特征的课程。

　　本书编者承担工程热力学的教学逾十年，其间经过反复的实践和改进，终于能以较高水平熟练地讲授这门课程，并因此三次获得东南大学教学优秀一等奖，三次在学生会评选的"东南大学十大学生最喜爱的老师"中上榜。

　　在本课程的教学中，编者立足于严密的课程体系，通过规范的理论分析并结合实践特点，对工程热力学中的基本概念，热力学定律，工质的性质、过程和循环进行分析研究，方便学生掌握工程热力学的内容，并建立严谨的科学研究方法。

　　在教学过程中，编者时刻立足于使学生理解理论、掌握方法，坚持删繁就简，抓住核心，舍弃过多的细节，以课程重点和难点的分析为主要教学内容，同时注意培养学生分析问题和解决问题的能力，收到了良好的效果。

　　编者希望本教材能利教利学，因此除了常规的热力学内容外，书中引入了现代最新科学和技术发展的成果，以期引发学生进一步学习的兴趣。

　　本书第一～十章适合 64 课时教学安排，第十一、十二章为 72 课时增加的授课内容。

　　本书由东南大学华永明编著。在本书编写过程中，蔡亮教授、姜慧娟副教授、段伦博副教授给予了大力的支持和帮助，同时感谢周强泰教授、施明恒教授、虞维平教授、李鹤立副教授、王素美副教授、赵玲伶副教授等人的支持和帮助。本书由上海交通大学吴慧英教授主审，主审老师对本书提出不少宝贵的意见和建议，使本书增色不少。

　　虽然编者以无比认真的态度来进行本教材的编写，但更真诚地希望所有的同事和学生们能对本教材进行实事求是的评价，指出存在的问题，本人愿与大家共同努力，使本教材成为热力学教材中的成功一员。

东南大学　华永明

2013 - 05 - 23

符 号 说 明

英 文 字 母

A	面积，m^2
C	物质的热容，kJ/K；余隙容积比
COP	循环性能系数（coefficient of performance）
c	物质的比热容，$kJ/(kg \cdot K)$；工质的流速，m/s
c_p	物质的比定压热容，$kJ/(kg \cdot K)$
c_V	物质的比定容热容，$kJ/(kg \cdot K)$
d	汽耗率，kg/kWh；含湿量，g/kg（DA）
E	物质的储存能，kJ；热量的可用能，kJ
EER	能效比（energy efficiency ratio）
e	物质的比储存能，kJ/kg；热量的可用能，kJ/kg
F	力，N；物质的自由能，kJ/kg
f	物质的比自由能，$kJ/(kg \cdot K)$
G	物质的自由焓，kJ/kg
g	物质的比自由焓，$kJ/(kg \cdot K)$；重力加速度，m^2/s
ΔG_f^0	标准生成自由焓，kJ/mol
H	物质的焓，kJ
h	物质的比焓，kJ/kg；高度差，m
ΔH_c^0	标准燃烧焓，kJ/mol
ΔH_f^0	标准生成焓，kJ/mol
K_p	以分压力计的化学平衡常数
L，l	长度，m
M	体系的质量，kg；物质的摩尔质量，kg/mol
Ma	马赫数
m	物质的质量，kg
n	物质的摩尔数，mol
p	压力，绝对压力，Pa
p_b	背压，Pa
p_g	表压，Pa
p_i	分压力，Pa

p_N	焦-汤效应最大转变压力
p_s	饱和压力，Pa
p_v	真空度，Pa
Q	热量，kJ
q	热量，kJ/kg
q_m	质量流量，kg/s
Q_p	定压热值，kJ/mol
Q_V	定容热值，kJ/mol
R_g	气体常数，J/(kg·K)
R_m	通用气体常数，J/(mol·K)
r	汽化潜热，kJ/kg
S	物质的熵，kJ/K
s	物质的比熵，kJ/(kg·K)
S_f	熵流，kJ/K
s_f	比熵流，kJ/(kg·K)
S_g	熵产，kJ/K
s_g	比熵产，kJ/(kg·K)
ΔS_m^0	物质的标准绝对熵，kJ/(mol·K)
T	绝对温度，K
t	摄氏温度，℃
t_d	露点温度，℃
T_s (t_s)	饱和温度，K（℃）
T_t	理论燃烧温度、绝热燃烧温度，K
t_w	湿球温度，℃
U	物质的热力学能，kJ
u	物质的比热力学能，kJ/kg
V	物质的体积，m³
V_C	余隙容积，m³
V_h	活塞排量，m³
v	物质的比体积（比容），m³/kg
W	容积功，膨胀功/压缩功，kJ
w	比容积功，膨胀功/压缩功，kJ/kg
W_f	流动功，推动功，kJ
w_f	比流动功，推动功，kJ/kg
w_i	质量成分

W_{sh}	轴功，kJ	
w_{sh}	比轴功，kJ/kg	
W_u	化学反应中的有用功，kJ/mol	
W_V	化学反应中的容积功，kJ/mol	
W_t	技术功，kJ	
w_t	比技术功，kJ/kg	
x	蒸汽的干度	
x_i	摩尔成分	
Z	多级压缩机的级数	
z	高度，m	

希 腊 字 母

α	回热抽汽率；缩放喷管的扩张角，(°)
α_p	热膨胀系数，1/K
β	喷管进出口压力比
β_T	定温压缩系数，1/MPa
β_s	定熵压缩系数，1/MPa
γ	比热比；物质的重度，N/m^3
γ_V	物质的弹性系数，1/K
ε	制冷系数；压缩比
ζ	供热系数
η	效率
η_C	压缩机的效率
$\eta_{C,s}$	压缩机的绝热压缩效率
η_N	喷管效率
η_P	水泵内效率
η_t	热机的效率
η_i	汽轮机内效率
$\eta_{t,C}$	卡诺热机的效率
$\eta_{t,p}$	柴油机（定压加热循环）的效率
$\eta_{t,rh}$	再热循环的效率
$\eta_{t,rg}$	回热循环的效率
$\eta_{t,v}$	汽油机（定容加热循环）的效率
$\eta_{t,vp}$	柴油机（混合加热循环）的效率
η_V	单级活塞式压缩机的容积效率

κ	等熵指数
λ	等容升压比
μ_J	绝热节流系数（焦-汤系数）
ξ	热能利用系数
π	升压比
ρ	物质的密度，kg/m^3；等压预胀比
ρ_v	湿空气的绝对湿度，kg/m^3
τ	时间；燃气轮机的升温比
φ	喷管的速度系数；湿空气的相对湿度

角　注

0	上标，化学标准状态
$'$	上标，饱和液体参数
$''$	上标，饱和气体参数
$*$	上标，滞止点参数
C	下标，物质的临界点（critical）；压缩机（compressor）；卡诺（Carnot）
c	下标，喷管的临界状态（critical）
da, DA	下标，干空气（dry air）
E	下标，膨胀机（expander）
e	下标，交换（exchange）
g	下标，气体（gas）
in	下标，进口
iso	下标，孤立系（isolate）
max	下标，最大值（maximum）
min	下标，最小值（minimum）
opt	下标，最佳值（optimal）
out	下标，出口
P	下标，水泵（pump）
s	下标，声速的（sonic）；饱和的（saturate）
sys	下标，系统（system）
T	下标，汽轮机（turbine），包括汽轮机和燃气轮机
tp	下标，三相点（triple point）
v	下标，空气中的水蒸气（vapour）

热力学史上的科学家

序号	中文名	外文全名	身份	生卒时间
1	培根	Francis Bacon	英国作家、哲学家	1561.1.22—1626.4.9
2	伽利略	Galileo Galilei	意大利物理学家、天文学家	1564.2.25—1642.1.8
3	托里拆利	Evangelista Torricelli	意大利物理学家、数学家	1608.10.15—1647.10.25
4	帕斯卡	Blaise Pascal	法国物理学家、数学家	1623.6.19—1662.8.19
5	玻义耳	Robert Boyle	英国化学家	1627.1.25—1691.12.30
6	华仑海特	Daniel Gabriel Fahrenheit	荷兰物理学家	1686.5.24—1736.9.16
7	摄尔修斯	Anders Celsius	瑞典物理学家、天文学家	1701.11.27—1744.4.25
8	瓦特	James Watt	英国发明家	1736.1.19—1819.8.19
9	拉瓦锡	Antoine-Laurent de Lavoisier	法国化学家	1743.8.26—1794.5.8
10	查理	Jacques Alexandre Cesar Charles	法国物理学家、数学家	1746.11.12—1823.4.7
11	伦福德	Benjamin Thompson (Rumford)	英国物理学家	1753.3.26—1814.8.21
12	道尔顿	John Dalton	英国化学家	1766.9.6—1844.7.26
13	阿伏加德罗	Amedeo Avogadro	意大利化学家	1776.8.9—1856.7.9
14	盖·吕萨克	Joseph Louis Gay·Lussac	法国化学家、物理学家	1778.12.6—1850.5.9
15	戴维	Humphry Davy	英国化学家	1778.12.17—1829.5.29
16	斯特林	Robert Stirling	英国物理学家	1790.10.2—1878.6.6
17	卡诺	Sadi Carnot	法国物理学家	1796.6.1—1832.8.24
18	克拉珀龙	Benoit Pierre Emile Clapeyron	法国物理学家	1799.1.26—1864.1.28
19	赫斯	Germain Henri Hess	瑞士化学家	1802.8.7—1850.11.30
20	安德鲁斯	Thomas Andrews	爱尔兰物理化学家	1813.12.19—1885.11.26
21	迈耶	Julius Robert Mayer	德国物理学家	1814.11.25—1878.3.20
22	焦耳	James Prescott Joule	英国物理学家	1818.12.24—1889.10.11
23	亥姆霍兹	Hermann Ludwig Helmholtz	德国物理学家、数学家等	1821.8.31—1894.9.8
24	克劳修斯	Rudolf Clausius	德国物理学家、数学家	1822.1.2—1888.8.24
25	基尔霍夫	Gustav Robert Kirchhoff	德国物理学家	1822.3.12—1887.10.17
26	开尔文	William Thomson	英国物理学家	1824.6.26—1907.12.17
27	麦克斯韦	James Clerk Maxwell	英国物理学家、数学家	1831.6.13—1879.11.5
28	奥托	Nikolaus August Otto	德国发明家	1832.6.11—1891.1.28
29	门捷列夫	Dmitri Ivanovich Mendeleev	俄国化学家	1834.2.7—1907.2.2
30	范德瓦尔	Van Der Waals	荷兰物理学	1837.11.23—1923.3.8
31	马赫	Ernst Mach	奥地利物理学家、哲学家等	1838.2.18—1916.2.19
32	吉布斯	Josiah Willard Gibbs	美国化学家、物理学家	1839.2.11—1903.4.28
33	玻尔兹曼	Ludwig Edward Boltzmann	奥地利物理学家	1844.2.20—1906.9.5

序号	中文名	外文全名	身份	生卒时间
34	勒·夏特列	Le Chatelier	法国化学家	1850.10.8—1936.9.17
35	昂纳斯	Kamerlingh Onnes	荷兰物理学家	1853.9.21—1926.2.21
36	狄塞尔	Rudolf Diesel	德国发明家	1858.3.18—1913.9.3
37	普朗克	Max Karl Planck	德国物理学家	1858.4.23—1947.10.3
38	能斯特	Walter Nernst	德国物理学家，化学家	1864.6.25—1941.11.18
39	布里渊	Léon Brillouin	法国物理学家	1889.8.7—1969.10.4
40	香农	Claude Elwood Shannon	美国数学家	1916.4.30—2001.2.26
41	普里戈金	Llya Prigogine	比利时化学家、物理学家	1917.1.25—2003.5.28
42	朱棣文	Steven Chu	美国华裔物理学家	1948.2.28—

目　录

序 1　苦甘吾自知

序 2　致我们听华老师讲热力学的日子

序 3　无阻力不做功

前言

第一版前言

符号说明

热力学史上的科学家

绪论 ·· 1

第一章　基本概念 ··· 8

　第一节　热力系 ·· 8

　第二节　热力状态和热力过程 ··· 11

　第三节　状态参数 ··· 12

　第四节　状态方程和状态图 ·· 20

　习题 ··· 21

第二章　热力学第一定律 ·· 22

　第一节　简单可压缩系的能量形式 ···································· 22

　第二节　闭口系能量方程 ··· 25

　第三节　开口系能量方程 ··· 26

　第四节　稳定流动能量方程 ·· 28

　第五节　稳定流动能量方程的应用 ···································· 31

　习题 ··· 34

第三章　热力学第二定律 ·· 36

　第一节　可逆过程和不可逆过程 ······································ 36

　第二节　卡诺定理 ··· 38

　第三节　状态参数——熵 ··· 41

　第四节　克劳修斯不等式 ··· 44

　第五节　过程中的熵 ··· 46

　第六节　熵方程 ··· 48

　第七节　热力学第二定律 ··· 51

　第八节　系统的可用能分析 ·· 53

　习题 ··· 57

第四章　理想气体的性质和过程 ····································· 60

　第一节　理想气体的模型和状态方程 ································· 60

　第二节　理想气体的参数 ··· 63

   第三节　理想气体混合物 ……………………………………………………… 65

   第四节　理想气体的基本热力过程 …………………………………………… 68

   第五节　理想气体的多变过程 ………………………………………………… 73

   第六节　理想气体的绝热自由膨胀和节流过程 ……………………………… 79

   第七节　理想气体的混合过程 ………………………………………………… 81

   第八节　理想气体的充放气过程 ……………………………………………… 85

   习题 …………………………………………………………………………… 90

第五章　气体的高速流动 …………………………………………………………… 93

   第一节　一元流动基本方程 …………………………………………………… 93

   第二节　气体等熵流动的定性分析 …………………………………………… 95

   第三节　气体等熵流动的定量分析 …………………………………………… 98

   第四节　气体不可逆流动过程 ………………………………………………… 104

   习题 …………………………………………………………………………… 108

第六章　气体的压缩过程 …………………………………………………………… 111

   第一节　气体压缩过程的一般分析 …………………………………………… 111

   第二节　单级活塞式压缩机 …………………………………………………… 112

   第三节　活塞式压缩机的余隙容积 …………………………………………… 116

   第四节　多级活塞式压缩机 …………………………………………………… 117

   习题 …………………………………………………………………………… 120

第七章　气体动力循环 ……………………………………………………………… 122

   第一节　汽油机循环 …………………………………………………………… 122

   第二节　柴油机循环 …………………………………………………………… 125

   第三节　燃气轮机循环 ………………………………………………………… 128

   第四节　斯特林机循环 ………………………………………………………… 133

   习题 …………………………………………………………………………… 135

第八章　水和水蒸气的性质及其动力循环 ………………………………………… 138

   第一节　实际气体的状态方程 ………………………………………………… 138

   第二节　水和水蒸气的性质 …………………………………………………… 143

   第三节　水和水蒸气的过程 …………………………………………………… 149

   第四节　朗肯循环 ……………………………………………………………… 152

   第五节　参数对朗肯循环的影响 ……………………………………………… 155

   第六节　再热循环 ……………………………………………………………… 157

   第七节　回热循环 ……………………………………………………………… 159

   习题 …………………………………………………………………………… 163

第九章　湿空气 ……………………………………………………………………… 166

   第一节　湿空气的基本性质 …………………………………………………… 166

   第二节　湿空气的参数 ………………………………………………………… 168

   第三节　湿空气过程 …………………………………………………………… 171

   习题 …………………………………………………………………………… 177

第十章　制冷循环 ··· 179
　第一节　逆向卡诺循环 ··· 179
　第二节　空气压缩制冷循环 ··· 180
　第三节　蒸汽压缩制冷循环 ··· 183
　第四节　利用热能的制冷循环 ······································· 186
　第五节　联合循环 ··· 188
　习题 ··· 191

第十一章　热力学一般关系式 ····································· 194
　第一节　物质的热系数 ··· 194
　第二节　物质的特性函数 ··· 196
　第三节　熵、热力学能和焓的一般关系式 ····························· 199
　第四节　比热容的特性、声速和焦—汤系数 ··························· 202
　第五节　水和水蒸气参数的计算 ····································· 204
　习题 ··· 206

第十二章　化学热力学基础 ······································· 208
　第一节　化学反应中的能量守恒 ····································· 208
　第二节　燃烧反应的热能特性 ······································· 210
　第三节　化学反应的方向 ··· 214
　第四节　热力学第三定律 ··· 221
　习题 ··· 223

附录 ··· 225
　附录1　常用理想气体的基本热力性质 ································· 225
　附录2　常用理想气体的比定压热容（多项式） ························· 225
　附录3　常用理想气体的平均比定压热容（0～t） ····················· 226
　附录4　常用理想气体的平均比定容热容（0～t） ····················· 227
　附录5　氨的 $\lg p\text{-}h$ 图 ································· 228
　附录6　一些物质的标准燃烧焓 ····································· 228
　附录7　一些物质的标准生成焓、标准生成自由焓和绝对熵 ··············· 229

参考文献 ··· 230

绪　　论

一、热力学的研究任务

热力学主要研究热能向机械能转换的过程。

自然界存在着不同形式的能源，从其来源来说，可以分成三类：一类来自太阳，包括太阳辐射能、由太阳辐射转换来的风能、水能、生物质能等，煤、石油、天然气等化石能源是由生物质能转变而来的，本质上也是一种太阳能；第二种是来自地球内部元素衰变放出的能量，包括地热能和用于发电的核能；第三种来自地球和月亮、太阳间的引力相互作用，即潮汐能。这三种来源的能量，可以通过各种形式为人们所利用，最常见的有热能、电能、机械能（动能和位能）等。对现代社会而言，人们最需要的能量形式是电能，因为它可由其他形式的能量转换而来，也可以方便地转换成为其他形式的能量。电能转换的规模可以很大，利用方式可以很多，输送也很方便，已经成为现代社会生活的基石。

现代社会的主力能源是化石燃料（包括煤、石油和天然气），核能、水能、风能和太阳辐射能也占据一定的比例。这些能源中，化石燃料、核能以及今后将成为主力的太阳能热发电，都必须以热能为中间能源，通过一系列的过程最终转化为能为人们利用的机械能或电能。

因此，从人类社会的现状和未来看，如何把热能转换成机械能并继续转换成电能将一直是社会的重要任务，而热力学以此过程为研究对象，在一个相当长的时间内都将发挥重要的作用。

二、热力学的发展史

回顾历史，可以发现，人类首先和"热"这一现象存在各种各样的关系，到了近代，人们开始研究和利用热所具有的做功的特性，即热所具有的"力"的特性。

火山爆发或雷击等自然原因引发了火灾，早期人类发现，火和太阳一样可以给人"温暖"的感觉，而且，过火区域的植物或在火中丧生的动物作为食物的口感变得好多了，消化吸收也容易多了。因此，早期人类开始有意识地保存火种，一方面用火取暖（还包括照明和夜间驱赶野兽），另一方面把火作为烤熟食物的能源。人类通过熟食的方式，增强了对蛋白质的吸收，促进了大脑器官的发育和智力的发展，同时，火强化了早期人类对抗自然界恶劣环境的能力，这都加速了早期人类的进化速度。

在人类进入以制造工具为主要特征的文明发展阶段后，人们首先借助火的力量烧制了简单的陶器。随着对火的利用能力的提高，人们开始烧制青铜器具，再到炼铁和铁器的制造。应该说，用火能力的增强，使人们制造工具的能力增强，这是文明发展的一个重要特征。

在实践发展的同时，人们开始从哲学角度思考世界的构成，并且巧合的是，无论是东方文化中"金木水火土"的五行说，还是古希腊"水火土气"的四元素说，都把火作为世界构成的基础要素。这一阶段，中国东汉时期的哲学家王充提出了"冷不自生"的说法，第一次指出了自然过程具有方向性，在当时无疑是领先的思想。

从 16 世纪起，西方开始了文艺复兴为主的近代科学发展，从此，热力学进入了理论和实践相互印证、相互促进的科学发展历程。

1. 热力学的早期探索

在近代科学发展的各个领域，都不得不提到一个具有革命开创精神的伟大人物，他就是伽利略。在伽利略生活的时代，意大利是世界文明的中心，特别是手工业、矿业在世界处于领先位置。当时，意大利矿业开采的矿井正在逐渐变深，需要水泵把矿井中的水抽出，但托斯卡纳地区的水泵制造商发现水泵只能把 10m 深处的水抽出，超过这个深度，水泵无法工作。伽利略听说这一问题后，马上判断这是因为大气有重量而导致的。随后，伽利略的学生托里拆利于 1643 年进行了著名的水银管试验，得到了大气压力的具体数值。伽利略根据封闭压力随温度变化的性质，制造了气压式温度计，如图 0-1 所示。现在知道，这个气压式温度计的读数不仅受温度的影响，还会受大气压力的影响，因此不是可靠的测温仪器。

但是，伽利略和托里拆利大气压力的实验尝试拉开了热力学定量研究的大幕，紧随其后，在大气压力这个问题上进行研究的是法国物理学家、数学家帕斯卡。

如果要评神童的话，帕斯卡显然是够格的，他在父亲和姐姐的培养下完成教育，很小时就独立发现了欧几里得几何学中的前 32 条定理，并且在 12 岁时证明了三角形的内角之和为 180°。从 1647 年开始，帕斯卡对流体压力进行了系统的研究，用理论证明了液体的压力只和液体的高度有关，并且亲自演示了一根长细管压破酒桶的实验（帕斯卡裂桶实验见图 0-2）。帕斯卡证明了同一地点的大气压力和天气之间存在关系，因此可以用大气压力变化来对天气进行预测；他通过测量山顶和山脚大气压力的变化，发现了大气压力随高度降低的规律。当然，帕斯卡体弱多病（39 岁时就逝世了），因此爬山这样的事情是交给他的侄子做的，不会亲力亲为。帕斯卡对流体压力进行的研究为他赢得了崇高的荣誉——他的名字成为压力的单位。

图 0-1 伽利略的气压式温度计

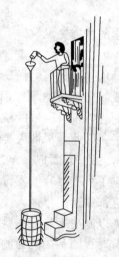

图 0-2 帕斯卡裂桶实验

和压力同时开始进入人们研究范围的还有温度。虽然人们很早就有对温度的感性认识，即"冷热"，但如何衡量冷热是一个有难度的问题。例如，如果把左手放在温水中，把右手放在冰水中，然后双手互握，那会感觉到冷还是热呢？为了准确地测量温度，人们设计制造了各种温度计，如前文所述的伽利略的气压式温度计等。在实践中，人们发现利用物质热胀冷缩原理而设计的水银温度计、酒精温度计、煤油温度计等都能很好地衡量温度的高低。经过长期的尝试，荷兰物理学家华仑海特于 1709 年创立了华氏温标，瑞典物理学家、天文学家摄尔修斯于 1742 年创立了摄氏温标，这两种温标是温度计标定经常采用的，由此，温度衡量有了统一标准的科学手段，并使热力学走上了定量分析的道路。

在热力学的早期探索中还总结出了有关气体性质的三大定律。

英国化学家玻义耳是和伽利略同时代的伟大科学家，因幼时一次误服药物险致丧生，玻义耳开始自己"倒腾"各种各样的物质，因此成为化学家。玻义耳和他的朋友们进行交流的团体后来发展成了英国皇家学会，因此他被公认为是英国皇家学会的创始人。1662 年，玻义耳根据对空气的实验结果，总结出了"在密闭容器中的定量气体，在恒温下，气体的压强和体积成反比关系"，这是人类历史上第一个被"发现"的定律。玻义耳首先提取到了元素磷，发明了至今还在使用的石蕊试纸，还发明了黑墨水（不是今天使用的那种）。玻义耳以及和他同时代科学家（牛顿、胡克、哈雷等）的伟大成就，使英国成为当时世界科学的中心。

法国化学家、物理学家盖·吕萨克在 1802 年发表了以名字命名的定律："定量理想气体，在保持压力不变时，其体积和温度成正比关系"。法国科学家查理经过无数次的实验发现了查理定律："定量理想气体，在保持体积不变时，其压力和温度成正比关系"。查理发现该定律是在 1787 年，但是并未公开发表。盖·吕萨克在 1802 年也独立发现了气体在体积不变时的规律，但他对查理非常尊重，仍然把这一贡献归属于查理。盖·吕萨克是元素碘和硼的发现者，他还发明了硫酸的生产工艺。在物理学领域，他借助热气球升至很高的高空，研究了地磁场的变化规律。盖·吕萨克以及同时代法国科学家（达朗贝尔、拉格朗日、库仑、拉瓦锡、拉普拉斯、安培、泊松、柯西）的努力，使法国成为世界科学研究的中心。

2. 热是物质还是运动？

在热力学发展的过程中，对于热的本质的探讨一直是一个重点。

在 18 世纪以前，认为"热是一种物质"的说法占据主导地位。这是因为，那时候"世界是由物质构成的"这一观点已经深入人心，因此，出现物质论的"热质说""燃素说"等一点也不奇怪。当时，相信热质学说的科学家中不乏大名鼎鼎者，代表性人物就是法国科学家拉瓦锡，他甚至给热质分配了一个元素符号 T。拉瓦锡在法国科学界的地位非常高，他识别出了氧元素和氮元素，发现了化学变化过程中的质量守恒，在他的领导下，法国统一了度量衡，并确定了单位"米"，但遗憾的是，在法国大革命的疯狂浪潮中，他作为旧势力的代表人物被砍去了脑袋。

根据"热质说"，人们成功地建立了热量、比热容的概念以及声速的计算公式，而且，用"热质说"解释一些热力学现象并指导实践工作是非常成功的，在"热质说"观点的指导下，瓦特改进了蒸汽机，傅里叶建立了热传导理论，卡诺提出了卡诺定理。

也有一部分哲学家和科学家不认同"热质"说，认为热是一种物质的运动，而非某种真实的物质。

提出"运动说"的第一人是英国作家、哲学家培根。培根的家世非常显赫，祖上出过英国的首相、大使、掌玺大臣等。他自己 23 岁当选为国会议员、担任过首席检察官、掌玺大臣等，但因为贪污指控而被逐出政治舞台。培根认为热是由物体的各个微小部分的快速不规则运动构成的，但他更多是从哲学思考的角度上得到结论，他也没有条件开展更多的实验研究，他的教育背景也决定了他不可能在理论方面对热力学展开更深入的研究。

1798 年，英籍物理学家伦福德在一篇题为《摩擦产生热的来源的调研》的论文中讲述了他的机械功生热的实验。伦福德在慕尼黑军工厂用数匹马带动一个钝钻头钻炮膛，并把炮筒浸在 60°F 的水中，他发现，一小时后，水温升高了 47°F，两个半小时后，水开始沸腾。伦福德发现，只要机械运动不停止，热就可以不停地产生。如果热是一种物质，则这个源源不断产生的热量是无法解释的。因此，伦福德提出这样一种思想：热是物质的一种运动形式，是粒子振动的宏观表现。

1799 年，英国科学家戴维进行了这样的实验：在一个同周围环境隔离开来的真空容器里，使两块冰互相摩擦熔解为水，根据热质理论，水的比热容比冰高，即水含有的热质是比冰多的，所以，在这里"热质守恒"的关系不成立了，戴维由此断言，热质不存在。

伦福德和戴维的实验彻底摧毁了热质说，并使热力学在正确的道路上开始飞速发展。

3. 热力学第一定律和第二定律的建立

18 世纪与 19 世纪之交，人类在科学研究的各个领域取得了突飞猛进的成就，在力学、电学、化学、热力学、生理学等各方面发现并总结了很多的规律，由于各个领域的研究都存在能量的转换，因此人们自然地对能量的规律给予高度的关注，在这样的背景下，能量守恒定律的建立就水到渠成了。

热力学第一定律是能量守恒定律在热力学领域中的应用和体现，它指出在热力系经历热力过程时各种能量形式之间的约束关系，并明确指出热力系向外输出的功量必须来源于其他形式的能量。它的创立过程集中在 1840～1847 年间，有三位科学家作出了巨大贡献。

德国物理学家、医生迈耶在 1840 年随船队远航的过程中，发现热带病人的静脉血呈鲜红色而寒带病人的静脉血为暗红色，这个现象促使他对生物热的问题开始做系统的研究。迈耶认为热带人们维持体温所需要的热量较少，因此流回心脏的静脉血中还有较多的产热必需的氧气。迈耶从哲学思辨的角度提出了能量转换过程中的守恒思想，但基于他的医学教育背景，他从事热力学这样的自然研究显得有点吃力，而且还犯过物理学上的低级错误，因此有一段时间内备受打击。

英国物理学家焦耳是一位实验高手，他以常人难以坚持的耐心和决心，完成了各种各样的实验，发现了电流发热的焦耳定律等。1840～1879 年间，焦耳用了近 40 年的时间，不懈地钻研和测定了热功当量。他先后用不同的方法做了 400 多次实验，得出结论：热量和功量具有能量上的等价性，并且得到热和功当量之间的等价系数，即热功当量，为能量守恒与转换定律提供了无可置疑的证据。1847 年，29 岁的焦耳在英国科学协会会议上报告了他的成果，这本来是一个小报告，但当时已经很有名气的开尔文勋爵对焦耳的结论提出质疑，于是，焦耳的实验结论成了人们讨论的主题，而且，讨论的结果竟然是"老鼠战胜了猫"，开尔文完败，焦耳跨入了英国大科学家的行列。焦耳没有接受过完整的科学教育，其科学研究的手段主要是实验，这注定了他和迈耶一样无法最终完成热力学第一定律的创立。

和迈耶、焦耳不同的是，德国物理学家亥姆霍兹接受过完整的科学教育，虽然他首先接受的是医学教育（而且因家贫，以毕业后在军队服役 8 年为条件接受军医教育），拿的是医学博士，在医学上也有颇多成就，他测定了神经脉冲的速度，重新提出三原色视觉说，研究了音色、听觉和共鸣理论，发明了验目镜、角膜计、立体望远镜等。亥姆霍兹旁听过柏林大学全部的数学和物理课程，加上他天资聪明，因此其理论功底非常扎实。1847 年，亥姆霍兹在新成立的德国物理学会发表了著名的"关于力的守恒"演讲，从当时已有的科学成果中第一次用数学方式详细地提出今天大家所理解的能量守恒定律，从物理理论方面论证了能量转换的规律性。因为他的这一成就，军队特许他退役，以便能让他更多地从事科学研究。亥姆霍兹的经历从另一个方面说明当时德国对知识和科学的尊重，在这样的氛围中，德国取代法国成为世界科学的中心也就毫不奇怪了。

迈耶的哲学思辨加上焦耳的实验结论，再加上亥姆霍兹的理论归纳和总结，三位科学家的努力使热力学第一定律最终确立。

当时欧洲大地处于如火如荼的工业发展中，对动力的追求是工程师这一群体的主要任务。例如：英国的工程师瓦特1776年制造出第一台有实用价值的蒸汽机，此后又经过一系列重大改进，使之成为"万能的原动机"，在工业上得到广泛应用。瓦特开辟了人类利用能源的新时代，标志着工业革命的开始，后人为了纪念他，把功率的单位定为"瓦特"。

瓦特的巨大成功在于他使蒸汽机的效率提高到原来的5倍，但蒸汽机的效率受何因素影响，效率有没有上限，这一理论问题迫切需要科学家们回答。

在这方面进行开创性工作的是法国的年轻科学家萨迪·卡诺。萨迪·卡诺生活的年代是法国社会激烈动荡的时代，其父亲是当时的风云人物，在当时的民主和封建、共和与独裁的斗争中冲锋陷阵，但最终结局悲惨。卡诺在1924年根据错误的热质学说，通过对蒸汽机效率的研究，指出任何热机的效率都存在上限，上限值取决于热源的温度，即卡诺定理，这一定理揭开了热力学第二定律的研究序幕。卡诺在1832年因霍乱逝世，根据防疫条例，他的所有文字均被焚毁，但后来其弟发现了他留下的部分手稿，其内容表明卡诺已抛弃热质学说，并已接触能量守恒的有关内容。可以猜测，若非卡诺英年早逝，说不定他可以一人独揽确立热力学第一定律和第二定律的荣誉。

卡诺未竟的事业最终是由开尔文和克劳修斯完成的。开尔文原名威廉·汤姆逊，因装设第一条大西洋海底电缆有功，英政府于1866年封他为爵士，并于1892年晋升为开尔文勋爵。开尔文在1851年提出热力学第二定律："不可能从单一热源吸热使之完全变为有用功而不产生其他影响。"开尔文在1854年建立了绝对温标，并在整整100年后，国际计量大会把他的名字作为温度的标准单位。1900年新的世纪到来之际，作为英国乃至世界物理学界最权威的开尔文在新年致辞认为："物理世界晴空万里，唯有两个小问题有待解决：以太理论和黑体辐射的理论解释"。可正是这两朵小乌云所引起的讨论和研究，发展出20世纪物理学两个最重要的领域：相对论和量子力学。

1850年，克劳修斯发表《论热的动力以及由此推出的关于热力学本身的诸定律》的长篇论文，他从"热是运动"对热机的工作过程进行了新的研究，论文第一部分将热力学过程遵守的能量守恒定律归结为热力学第一定律，第一次写出沿用至今的热力学第一定律方程；论文的第二部分在卡诺定理的基础上研究了能量的转换和传递方向问题，提出了热力学第二定律的最著名的表述形式：热不能自发地从较冷的物体传到较热的物体。1854年他引入了一个新的状态参数，并于1865年正式定名为熵。熵的定名标志着热力学第二定律的最终确立。

4. 分子动理论和现代热力学的发展

热力学第二定律建立后，人们开始考虑能量的本质和熵这一参数的物理意义，这一探索过程中，人们建立了分子动理论，在这个领域中作出巨大贡献的是克劳修斯、麦克斯韦、玻耳兹曼。

　　1857 年克劳修斯以十分明晰的方式发展了气体动理论的基本思想，第一次推导出著名的理想气体压强公式，并由此推证了玻义耳定律和盖·吕萨克定律。

　　麦克斯韦是英国公认的牛顿以后最伟大的科学家，他创立了经典电动力学，预言了电磁波的存在，创立了卡文迪许实验室，首先提出了实现彩色摄影的具体方案。在分子动理论方面，麦克斯韦认识到并非所有的气体分子都按同一速度运动，有些分子运动速度慢，有些分子运动速度快，有些以极高速度运动。麦克斯韦推导出了求已知气体中的分子按某一速度运动的百分比公式，该公式称为"麦克斯韦分布式"，是应用最广泛的科学公式之一，在许多物理分支中起着重要的作用。

　　麦克斯韦的思想非常超前，他提出了光压的概念，这在当时很难被人理解，他提出过一个名为"麦克斯韦妖"的假设，本意是用于说明不能把热力学第二定律盲目扩展至任何领域，却不料成为第二定律的一个梦魇，它困扰了热力学几近一个世纪，直至 20 世纪 50 年代才解决。

　　奥地利物理学家玻耳兹曼发展了麦克斯韦的分子运动理论，得到了有分子势能的麦克斯韦—玻耳兹曼分布定律。1872 年，他从更广和更深的非平衡态的分子动力学出发，引进了分子分布的 H 函数，得到了 H 定理，从此，宏观的不可逆性、熵及热力学第二定律就可以用微观统计概率态数联系起来，熵的物理意义得到了清晰明确的阐述。玻耳兹曼是一位坚定的唯物论者，他提出的原子论思想过于超前，遭到许多物理学家的反对和非难，因此他倍感孤立，加上疾病缠身，1906 年在意大利自杀，死后其墓碑上刻有 "S=k log W" 的公式，以永久纪念他的伟大贡献。

　　进入 20 世纪，科学研究的重点已经转向量子力学和相对论等方面，热力学领域的研究没有像这些领域一样风起云涌，但是在某些方面仍取得了巨大的进步。

　　例如，1912 年能斯特提出了热力学第三定律，对化学反应过程中的热力学原理进行了阐述，指出热力学零度是可接近但达不到的，能斯特因此获得了 1920 年的诺贝尔化学奖。卡末林·昂内斯从 1908 年开始进行低温研究，成功地液化了氦，发现了低温下的超导现象，因此获得 1913 年的诺贝尔物理学奖。

　　经过一段时间的沉寂，热力学开始从平衡态热力学向非平衡态热力学发展。比利时物理化学家、理论物理学家普里戈金于 20 世纪 60 年代提出了适用于不可逆过程整个范围的一般判据，并发展了非线性不可逆过程热力学的稳定性理论，提出了耗散结构理论，为认识自然界中（特别是生命体系中）发生的各种自组织现象开辟了一条新路。因创立热力学中的耗散结构理论，普里戈金获 1977 年诺贝尔化学奖。

三、本书主要内容及章节编排

　　（1）本书主要讲述了热力学中四大部分的内容：

　　1）热力学基本定律：包括热力学基本概念，热力学第一定律和第二定律。

　　2）工质的性质：包括理想气体、实际气体、蒸汽、湿空气，以及热力学的一般关系式。

　　3）热力过程和热力循环：包括理想气体的热力过程，流动与压缩，气体动力循环、蒸汽动力循环和制冷循环。

　　4）化学热力学基础。

　　（2）在章节编排上，本书以知识点为串联，根据循序渐进的原则，结合不同计划课时的容量，按以下次序安排：

1）热力学基本概念，热力学第一定律和第二定律。

2）理想气体的性质和过程、流动与压缩过程、气体动力循环。

3）实际气体性质，水和水蒸气的性质，蒸汽动力循环。

4）湿空气。

5）制冷循环。

以上内容，适合 64 个学时的排课计划。若以 72 学时进行安排，则可以增加两部分内容，即热力学一般关系式和化学热力学基础。

第一章 基 本 概 念

第一节 热 力 系

一、热力系的概念

任何一门科学，都以一定的事物或现象作为研究对象。热力学的研究对象就称作热力系。选择热力学的研究对象有两种方法：一种是选择一个物体或一组物体或物体的一部分作

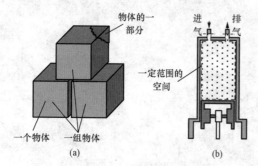

图 1-1 热力系的两种形式

为热力系，例如图 1-1（a）中，一个立方体、三个立方体，或立方体的一个角块都可以选定为热力系，以这种方法选定的热力系，通常都是非常实在的，可以看得见、摸得着的。而图 1-1（b）中所示的一台发动机气缸，气缸壁和活塞围成的虚线空间也可以是选定的热力系，这个对象就显得"虚"一点。

当选取物体或空间作为热力系后，除去这个热力系的其他物体，或其他空间就称作外界，

或称环境，而热力系和外界之间的分界面，称作"边界"，热力系和环境之间的一切作用，都将通过这个边界发生。边界可以真实存在，例如第一种方法选定的立方体的表面是真实的边界，有时也可以是一个虚拟的分界面，例如第二种方法选定空间作热力系时，进气管和排气管处的虚线对应的边界就是虚拟的。

二、热力系的选取原则

选择热力系需要遵循什么样的原则呢？以一个人做热力学可以吗？一个器官呢？一个细胞呢？一个基因呢？一个分子呢？往大的说，一个校区、一个城市、一个国家、地球、太阳系、银河系，甚至于整个宇宙，是不是都可以作为我们选定的研究对象即热力系呢？

回顾热力学的发展历史，可以看到，这一学科的建立和发展，一直以实验观察和理论研究为两条主线，而且一般都是首先通过实验观察总结出一条规律，然后建立一套理论对实验结论作出解释，并且以理论来指导实验或实践。因此，热力学中的一些结论，主要是通过实验事实归纳出来的，这一点可以启发我们确定热力系选取的原则。

想象一下，在教室的角落里放上一瓶香水，打开盖子，过一会儿，教室里将到处变得香香的，因为香水分子已经扩散到整个教室了。注意，我们观察到的是一个"扩散"为主要趋势的现象，如图 1-2（a）所示。

但是如果这一团香水分子非常大，有地球那么大，甚至有太阳这么大，那么，处于香水团边缘的分子将会受到主体分子团的引力作用，产生一个向中心运动集中的效应，而且，如果中心集中了较多的分

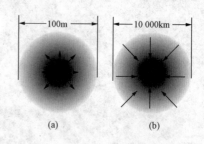

图 1-2 分子团的扩散趋势和趋中趋势
(a) 扩散趋势；(b) 趋中趋势

子，边缘分子受到的引力将更大，使其向中心运动的趋势也将更明显，最终，这一团分子将在引力的作用下形成一个"香水太阳"。注意，我们观察到了一个"趋中"为主要趋势的现象，如图1-2（b）所示。

　　"扩散"是分子力的作用结果，"趋中"是引力作用的结果，"扩散"和"趋中"两种现象哪一个将占主导地位，就是我们选取热力系时需要考虑的。我们选取作为热力系的研究对象可以很大，但一定要分子力的作用远大于引力的作用，这是选取热力系的第一个原则。如果选取的系统中，分子力占主导地位，那么就可以看作热力系，并且适用热力学的结论；反之，如果在某个研究对象中引力占主导地位，那么将它视为热力系就不太合适，把热力学的结论套用于上，有时就会产生荒谬的结论。

　　再回到上面教室香水团的例子，如图1-3（a）所示，若香水团中包含很多分子，那么经过足够长的时间后，这些分子在教室中将基本均匀分布；但如果这个香水团非常小，小到只有几个分子，那么，如图1-3（b）所示，这几个分子有可能会集中于教室的前半部、或后半部、或上半部、或下半部，而不能时时刻刻保证均布在教室的整个空间中。因此，选定为热力学研究对象的体系，一定要包含足够多的分子，以保证我们观察到的现象不是"个别"现象，而是具有统计平均意义的现象。

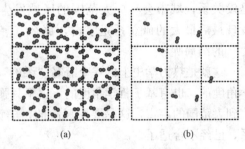

图1-3 分子团的空间均布和不均布
（a）分子空间均布；（b）分子空间不均布

　　所以，我们选取作为热力系的研究对象可以很小，但一定要包括比较多的分子，这是选取热力系的第二个原则。

　　在科学研究和应用实践中，最大的可视为热力系的体系就是地球。典型的，天气预报工作就是以地球的大气以及地球一薄层表面作为一个热力系，采用巨型计算机，根据系统中的一些参数如温度、压力、流速，以及太阳辐射能量等条件来计算这个系统的发展趋势，如某时某地会被一个高压气团占据，某时某地的空气流速将会很大，这些都会对应"晴天""刮风"这样的天气现象。

　　小的方面，现代计算机里用到的CPU，在一个很小的面积上聚集了上千万个微型电子器件或部件，其中的每个器件或部件，尺寸已经在微米级别，但是其包含的分子数目仍然巨大，在这里发生的现象还是满足统计规律的，这是目前我们能遇到的最小的热力系了。

　　一般来说，只要不是太过分大或小，我们可以相对自由地把任何物体或任意空间选定为热力系。

三、热力系和外界存在相互作用

　　热力系一经选定，除它之外的物体或范围称之为外界或环境。热力系和外界之间，会通过边界发生相互作用，包括物质相互作用、能量相互作用，有时还会有一种特别的相互作用，如信息相互作用，这些相互作用会对热力系内部产生各种各样的影响。在热力学的研究范畴内，我们只讨论物质相互作用和能量相互作用。

　　如果热力系和外界只有能量相互作用而无物质相互作用，则称这个热力系为闭口系。例如，把一间教室门窗紧闭，连空气都不能流通，这时，教室只能通过电力输入、阳光透过玻璃窗入射进来、墙壁向外散热等方式和外界交换能量，是一个闭口系。

如果热力系和外界之间有物质相互作用，也存在能量的相互作用，则称为开口系。例如，教室门窗打开后，空气可以流通，人员可以进出，就成为开口系了。

如果热力系和外界之间既无物质相互作用，也没有能量相互作用，这样的热力系称为孤立系。

想象一下：一个教室门窗紧闭，并且切断电力输入以及阳光入射，最后的结果，教室里面的一切都会死亡。当然，下课后，同学们是要去吃饭的，要去补充能量的，作为孤立系的教室变成了开口系，因此生命是能维持的。如果把和教室发生物质交换的那部分，如校区内的食堂也包含在我们的研究范围内，则这时热力系又变成孤立系，又摆脱不了灭亡的结局。幸好校区还会和城市发生物质和能量的相互作用的，那把城市作为研究对象呢，还是没关系，城市会和更大范围的区域发生物质和能量交换。若依次扩大研究范围，就会发现最后最大的孤立系是宇宙，那么，宇宙会不会像我们与世隔绝的教室一样面临"死亡"的结局呢？

这就是热力学史上的一个著名"谬论"，即"热寂"说。对"热寂"说的批判有基于科学角度的，也有基于哲学角度的。这里只强调一条：把一个小范围的热力系内成立的结论推广到大范围的宇宙，这是要冒风险的，毕竟，宇宙中占主导地位的是引力，把它作为热力系，已经不合适了。

如果有物质进出热力系，根据爱因斯坦的质能方程，一定会伴随着能量的进出，因此，只有物质相互作用而无能量相互作用的热力系是不存在的。

四、热力系内部存在多样性

热力系的内部存在着多样性。

（1）从热力系内部物质的存在相态看，可以把热力系分成以下两种：

1）单相系，即只存在一种相态的热力系，如液态的水；

2）多相系，即存在一种以上相态的热力系，如冰水混合物。

（2）从热力系内物质的化学成分看，热力系也可分成两种：

1）单元系，即只存在一种组分的热力系，如氧气；

2）多元系，即存在一种以上组分的热力系，如由氧气和氮气混合而成的空气。

（3）从热力系内物质存在的均匀程度看，可以把热力系分成两种：

1）均匀系：即热力系内部物质均匀分布的，如同学们去上自习时，一般来讲学生会均布在教室里；

2）非均匀系：即热力系内部物质非均匀分布的，如上课的时候，同学们很自然地会坐到教室的前排来，这时，学生的分布显然是不均匀的。

稍微对均匀和非均匀的热力系做一点讨论。热力系中占主导地位的是分子力，分子的运动都是"扩散"和"均布"的，因此，一个原本非均匀的热力系，最终都会发展形成均匀系，但是非均匀系的存在也是到处可见的。地球大气层的空气，自形成以来一直在运动，都已经几十亿年了，但仍然没有达到处处均匀：大气的密度会随着高度的变化而变化，大气的温度更非处处相同。造成热力学不均匀性的根本原因是外力的作用，如大气密度受地球重力的影响，大气温度受太阳辐射的影响。如果排除这些外力的影响，均匀化趋势将是主导的；如果外力永远不撤除，例如地球的重力，那么，热力系只能以一种非均布的方式来"抵抗"外力。这个有点类似于物理学牛顿第二定律的情况，当物体在外力作用下产生加速度时，速度的不均匀性形成的"惯性"力抵抗了外力。

　　在工程热力学的研究范围内，由于热力系的尺度不会特别大，所以多数情况下，不必考虑在重力作用下分子分布的不均匀性，例如，总是可以认为五楼的空气密度和一楼的相同。

第二节　热力状态和热力过程

一、热力状态

　　热力系的状态是指构成热力系的物质在某一瞬间对外的宏观表现。热力系通常包含很大数量的分子，这些分子的状态在任何时候都不相同，如分子的速度存在一个分布状态。但总体来看，热力系内部有一种平均行为，对外有一种平均表现。还是拿速度来分析，尽管单个分子的速度在不停地变化，但一群分子中各种速度分子的比例基本是不变的，所以在宏观上我们可以认为热力系处于一种速度分布不变的状态，因此也是一种平均速度不变的状态。

　　热力系的状态着力于某一瞬间，如果在下一瞬间热力系的宏观表现发生了变化，则称热力系处于不稳定的状态；反之，如果热力系的宏观表现不随时间变化，则称热力系处于稳定状态。

　　可以用一个水槽中的水位来比较稳定及不稳定状态。在图 1-4（a）中，水槽中间有一块隔板，左半部分的水位处于不变的稳定状态，水位高度可以用 H 表示；如果把隔板迅速地抽走，则左半部分的水将会快速地向右半部分流去，其水面会形成一个斜面，如图 1-4（b）所示，水面高度也处处不同，且不停地变化，这就是一个典型的不平衡状态。

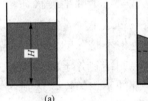

图 1-4　平衡状态和不平衡状态
（a）平衡状态；（b）不平衡状态

　　如果热力系处于稳定状态，例如以一座已经造好的楼房为热力系，则我们描述它的时候，可以直截了当地说这座楼房有几层。与之不同的是，如果一座正在建造的楼房，它的层数会发生变化，因此在描述这个不稳定状态时，需要加上一个时间参数，如"这座楼房在某年某月某日是几层"。

　　如果没有外界的持续干扰，那么一个热力系总是在向着平衡的方向运动，例如图 1-4（b）中的水位，在刚抽去隔板时会有剧烈的变化和波动，但不用多久，这个水位就会稳定在某一个值，如图中的虚线所示。从自然的趋势看，"趋向平衡"是一种常见的情况，如一个冷物体和一个热物体接触，两者最后会达到一样的冷热程度；糖块放入一杯水中，最后会形成一杯均匀的糖水等。"趋向平衡"趋势的实质是构成物质的分子通过分子的运动和相互碰撞，最终达到速度、能量等稳定分布。

　　需要指出的是，热力系的平衡状态着眼于分析热力系在时间尺度上是否处处相同，而均匀状态关心热力系在空间尺度上是否处处相同，两者之间有一定的联系，也有明显的差别。例如，大气的密度在空间上从低至高是不均匀的，但它可以不随时间变化，因此是平衡的；而一个房间内的空气温度可以认为处处相同，但会随着时间的变化而发生变化，因此它是均匀的，却是不平衡的。

二、热力过程

热力过程是热力系从一个稳定状态到另一个稳定状态的过程。注意，热力过程的始终状态都是稳定状态，但中间过程是比较复杂的。

如果热力系经历过程中的每一点都非常接近于平衡状态，则称这个过程为准平衡过程，也称为准静态过程；如果热力过程中并非所有点都非常接近平衡，或至少有一点处于很不平衡的状态，则称这样的热力过程为不平衡过程。

典型的准平衡过程，例如一个人的身高，特别是年轻人的身高处于不停的变化中，但这个变化是如此之慢，以至于谁都不会说"昨天我的身高是多少，但今天我的身高是多少。"

换一个角度分析图 1-4 所示的情况，（a）所表示的情况是一个平衡状态，抽去隔板后水位的最终状态如（b）中的虚线所示，也是一个平衡状态，所以从水存在于水槽左半部分到最终稳定于整个水槽的过程是一个典型的热力过程。但是从中间过程来看，如果隔板是被迅速地抽去的，则水位会经历一个剧烈的变化和波动，中间状态是不平衡的，因此这个过程是一个不平衡过程。如果抽掉隔板的过程进行得很温柔，只是提起来一点点，水从那个一点点的缝隙中慢慢地"渗"到右半部分，那么这个过程中的水位虽然两边不一样，但可以用"左边高多少，右边高多少"来分别描述，左右两边的水位还是变化缓慢，在某一时刻可认为接近不变的，这就是一个准平衡状态。

仔细地揣摩"准"这个字，它的含义应该是"接近但不是"，例如生活中有称准媳妇准女婿的，也是"接近但不是"的意思。在热力学中的准平衡，其关键也在于接近二字。如何实现接近的呢？这要归结到分子的运动上去。因为分子运动能交换位置、动量和能量，所以可以消除热力系内部的不均匀性，达到均匀化的效果，或达到平衡的状态。准平衡过程中，外界作用造成热力系的不均匀、不平衡，而热力系内部的分子运动使热力系内部均匀、平衡；两种作用孰优孰劣，决定了过程的特点。例如图 1-4 中，迅速抽去隔板，将使外力的作用占优，所以水位无法迅速均匀化，表现为不平衡过程；而提起隔板留一小缝的操作，外力作用不足以使左边或右边水位剧烈波动，而分子运动可以使左边或右边水位处处水平，因此过程为准平衡过程。

由于分子运动的速度是很快的，内部均匀化的效果即刻就能表现出来，而外力使热力系不稳定的效果通常都表现不出来，所以一般情况下，可以把大多数的热力过程看作准平衡过程。

三、热力循环

如果热力系经过一系列的热力过程，从起点又回到了起点，则称热力系经历了一个循环。和热力过程的分类一样，如果热力循环的中间历程都非常接近平衡，则称这个循环为准平衡的循环，否则称为不平衡的循环。

第三节　状　态　参　数

对于处于平衡状态的热力系，以及处于准平衡过程中间点的热力系，内部的差异可通过分子运动的作用均匀化，因此对外会表现为处处一致，并且可以用一些与时间无关的参数来描述它们，这些用于描述热力系宏观平均性质的参数，称为状态参数。

在工程热力学中，热力系的平均宏观行为有很多，如分子运动快慢、分子撞击力度的大小、分子占据的空间、分子内部的能量等，这些宏观性质，都定义了专门的状态参数来描述。

一、比体积

比体积（也称比容）是指单位质量的工质所占的体积；计算式为

$$v = \frac{V}{m} \quad \text{m}^3/\text{kg} \tag{1-1}$$

与比体积的定义密切相关的参数是密度，即单位体积物质的质量，计算式为

$$\rho = \frac{m}{V} \quad \text{kg/m}^3 \tag{1-2}$$

由式（1-1）和式（1-2）可知，比体积和密度是互为倒数的，即

$$\rho v = 1 \tag{1-3}$$

比体积和密度间物理意义的差别可以用下例来说明。现在得到通知要去取两种物质，这两种物质都是 1m^3，则需考虑要一个多大载重量的运输工具才能把它们取回来，这时关注的就是物质的密度：1m^3 的铁块要一辆大卡车，1m^3 的水只需要一辆拖拉机就能运回来了。如果通知要去取 1kg 的物质，则需要考虑带一个多大的容器，这时关注的就是物质的比体积：1kg 的水需要一个水桶就行了，而 1kg 的铁块，托在手掌里就能拿回来了。

和密度密切相关的还有一个参数，即重度（仅在某些工业领域偶尔用到），定义为单位体积的物质的重量，即

$$\gamma = \frac{mg}{V} = \rho g \tag{1-4}$$

根据定义，重度的单位为 N/m^3。

要想得到一种物质的比体积、密度或重度，可以通过测量该物质的体积和质量，然后通过式（1-1）、式（1-2）和式（1-4）计算得到相应的参数，因此上述三个参数都是可以间接测量的。

二、压强（压力）

1. 定义

在热力学里定义的压力其实就是物理学里的压强。

压力是指单位面积上承受的垂直作用力，即

$$p = \frac{F}{A} \tag{1-5}$$

根据定义，压力的符号为 p，单位为 N/m^2，国际单位制中引入了 Pa 这一单位专门用于表示压力，$1\text{Pa} = 1\text{N/m}^2$。由于 Pa 这一单位表示的压力比较小，工程上经常用 kPa、MPa 甚至 GPa 来表示更大的压力。

不同形态的物质承受外界施加的垂直作用力的方式是不同的：当有一个力垂直作用于固体（更严格的说法是晶体）上时，固体内部晶格间的距离发生变化，这时，晶格如同被压缩或被拉开的弹簧一样产生一个内部的"静力"来抵抗外力；而当一个外力施加于液体或气体（合称流体）上时，流体通过内部分子连续不断的打击，产生一个内部的"动力"来抵抗外力。

2. 背压、表压、真空度和绝对压力

热力系都是处于一定的环境中的，最常见的环境就是我们生活的自然环境，它对应一个基本不变的环境压力，这个压力一般用 p_b 来表示，称为背压。背压是一个相对的概念，如果一个热力系处于压力为 1MPa 的高压容器中，它所对应的背压就是 $p_b=1$MPa。

压力的大小可以用仪器直接测量出来。如图 1-5 所示，一根空气管道中安装了一台风机，在风机的进口侧，由于存在抽吸作用，空气的压力会低一些，在风机出口侧，由于存在推挤作用，空气的压力会高一些。如果在进口侧安装一个 U 形玻璃管，并在玻璃管内灌注不容易蒸发的液体，如水银、水等，则在 U 形管两边，液柱会出现一个左高右低高度差，根据力平衡原理，有

$$p_b = \rho g h_1 + p_1$$
$$\Rightarrow p_1 = p_b - \rho g h_1 \tag{1-6}$$

若在风机出口侧安装一个 U 形玻璃管，则液柱的高度差为右高左低，根据力平衡原理，有

$$p_2 = p_b + \rho g h_2 \tag{1-7}$$

在式（1-6）和式（1-7）中，管道内空气的压力 p_1、p_2 称为绝对压力。液柱高度产生的压力和背压 p_b 间有时加、有时减，这种加减的差别可以用图 1-6 来表示。风机左侧的空气因抽吸作用使压力 p_1 低于背压，低下去的程度用"真空度"（简称真空）p_v 来表示，即

$$p_v = \rho g h_1 \tag{1-8}$$

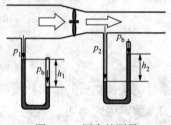

图 1-5　压力的测量

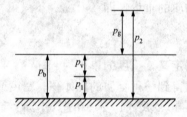

图 1-6　压力间的关系

绝对压力、背压和真空度间的关系为

$$p_1 = p_b - p_v \tag{1-9}$$

风机右侧的空气因推挤作用而压力 p_2 高于背压，高上去的程度用"表压" p_g 来表示，即

$$p_g = \rho g h_2 \tag{1-10}$$

绝对压力、背压和表压的关系为

$$p_2 = p_b + p_g \tag{1-11}$$

如果指明测量到的是真空度，则绝对压力一定是低于背压的，若指明测量到的是表压，则绝对压力是高于背压的。

三、温度

1. 定义

温度在宏观上表征了物体的冷热程度，而在微观上，温度反映的是构成物质的分子的平均平动动能。

注意温度微观定义中的几个重要地方：首先，温度反映的仅是分子动能中的平动动能，分子的转动动能、构成分子的原子之间的相对振动动能等是不会以温度的形式表现出来的。

其次，温度反映的是分子的平均平动动能，而非平动速度。处于相同温度的氮气、氧气和氢气，分子的平均平动动能是相同的。由于氢气的分子质量只有氮气的2/28、氧气的2/32，因此氢气分子平均运动速度为氮气分子速度的3.74倍、氧气分子速度的4倍。计算表明，地球大气最外层的空气温度比较高，分子的平均动能比较大，若空气中存在氢气分子，因其分子量小，所以分子运动速度快，甚至有可能高过第一宇宙速度（7.9km/s），从而脱离地球的引力并进入宇宙空间。可见，大气层中存在的氢气会逐渐逃离地球，所以在大气中是检测不到氢气成分的；而氮气和氧气的运动速度比较小，极难达到第一宇宙速度，因此，它们可以稳定地存在于地球的大气层中。

2. 温度的测量

温度是一个可以直接测量的参数，并且有多种测量方法。

（1）水银温度计等。大部分物质的体积都会随着温度的变化发生热胀冷缩，利用这一特性，可以制成常用的水银温度计或酒精温度计等，如图1-7（a）所示。这类温度计读数直接，且准确度比较高，在很长的时间内是人们使用的主要温度测量仪器。但是，水银是一种有毒的物质，在环保要求日益严格的今天，水银温度计在很多国家和地区被禁用。同时，在工业领域中，这一类温度计不能形成用于显示和控制的电信号，其工业应用受到很大限制。

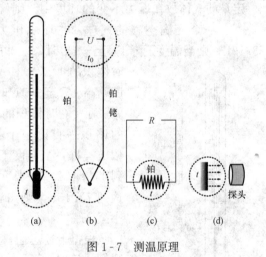

图1-7 测温原理

（2）热电偶。如图1-7（b）所示，选择特定的两种不同的导体，如铂-铂铑、镍铬-镍硅等，当一端闭合且处于温度 t 的热端环境中，另一端处于温度 t_0 的冷端环境中，则在冷端会产生一个电动势 U，称为热电动势，且 U 和温差（$t-t_0$）有唯一对应的关系。因此测量出热电动势 U 和冷端温度 t_0 以后，可以得到热端的温度 t，且反映热端温度的是一个电信号，可以直接用于工业过程的控制，或用于数字显示。

（3）热电阻。如图1-7（c）所示，导体在温度变化时电阻随之发生变化，利用这一特性来测量温度的仪器称为热电阻。热电阻测温得到的量也是一个电学量，因此可以方便地用于工业控制和显示，且其测量准确度高，性能稳定。

（4）光学高温计。如图1-7（d）所示，当被测温度很高时，上述三种测量仪器就无法正常工作了，但高温物体会以辐射方式对外发射能量，所发射能量的某些特征如频率分布等和物体的温度之间有确定的关系，因此可以用一个探头收集起来，并根据发射规律计算确定被测温度。这种测量方式不需要测量仪器和被测物体直接接触，因此可以用于高温区的测量，但是测量的误差要大一点。

3. 温标

为了衡量温度的高低，需要确定一套温度标定的准则，这就是温标。

现行温标常见有华氏温标和摄氏温标两种。摄氏温标由瑞典物理学家、天文学家摄尔修斯创立，用 t 表示。摄氏温标定义为一大气压下的冰水为 0 度，记为 0℃，一大气压下的沸水为 100 度，记为 100℃，中间均分为 100 份，每份对应的温度间隔为 1℃。华氏温标由华仑海特创立，定义为一大气压下的冰水为 32 度，记为 32℉，一大气压下的沸水为 212 度，记为 212℉，中间均分 180 份，每份对应的温度间隔为 1℉。

根据上述的规定，某物体温度用摄氏温度计测量值为 t℃，华氏温度计测量值为 f℉，则 t 和 f 之间的关系为

$$t = \frac{5}{9}(f-32), \quad f = \frac{9}{5}t + 32 \tag{1-12}$$

由式（1-12）可以确定，存在一个温度，在这一温度下，摄氏温度计和华氏温度计的计数是相同的，这个温度为 $-40℃ = -40℉$。

在对气体的性质进行试验研究的过程中，法国化学家、物理学家盖·吕萨克发现，如果把一定量的气体放在压力不变的环境中，则气体的体积会随着温度的变化而变化。具体而言，若有一个充满空气的气球，在环境压力不变的情况下，测得 0℃ 时气球的体积为 273.15L，则当温度下降 1℃ 至 $-1℃$ 时，气球的体积会缩小 1L 达到 272.15L，即缩小了 0℃

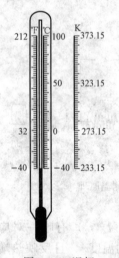

图 1-8 　温标

时体积的 1/273.15（盖·吕萨克的试验结论为 1/266），而当温度升高 1℃ 至 $+1℃$ 时，气球的体积会膨胀 1L 达到 274.15L，也膨胀了 0℃ 时体积的 1/273.15。试验的结论是每变化 1℃，气球的体积一直以一个相同的值即 0℃ 体积的 1/273.15 发生变化。依次类推，当温度下降至 $-100℃$ 时，气球的体积会缩小 100L 达到 173.15L，当温度下降至 $-200℃$ 时，气球的体积会缩小 200L 达到 73.15L，则当温度下降至 $-273.15℃$ 时，气球的体积会缩小至 0L。

根据上述思想，英国物理学家开尔文认识到温度存在一个下限，并且这个下限为 $-273.15℃$。开尔文提出可以把温度的零点移动到 $-273.15℃$，将之定义为 0K，并且把间隔规定为 1K=1℃，这样 0℃=273.15K，100℃=373.15K，$-40℃=233.15K$。这样的温标称为绝对温标，也称为热力学温标，用符号 T 来表示。摄氏温标、华氏温标和绝对温标之间的关系见图 1-8。

4. 温度基准

如果用摄氏温标或华氏温标的方法来标定一支温度计，则在某些情况下会出现严重的问题。因为摄氏温标或华氏温标以一个大气压力下的冰水和沸水作为标定的依据，大气压力会随着天气变化发生较小的变化，而当海拔高度发生变化时，大气压力的变化值相当大。例如，南京地区的海拔为 10m，大气压力基本在 101kPa 左右，对应水的沸点在 100℃ 左右；昆明的海拔为 1900m，大气压力在 81kPa 左右，这时，水在 94℃ 就沸腾了；拉萨海拔3650m，大气压力 65kPa 左右，水在 88℃ 沸腾。可见，以一个大气压力下水的沸点做温度基准是相当不可靠的。

为了解决这一问题，人们找到了一些对外界环境不敏感的温度作为基准。例如，如果把纯净的 H_2O 封闭在某个容器中（容器内没有其他气体，液面以上空间内只有水蒸气），并置容器于一较低的温度下，使容器中的 H_2O 出现结冰现象，则该容器中的 H_2O 既有液态，又有固态，还有气态存在，称为三相共存状态，这时容器中 H_2O 的温度一定为 0.01℃（其压力也是一个定值），这个三相点温度就是一个相当稳定的温度基准，如图1-9所示。

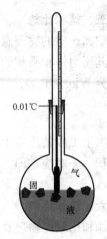

0.01℃

气
固
液

图1-9　水的三相点

同理，可以找到不同的稳定温度作为基准，并由此来标定温度测量仪器。例如低温下氧的固－液－气平衡（氧的三相点）温度为－218.789℃，较高温度时用锌的固－液平衡（锌的凝固点）温度为419.58℃作为温度基准，更高温度时用金的固－液平衡（金的凝固点）温度为1064.43℃作为温度基准。

四、热力学能和比热力学能

任何物质都包含能量，并且可以在不同的条件下和外界进行交换。例如，物质因有宏观运动速度而拥有动能，因在一定的宏观高度而拥有位能。除此之外，从微观的角度看，构成物质的分子或原子也普遍具有不同形式的能量，并以不同的方式和外界发生交换。

例如，有一定体积的气体，其温度越高，对应的分子平均平动动能就越大；压缩气体时改变了分子之间的距离，由于分子之间存在相互作用力，因此距离的改变将引起分子间位能的变化。

当有化学反应发生时，不同原子或分子间的电子发生相互作用，使分子的种类及原子外电子的分布发生变化，此过程中和外界发生的能量交换称为化学能，也是物质内部的一种能量。

在更小的结构层次上，原子核内的中子和质子发生变化进而和外界交换能量，这种能量称为原子能或核能，也是物质内部的一种能量。

因此物质内部的能量包括了分子的动能、位能、化学能和核能，合称内能，现在称为热力学能。热力学研究的物质一般是液体或气体，研究的过程一般不包括化学反应和核反应，过程中发生改变的热力学能只有分子动能和位能这两种形式。

显然，物质越多，包括的能量肯定也越多，因此热力学能的多少和物质的量是相关的。为此，把 m kg 物质所具有的热力学能记作 U，单位为 J，而把 1kg 物质所具有的热力学能记作 u，称为比热力学能，单位为 J/kg。U 和 u 之间有下面的关系：

$$u = \frac{U}{m} \tag{1-13}$$

对一定量的某种物质，其分子动能大小对应于分子速度分布情况，即和温度有一一对应的关系。分子的位能决定于分子间的距离或分子疏密程度，因此它是和物质的比体积对应的。综合起来，则分子的热力学能取决于温度和比体积，所以有

$$u = f(T, v) \tag{1-14}$$

下一节中会讲到，流体的压力可以由温度和比体积决定，它不是一个独立的参数，因此，一般不讨论热力学能和压力的关系。

五、焓和比焓

焓和比焓的物理意义在热力学第一定律内容中会做详细的讲述。焓的定义是物质热力学能与其压力体积乘积的和，用 H 表示，单位为 J；比焓是 1kg 物质所具有的焓，用 h 表示，单位为 J/kg，其表达式如下：

$$H = U + pV, \quad h = \frac{H}{m} = \frac{U + pV}{m} = u + pv \tag{1-15}$$

由于工质的压力由温度和比体积决定，结合式（1-15）可知，单位工质的焓和其温度、比体积一一对应，即

$$h = f(T, v) \tag{1-16}$$

六、熵和比熵

熵和比熵的物理意义在热力学第二定律中会详细讲述。这里用一个类比来对熵的意义进行简单描述：在力学中，若存在力，并且在力方向上有位置的改变即位移，则这个力实现了做功的效果，换一个说法就是位移是力借之以做功的物理量；在热力学中，如果有温度，那么应该能实现传热的效果，但如同位移一样，温度必须借助于某个量的改变才能达到传热的效果，这个温度借之以传热的物理量就是熵，符号为 S，其表达式如下：

$$W = Fdl, \quad Q = TdS \tag{1-17}$$

从上式可以看出，熵的符号为 S，单位为 J/K，每 1kg 物质的熵称为比熵，符号为 s，单位为 J/(kg·K)。熵 S 和比熵 s 的关系为

$$s = \frac{S}{m} \tag{1-18}$$

七、自由能和比自由能

自由能有时也称为亥姆霍兹函数，定义如下：

$$F = U - TS, \quad f = u - Ts \tag{1-19}$$

自由能的符号为 F，单位为 J，1kg 物质的自由能称为比自由能 f，单位为 J/kg。

八、自由焓和比自由焓

自由焓有时也称吉布斯函数，定义如下：

$$G = H - TS, \quad g = h - Ts \tag{1-20}$$

自由焓的符号为 G，单位为 J，1kg 物质的自由焓称为比自由焓 g，单位为 J/kg。

对于状态参数还有以下几点需要加以说明：

（1）有些状态参数可以直接或间接测量，如压力 p、温度 T、比体积 v；而热力学能 U、焓 H、熵 S、自由能 F 和自由焓 G 这几个参数，没有任何仪器可以测量出它们的值。根据状态参数能否测量这一特性，可以把它们分成两类：可以测量的，称为基本状态参数，如 p、T、v；不能测量的，称为导出状态参数，如 U、H、S、F、G。

（2）假设一个容器内有 2kg 的物质，当用一块隔板把它分成两个 1kg 时，可以得出结论：分隔前后物质的温度 T、压力 p、比体积 v 是不会发生变化的；而热力学能 U，焓 H，熵 S 的量，分隔前的量是分隔后两个部分量的和。根据状态参数的值和物质的质量是否有正比关系，可以把状态参数分成两类：参数大小和物质质量无关的称为强度参数，如 p、T、v；参数大小和物质质量有关的称为广延参数，如 U、H、S、F、G。

（3）一个平衡状态（包括热力过程的始终点和准平衡过程的中间点）和一组状态参数唯

一对应，因此有：

平衡状态 1：p_1、T_1、v_1、U_1、H_1、S_1、F_1、G_1；

平衡状态 2：p_2、T_2、v_2、U_2、H_2、S_2、F_2、G_2。

无论这个热力系是如何从状态 1 变化到状态 2 的，状态参数的变化量均为

$$\left.\begin{aligned}
\Delta p_{12} &= \int_1^2 \mathrm{d}p = p_2 - p_1 \\
\Delta v_{12} &= \int_1^2 \mathrm{d}v = v_2 - v_1 \\
\Delta T_{12} &= \int_1^2 \mathrm{d}T = T_2 - T_1 \\
\Delta U_{12} &= \int_1^2 \mathrm{d}U = U_2 - U_1 \\
\Delta H_{12} &= \int_1^2 \mathrm{d}H = H_2 - H_1 \\
\Delta S_{12} &= \int_1^2 \mathrm{d}S = S_2 - S_1 \\
\Delta F_{12} &= \int_1^2 \mathrm{d}F = F_2 - F_1 \\
\Delta G_{12} &= \int_1^2 \mathrm{d}G = G_2 - G_1
\end{aligned}\right\} \quad (1\text{-}21)$$

若从平衡状态 1 经过一个热力循环又回到 1，则状态参数的变化量均为

$$\left.\begin{aligned}
\Delta p &= \oint \mathrm{d}p = 0 \\
\Delta v &= \oint \mathrm{d}v = 0 \\
\Delta T &= \oint \mathrm{d}T = 0 \\
\Delta U &= \oint \mathrm{d}U = 0 \\
\Delta H &= \oint \mathrm{d}H = 0 \\
\Delta S &= \oint \mathrm{d}S = 0 \\
\Delta F &= \oint \mathrm{d}F = 0 \\
\Delta G &= \oint \mathrm{d}G = 0
\end{aligned}\right\} \quad (1\text{-}22)$$

对于式（1-21）和式（1-22）两个性质，可以用一个例子来说明。例如，A 地到 B 地相距 100km，这个距离在物理上称作位移，位移是一个状态参数，即无论以何种方式（汽车、火车、步行、飞机）从 A 地到 B 地，位移都是 100km。与之比较，路程显然不满足状态参数的特点，因为从 A 地到 B 地，飞机可能走了直线，火车汽车走的可不一定是直线，其走过的路程可能大于 100km，也就是说，从 A 地到 B 地的路程有多种结果，不是唯一的值。

式（1-21）和式（1-22）的另一个应用是：若有一个参数 x 满足：

$$\Delta x_{12} = \int_1^2 \mathrm{d}x = x_2 - x_1, \quad \Delta x = \oint \mathrm{d}x = 0 \tag{1-23}$$

则 x 是一个状态参数。这一条，在热力学第二定律的学习中，会启发我们认识熵这一状态参数。若 x 不满足上式，则它肯定不是一个状态参数。

（4）必须强调：一个状态参数由数值和单位两个部分构成，没有单位的状态参数是不完整的，且单位的大小写要注意。很多单位都来源于外国的人名，因此其第一个字母应该大写，如 N（牛顿，Newton）、W（瓦特，Watt）、V（伏特，Volta）、A（安培，Ampère）、Pa（帕斯卡，Pascal）、T（特斯拉，Tesla）；而非来源于人名的单位都要小写，如 m（米）、g（克）、mol（摩尔）、s（秒）、cal（卡路里）。另外，表示进制 1000 的 k 是小写，表示进制千分之一的 m 是小写，而表示进制百万即兆的 M 要大写等。

第四节 状态方程和状态图

一个平衡状态或准平衡过程的中间点，都存在温度、压力和比体积三个状态参数，这三个状态参数间可能存在一定的约束关系，即可以用一个方程来描述，称为状态方程。除了这三个参数以外，其他参数间满足的关系方程称为状态函数。

对流体而言，压力是分子不断打击容器壁面的力，其大小取决于单个分子的平均打击力和单位时间内打击壁面的分子数，前者对应分子速度即动能，所以和温度对应，后者和分子密度即比体积对应。一句话，流体的压力由其温度和比体积决定，它不是独立的参数，即

$$p = f(T, v) \tag{1-24}$$

例如，氧气、氮气、氢气等气体（第四章中，会定义这几种气体为理想气体），在常温常压附近，温度、压力和比体积三者之间会有如下关系：

$$\frac{pv}{T} = C \tag{1-25}$$

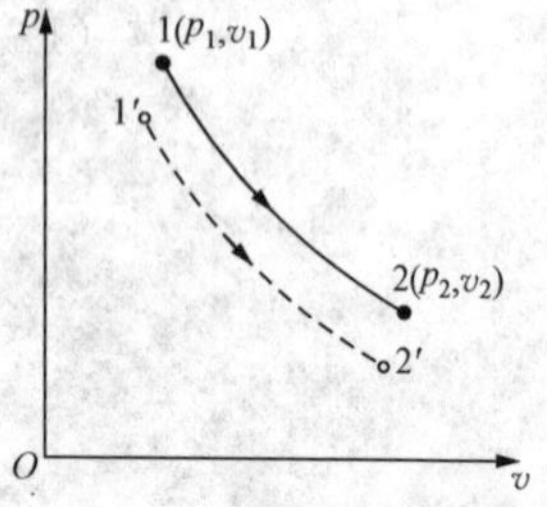

图 1-10 $p\text{-}v$ 图（压-容图）

式（1-25）告诉我们，对于氧气、氮气、氢气等气体，只要已知温度、压力和比体积三个参数间的两个，就可以计算确定第三个参数，特别地，如果用一对坐标表示出（p，v），则这个点的温度是确定的。在图 1-10 中，点 1 的压力和比体积为（p_1，v_1），点 2 的压力和比体积为（p_2，v_2），称横坐标为比体积 v、纵坐标为压力 p 的直角坐标系为压容图。以后还会学到，横坐标为比熵 s、纵坐标为温度 T 的直角坐标系为温熵图。这种能反映状态参数大小或参数关系的坐标图称为状态图。

状态参数在状态图中以实心的点来表示，准平衡过程以实线来表示，并且以箭头来表示过程进行的方向。

对于不平衡状态，以及不平衡过程的中间点，由于无法以状态参数来表示，因而也无法在状态图上真实表示，有时就用空心的点来表示不平衡状态，用虚线来表示不平衡过程，但此时点或线上某点的坐标并没有意义。

习　　题

1-1　掌握下列基本概念：热力系、热力过程、准平衡过程、不平衡过程、热力循环、状态参数、状态方程、状态图。

1-2　辨析下列概念：

(1) 可以把一个分子看做一个热力系。

(2) 和外界没有任何相互作用的物体不能视为热力系。

(3) 热力过程一定是很慢的过程。

(4) 热力过程可以分为平衡过程和不平衡过程。

(5) 真空度和表压都是压力测量仪表测得的压力数据，两者没有任何区别。

(6) 准平衡过程的中间点不能用状态参数描述。

(7) 热力系中包含的物质越多，其压力和热力学能就越大。

(8) 所有的状态参数都可以用特定的测量仪表来测出其大小。

(9) 物质比热力学能和温度之间的函数关系是一种状态方程。

(10) 任何过程都可以在状态图上真实表示。

1-3　一个标准的 20 时行李箱尺寸为 $34\text{cm} \times 50\text{cm} \times 20\text{cm}$，黄金的密度为 19.32g/cm^3，如果这一行李箱内装满黄金，则能装多少千克？一般的乘客能把它提起来吗？

1-4　一台出租车的天然气储气罐容积为 60L，冬季因温度低，加入的天然气比体积为 $0.0062\text{m}^3/\text{kg}$，夏季因温度高，加入的天然气比体积为 $0.0073\text{m}^3/\text{kg}$，求冬夏两季对应的罐内天然气质量，并分析出租车加气收费应以何种参数更为合理。

1-5　现代发电机组中，用压力测量仪表在四个地方测量，读数分别为：表压 25.6MPa、表压 0.65MPa、表压 3kPa、真空度 98kPa，当时的大气压力为 101.3kPa，求所测四个地方的绝对压力。

1-6　环境中的风冲击到垂直于风向的平面时会产生风压，进而产生作用力，假设一个成年人的受风面积为 $1.7\text{m} \times 0.4\text{m}$，试计算风对其的作用力（N，牛顿）。

(1) 3 级微风，风压 10Pa 左右；

(2) 8 级大风，风压 200Pa 左右；

(3) 12 级台风，风压 700Pa 左右。

1-7　如图 1-11 所示，用内充水银的 U 形管压力计测量压力，管内出现以下两种情况：一为水银柱中出现 20mm 高的空气泡，二是水银柱中混入了水，形成一个 20mm 高的水柱，请求出两种情况下的压力 p，并讨论液柱中混入气体和液体对测试结果的影响。（测试时温度为 0℃，压力为 101 325Pa）

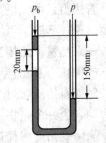

图 1-11　习题 1-7 图

1-8　西方国家经常使用华氏度作为温度单位，例如测量到某人的体温为 100℉，请求出对应的摄氏温度，并判断 100℉ 的体温可能吗？

1-9　我国进口发电机组中经常会用到一些不是大整数的参数，例如发电机组出口蒸汽温度设计值为 538℃，请求出对应的华氏温度，并分析为什么会出现这种现象。

1-10　中国最先进的核聚变实验装置 EAST 中，反应物的温度已经达到 1.6 亿℃（2021 年 6 月），但也有报道称其达到的温度为 1.6 亿 K，请分析两种说法是否有矛盾。

第二章 热力学第一定律

　　能量守恒定律是 19 世纪人们在自然科学领域的三大成就之一，是人们总结长期的实践经验而建立的，它指出自然界中存在的能量既不会凭空产生，也不会凭空消失，但是可以在各种形式，如热能、机械能、电能、磁能、化学能以及核能之间进行相互转换，在转化或转移的过程中，能量的总量不变。

　　能量守恒定律确立之前，人们设计了一类精巧的机器，它们似乎能够源源不断地向外输出能量，这一类机器被称为永动机（更准确地称为"第一类永动机"），但试验的结果却无一例外失败了，以至于在 1755 年法兰西科学院宣布不再对永动机的方案进行任何劳民伤财的审查。

　　18 世纪与 19 世纪之交，科学家在研究热现象的过程中归纳出来的热量和功的等价关系，对建立能量守恒定律作出了重要贡献。与此同时，科学家发现了光的化学效应，发现了红外线的热效应，电池发明后发现了电流的热效应和电解现象，1820 年，发现电流的磁效应，1831 年发现电磁感应现象，1821 年发现热电现象，1834 年发现其逆现象等，在对这些现象进行归纳的过程中，人们总结出了能量守恒定律，彻底宣告了永动机的不可能性。

　　热力学第一定律是能量守恒定律在热力学领域中的应用和体现，它指出在热力系经历热力过程时各种能量形式之间的约束关系，并明确指出热力系向外输出的功量必须来源于其他形式的能量。

第一节 简单可压缩系的能量形式

　　热力系可以是实物，也可以是一定范围的空间，无论采用哪种选取方式，热力系一经选定，它必包含一定质量的工质，若工质的比体积是可以变化的，称这样的热力系为可压缩系。若热力系中工质只能通过体积变化和外界交换功量，称这样的热力系为简单可压缩系。下面讨论一下简单可压缩系和环境之间存在的能量交换形式。

一、热量、热相互作用

　　如果热力系和环境之间存在一个温度差，则两者之间会发生能量的转移，其形式有多种，例如直接接触时的导热、流体流过时的对流，以及以波形式传递的辐射。举最简单的导热为例，当一个热物体接触到冷物体时，宏观上将观察到热物体温度降低、冷物体温度升高。从微观角度解释这种现象，是因为热物体分子平均动能大一点，冷物体分子平均动能小一点，两者接触时，分子间发生的碰撞导致分子动能产生均匀化的趋势，动能的均匀化就对应着温度的均匀化，也对应能量的转移。

　　这种因为物体之间存在温差而导致的能量转移，称为热相互作用，即热量。热量交换的大小，取决于三个参数，一个是参与热交换的物体的质量，一个是热交换导致的物体温度的变化，还有一个是反映物质"容纳"热量能力的物性参数，即比热容（比热）。对于质量为 $m\,\mathrm{kg}$ 的物体，当其温度变化时，对应的热量为

$$Q = mc\Delta t \quad 或 \quad Q = mc\Delta T \tag{2-1}$$

在热力学中，对热量符号的写法有一套严格的规定，即

(1) $m$kg 工质经历一个宏观过程，热量用 Q 表示，单位为 J 或 kJ；

(2) $m$kg 工质经历一个微元过程，热量用 δQ 表示，单位为 J 或 kJ；

(3) 1kg 工质经历一个宏观过程，热量用 q 表示，单位为 J/kg 或 kJ/kg；

(4) 1kg 工质经历一个微元过程，热量用 δq 表示，单位为 J/kg 或 kJ/kg。

能量守恒定律告诉我们，两个物体间发生热量交换时，一个物体得到热量，另一个物体失去热量。热量的"得"和"失"以其数值的正负号来区分，在热力学中，一般以得到热量为正，失去热量为负。例如，一个物体经历一个宏观过程，吸收了 1kJ 的热量，可记作 $Q=$ 1kJ；1kg 工质经历一个微元过程放出热量 2kJ，可记作 $\delta q=-2$kJ/kg。有关热量的正负号，可以将之类比为一个人的"收入"，很显然，一个人的收入为正，表明财富的方向是向着热力系流入的，而一个负的收入，意味着他的财富流出了。

在后面的学习中，会遇到大量的例子，可以说明热量的大小和过程进行的方式有关，即热量不是一个状态参数。

二、功、力相互作用

1. 功

热力系和外界之间存在力的作用时，其效果就表现为功。功在物理学中的定义是力和力方向上位移的乘积，即

$$W = Fl \tag{2-2}$$

在热力学中，对功量符号的写法也有一套严格的规定，即

(1) $m$kg 工质经历一个宏观过程，功用 W 表示，单位为 J 或 kJ；

(2) $m$kg 工质经历一个微元过程，功用 δW 表示，单位为 J 或 kJ；

(3) 1kg 工质经历一个宏观过程，功用 w 表示，单位为 J/kg 或 kJ/kg；

(4) 1kg 工质经历一个微元过程，功用 δw 表示，单位为 J/kg 或 kJ/kg。

为了表达功量的方向性，热力学中以热力系对外做功记作正值，而外界对热力系做功记作负值，此时也可称热力系对外做负功。例如，一个物体经历一个宏观过程，对外做了 1kJ 的功，可记作 $W=1$kJ；1kg 工质经历一个微元过程，外界对其做功 2kJ，可记作 $\delta w=$ -2kJ/kg。

基于上述正负号定义，可以把功量类比为生活中一个人的"消费"。经济学原理指出，一个人对外消费，正好相当于他对社会做了正功，而如果他的消费为负，相当于他从社会汲取了财富，对社会是一个负效果。

2. 容积功

热力学中，一定量的工质对外交换的功量通常是以容积的变化为计算途径的，称为容积功。

以典型的活塞-气缸系统为例，如图 2-1 所示，气缸内封闭着 $m$kg 的工质，其压力为 p，温度为 T，开始时体积为 V。气体的压力将对活塞产生一个向右的推力 F，为了维持活塞的平衡状态，需要在活塞上施加一个反向向左的力 F'。在准平衡的前提下，若 F' 略小于 F，则活塞将向右移动一个微小的位移 $\mathrm{d}l$，这样，有了力，又有了位移，一定会有功的效果，即

$$\delta W = F\mathrm{d}l = pA\mathrm{d}l = p\mathrm{d}V \tag{2-3}$$

如果把上述功量均分到 $m$kg 工质上，则有

$$\delta w = \frac{\delta W}{m} = \frac{p\mathrm{d}V}{m} = p\mathrm{d}\left(\frac{V}{m}\right) = p\mathrm{d}v \qquad (2-4)$$

式（2-3）和式（2-4）说明，工质经历一个准平衡过程，对外所做的功和其容积的变化密切相关，所以这种功量称为容积功。很明显，若过程中工质的容积变大，则功量为正，称为膨胀功；如果过程中工质的容积变小，则功量为负，称为压缩功。注意，当声明某过程中工质做压缩功时，含义是工质被压缩，或它对外做负功。

对式（2-3）和式（2-4）积分，可得到一个宏观过程中的容积功形式，即

$$W = \int \delta W = \int p\mathrm{d}V, \quad w = \int \delta w = \int p\mathrm{d}v \qquad (2-5)$$

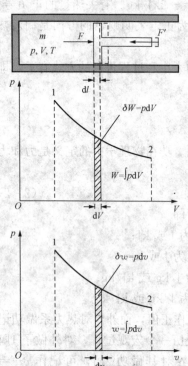

图 2-1　容积功

由式（2-5）可知，若某过程中工质的压力和容积的关系已知，即 $p = f(V)$，或 $p = f(v)$，则可以由积分方法计算得到容积功。

如果把活塞运动时工质的压力和容积变化的关系画在图 2-1 中，则式（2-3）和式（2-4）的结果就是图中阴影部分的面积，而式（2-5）的结果就是整条过程线下的面积，有时，把能表示过程中功量大小的 pV 或 $p\text{-}v$ 图称为示功图。

需要分析一个重要的特性，如果反向施加于活塞的力 F' 不存在或远小于 F 的话，则活塞不会处于平衡状态甚至准平衡状态，这时，虽然气缸内的气体仍然会发生膨胀，但它却没有做功的效果，所以说，阻力的存在是做功的关键。举一个学习中的实例，有同学一天到晚背英语单词，如果这个单词是你已经掌握的，你就感受不到阻力，因此你再怎么花时间，都不会有做功的效果；而一个原本不会的单词，现在花时间记住了，你反而是克服了阻力，实现了做功的效果。

从图 2-1 可以看出，曲线 12 下的面积是准平衡过程 12 所对应的容积功，这个面积显然和 12 的曲线形状有关，其大小是可变的，不是唯一的，因此容积功的大小和过程进行的方式有关，不满足式（1-23）的要求，显然不是一个状态参数。

三、推动功物质相互作用

1. 推动功

根据热力系和外界有无物质的交换，可以把热力系分成闭口系和开口系，对于开口系而言，由于有物质的进出，必然也会带来能量的交换。

如图 2-2 所示，所研究的热力系为图中右侧虚线框内质量为 M 的工质，在其左侧进口管内，有 $m\ \mathrm{kg}$ 参数为 (p, v, T) 的工质准备进入热力系。基于准平衡的要求，压力为 p 的工质在进入热力系时会遭遇一个阻力 F'，因此需要一个动力 F 将之推进去。把工质 m 全部推入热力系需要做的功称为推动功，其计算式为

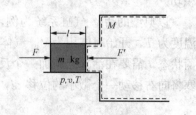

图 2-2　推动功

$$W_f = Fl = pAl = pV \tag{2-6}$$

把 1kg 工质推入热力系所需要的推动功为

$$w_f = \frac{W_f}{m} = \frac{pV}{m} = pv \tag{2-7}$$

如果研究一个微元过程，在这个微元过程中只有 dV 的工质被推入热力系，则推动功为

$$\delta W_f = pdV \tag{2-8}$$

而在微元过程中把每千克工质推入热力系所需要的推动功为

$$\delta w_f = pdv \tag{2-9}$$

2. 焓

工质从外界进入热力系的过程中，把工质推入热力系所需要的功是由外界付出的，由于工质进入了热力系，最终是热力系得到了这个功，而且工质本身的热力学能也进入了热力系。因此，最终热力系得到的能量是推动功和工质热力学能之和，即

$$H = U + W_f = U + pV$$

$$h = \frac{H}{m} = u + pv \tag{2-10}$$

式（2-10）等号右侧的两项之和就是前面定义过的焓。

所以焓的物理意义可以理解为：物质流进热力系时热力系所得到的总能量，包括物质本身的热力学能和外界推动工质所付出的推动功。

第二节 闭口系能量方程

对于和外界没有物质交换的简单可压缩的闭口系，只能通过热量和容积功的形式和外界进行能量交换，并且自身的热力学能发生变化。若过程中没有发生化学反应和核反应，则工质的热力学能中只有分子动能和分子位能发生变化。

能量守恒和转换定律确立了上述三种能量形式之间的约束关系，称为闭口系能量方程，即闭口系从外界吸收的热量用来增加其热力学能，并且对外做功。根据参与的物质是 $m$kg 还是 1kg，以及过程是宏观过程还是微元过程，闭口系能量方程可以写出下面的四种形式，称为闭口系方程的基本式，即

$$
\left.
\begin{array}{ll}
m\text{kg 工质宏观过程} & Q = \Delta U + W \\
m\text{kg 工质微元过程} & \delta Q = dU + \delta W \\
1\text{kg 工质宏观过程} & q = \Delta u + w \\
1\text{kg 工质微元过程} & \delta q = du + \delta w
\end{array}
\right\} \tag{2-11}
$$

如果闭口系经历一个准平衡方程，则其容积功可以由式（2-3）~式（2-5）计算，因此式（2-11）可以改写如下，称为闭口系方程的第一解析式：

$$
\left.
\begin{array}{ll}
m\text{kg 工质宏观过程} & Q = \Delta U + \int pdV \\
m\text{kg 工质微元过程} & \delta Q = dU + pdV \\
1\text{kg 工质宏观过程} & q = \Delta u + \int pdv \\
1\text{kg 工质微元过程} & \delta q = du + pdv
\end{array}
\right\} \tag{2-12}
$$

考虑到全微分式：

$$\mathrm{d}(pv) = p\mathrm{d}v + v\mathrm{d}p \tag{2-13}$$

结合焓的定义，式（2-12）的第四式可以有如下推论：

$$\delta q = \mathrm{d}u + \delta w = \mathrm{d}u + p\mathrm{d}v = \mathrm{d}u + \mathrm{d}(pv) - v\mathrm{d}p$$
$$= \mathrm{d}(u + pv) - v\mathrm{d}p$$
$$= \mathrm{d}h - v\mathrm{d}p \tag{2-14}$$

因此式（2-12）可以写成下面的形式，称为闭口系方程的第二解析式：

mkg 工质宏观过程 $\quad Q = \Delta H - \int V\mathrm{d}p$

mkg 工质微元过程 $\quad \delta Q = \mathrm{d}H - V\mathrm{d}p$

$1kg$ 工质宏观过程 $\quad q = \Delta h - \int v\mathrm{d}p$ $\qquad(2-15)$

$1kg$ 工质微元过程 $\quad \delta q = \mathrm{d}h - v\mathrm{d}p$

以 $1kg$ 工质的微元过程为例，闭口系方程可以写出下面的统一格式：

$$\delta q = \mathrm{d}u + \delta w = \mathrm{d}u + p\mathrm{d}v = \mathrm{d}h - v\mathrm{d}p \tag{2-16}$$

总结：

（1）吸热、做功和热力学能的变化可以类比为"收入""消费"和"储蓄变化"，闭口系方程对吸热、做功和热力学能的约束关系，可以类比为"某人的收入除了用于消费外，多余的部分用于增加储蓄"。

（2）对于本部分出现的各种参数的写法，归纳为表 2-1。

表 2-1　　　　　　　　　　　　热 力 学 参 数 和 符 号

序号	内容	状态参数	非状态参数
1	名称	温度、压力、比体积、热力学能、焓、熵	热量、功
2	mkg 工质宏观过程	以前缀 Δ 表示其变化量，如 ΔT、Δp、Δv、ΔU、ΔH	直接写出大写符号即可，如 Q、W
3	mkg 工质微元过程	以前缀 d 表示其变化量，如 $\mathrm{d}T$、$\mathrm{d}p$、$\mathrm{d}U$、$\mathrm{d}H$ 等	以前缀 δ 加大写符号表示，如 δQ、δW 等
4	$1kg$ 工质宏观过程	以前缀 Δ 表示其变化量，如 ΔT、Δp、Δu、Δh 等	直接写出小写符号即可，如 q、w 等
5	$1kg$ 工质微元过程	以前缀 d 表示其变化量，如 $\mathrm{d}T$、$\mathrm{d}p$、$\mathrm{d}u$、$\mathrm{d}h$ 等	以前缀 δ 加小写符号表示，如 δq、δw 等

第三节　开口系能量方程

如果热力系与外界有物质的交换，则其能量之间的约束关系比闭口系要复杂得多。

一、开口系能量形式

如图 2-3 所示，研究对象为一开口系，其边界由虚线表示，在时间点 τ，热力系内工质的质量为 M，能量总量为 E（包括热力系内工质的宏观动能、宏观位能和热力学能）。在 $\tau \rightarrow \tau + \mathrm{d}\tau$ 的时间段内，热力系和外界发生了物质和能量的交换。

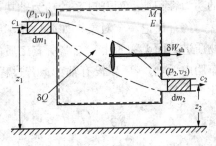

图 2-3　开口系的能量形式

（1）在高度为 z_1 的地方，有质量为 $\mathrm{d}m_1$、速度为 c_1、参数为（p_1，v_1）的工质进入了热力系，每千克这样的工质将会带入热力系的能量有宏观动能、宏观位能和热力学能，即

$$e_1 = u_1 + \frac{c_1^2}{2} + gz_1 \qquad (2-17)$$

（2）在高度为 z_2 的地方，有质量为 $\mathrm{d}m_2$、速度为 c_2、参数为（p_2，v_2）的工质进入了热力系，每千克这样的工质将会带离热力系的能量为

$$e_2 = u_2 + \frac{c_2^2}{2} + gz_2 \qquad (2-18)$$

（3）热力系以轴的转动机械能形式对外输出功量，称为轴功，其量为 δW_{sh}。

（4）热力系从外界吸收了热量，其量为 δQ。

（5）外界把 $\mathrm{d}m_1$ 推进热力系，外界做了功，热力系得到了功，即流动功为

$$\delta W_{f1} = p_1 v_1 \mathrm{d}m_1 \qquad (2-19)$$

同理，热力系把 $\mathrm{d}m_2$ 推离至外界，热力系做了功，外界得到了功，即流动功为

$$\delta W_{f2} = p_2 v_2 \mathrm{d}m_2 \qquad (2-20)$$

二、开口系能量方程

上述能量的进出最终将改变热力系内部的能量 E，即

$$\mathrm{d}E = e_1 \mathrm{d}m_1 - e_2 \mathrm{d}m_2 - \delta W_{sh} + \delta Q + \delta W_{f1} - \delta W_{f2} \qquad (2-21)$$

把式（2-17）～式（2-20）代入式（2-21）进行移项和合并，得

$$\delta Q = \left(u_2 + \frac{c_2^2}{2} + gz_2 + p_2 v_2\right)\mathrm{d}m_2 - \left(u_1 + \frac{c_1^2}{2} + gz_1 + p_1 v_1\right)\mathrm{d}m_1 + \mathrm{d}E + \delta W_{sh}$$

$$(2-22)$$

考虑到焓的定义，式（2-22）可变为

$$\delta Q = \left(h_2 + \frac{c_2^2}{2} + gz_2\right)\mathrm{d}m_2 - \left(h_1 + \frac{c_1^2}{2} + gz_1\right)\mathrm{d}m_1 + \mathrm{d}E + \delta W_{sh} \qquad (2-23)$$

式（2-23）表明：在开口系中，系统吸收的热量同样用于提高系统内部的能量和对外做功，除此以外，吸热还需要提供进出口物质的能量差。

三、讨论

对开口系能量方程进行一些特殊情况的讨论：

（1）当忽略开口系内工质以及进出口工质的宏观动能和宏观位能时，有

$$e = u + \frac{c^2}{2} + gz = u \qquad (2-24)$$

（2）当开口系没有物质进出、且忽略开口系内工质的宏观动能和宏观位能时，式（2-23）可简化成以下形式：

$$\delta Q = \mathrm{d}E + \delta W_{sh} = \mathrm{d}U + \delta W_{sh} \qquad (2-25)$$

可以看出，式（2-25）和闭口系能量方程式（2-11）的第一个方程很类似，但闭口系的功为容积功，而开口系的功为轴功形式，这个差别在后面会继续讨论。

（3）讨论一个对象，如向自行车胎打气的过程：取自行车胎为热力系，则该热力系只有物质进，而无物质出；忽略所有工质的宏观动能和宏观位能；因为没有轴的存在（注意：是车胎内无轴），所以没有轴功；若过程进行很快，可以认为无热量交换，则式（2-23）可简化成

$$\delta Q = \left(h_2 + \frac{c_2^2}{2} + gz_2 \right) \mathrm{d}m_2 - \left(h_1 + \frac{c_1^2}{2} + gz_1 \right) \mathrm{d}m_1 + \mathrm{d}E + \delta W_{sh}$$

$$\Rightarrow 0 = -h_1 \mathrm{d}m_1 + \mathrm{d}U$$

$$\Rightarrow \mathrm{d}U = h_1 \mathrm{d}m_1 > 0 \qquad (2-26)$$

可以看出，自行车胎内物质的热力学能是提高的，即物质内部分子动能与分子位能是提高的，或者说物质的温度是提高的。

（4）讨论另一个对象，如一个杀虫剂罐子向外放气的过程：取杀虫剂罐子为热力系，则该热力系只有物质出，而无物质进；忽略所有工质的宏观动能和宏观位能；因为没有轴的存在，所以没有轴功；若过程进行很快，可以认为无热量交换，则式（2-23）可简化为

$$\delta Q = \left(h_2 + \frac{c_2^2}{2} + gz_2 \right) \mathrm{d}m_2 - \left(h_1 + \frac{c_1^2}{2} + gz_1 \right) \mathrm{d}m_1 + \mathrm{d}E + \delta W_{sh}$$

$$\Rightarrow 0 = h_2 \mathrm{d}m_2 + \mathrm{d}U$$

$$\Rightarrow \mathrm{d}U = -h_2 \mathrm{d}m_2 < 0 \qquad (2-27)$$

可以看出，杀虫剂罐子内物质的热力学能是降低的，即物质内部分子动能与分子位能是降低的，或者说物质的温度是降低的，因此如果你手里握着一个杀虫剂罐子并向外放气，则能感觉到一阵凉意。

第四节　稳定流动能量方程

一、稳定流动能量方程

对于式（2-23），还存在一种特殊情况，称为稳定流动能量方程。所谓稳定流动，是指一个开口系连同进出该开口系的工质的所有参数不随时间变化而变化，但是，不同地点的工质参数可以变化。基于这样的特点，可以有如下的推论：

（1）开口系内工质的比体积（或密度）不能变化，因此开口系内的工质质量是保持恒定的，所以，流入开口系的工质量必然等于流出开口系的工质量，即 $\mathrm{d}m_2 = \mathrm{d}m_1 = \mathrm{d}m$。

（2）工质的内部储能 E 不能变化，即 $\mathrm{d}E = 0$。

因此，式（2-23）将有

$$\delta Q = \left(h_2 + \frac{c_2^2}{2} + gz_2 \right) \mathrm{d}m - \left(h_1 + \frac{c_1^2}{2} + gz_1 \right) \mathrm{d}m + \delta W_{sh}$$

$$\Rightarrow \delta Q = \left[(h_2 - h_1) + \frac{c_2^2 - c_1^2}{2} + g(z_2 - z_1) \right] \mathrm{d}m + \delta W_{sh} \qquad (2-28)$$

把式（2-28）按时间积分，则有

$$Q = m\left[(h_2 - h_1) + \frac{c_2^2 - c_1^2}{2} + g(z_2 - z_1)\right] + W_{sh} \tag{2-29}$$

将上式中的热量 Q 和轴功 W_{sh} 均分到 m 上，则有

$$q = (h_2 - h_1) + \frac{c_2^2 - c_1^2}{2} + g(z_2 - z_1) + w_{sh} \tag{2-30}$$

或写成

$$q = \Delta h + \frac{\Delta c^2}{2} + g\Delta z + w_{sh} \tag{2-31}$$

式（2-31）称为稳定流动能量方程。

从式（2-29）到式（2-30）这一步，热量和轴功均分到 m 上，这个 m 是流进又流出开口系的工质，但按从总量均分到单位工质的规则，应该把热量和轴功均分到开口系内的工质量 M 上，因为热量和轴功确确实实是由 M 吸收和作出的，但为什么这里均分到了流入又流出开口系的工质 m 上呢？

在图 2-3 中，用点画线把开口系分成了物质流动的一个流道和静止不动的物质两部分，由于稳定流动开口系内的工质参数不能发生变化，所以，静止不动的工质，只能眼睁睁地看着热量 Q 从面前通过，却不能伸手拿一点来用，因为只要它吸一点热量，它的热力学能就要变了。但流道内的流动工质，由于位置一直在移动，所以，它可以在移动中吸收热量 Q，或者对外做轴功，并且其内部能量发生变化，反正不同位置的参数是可以变化的。

开口系方程认为所有的能量方式都是在 M 上发生的，但稳定流动能量方程严格地区分了开口系内的静止工质和流动工质，并把对能量过程真正有贡献的流动工质作为研究对象，而把那些出工不出力的"看客"摒除在外，因此这个研究对象的切换是有道理的。

二、技术功

技术功的定义是在技术角度可以利用的功，符号为 W_t，包括工质的动能差、位能差和工质以轴的转动机械能存在的轴功。1kg 工质的技术功以 w_t 表示，即

$$w_t = \frac{\Delta c^2}{2} + g\Delta z + w_{sh} \tag{2-32}$$

根据式（2-32），稳定流动能量方程可以写为

$$q = \Delta h + \frac{\Delta c^2}{2} + g\Delta z + w_{sh}$$
$$= \Delta h + w_t \tag{2-33}$$

式（2-33）是以稳定流动即开口系的角度对那 1kg 流进而流出开口系的工质所列的能量方程。若以移动的目光紧盯住这 1kg 工质，那么这 1kg 工质就是一个闭口系，应该可以用闭口系能量方程，即

$$q = \Delta u + w$$
$$= \Delta u + \int p\mathrm{d}v$$
$$= \Delta h - \int v\mathrm{d}p \tag{2-34}$$

显然式（2-33）和式（2-34）是对同一个对象不同研究角度得到的结论，应该具有等价性，因此，对比两式有

$$w_t = -\int v\mathrm{d}p \qquad\qquad (2 - 35)$$

这就是根据工质的过程正向计算技术功的公式。从公式可知，若工质在流进又流出的过程中，比体积和压力的关系是已知的，则可以通过积分计算得到其技术功量。

当忽略工质的宏观动能和宏观位能时，根据技术功的定义可以得到计算轴功的方法，即

$$w_{sh} \approx w_t = -\int v\mathrm{d}p \qquad\qquad (2 - 36)$$

三、功的比较

对稳定流动的工质，有两个角度可以对它进行研究，一个是开口系的角度，另一个是跟随流动工质的闭口系角度，两个角度的结论应该具有完全的等价性。

用开口系的角度，工质只有通过技术功的方式才能向外输出功量（包括已经存在的轴功和可以利用的工质动能差和位能差），其量值可以用式（2 - 35）计算。

但用闭口系的角度，工质能够对外做功的唯一方式是通过容积变化的容积功，即

$$w = \int p\mathrm{d}v \qquad\qquad (2 - 37)$$

为什么用不同角度得到功量不是同一种呢？

看下面的推导过程：

$$\mathrm{d}(pv) = p\mathrm{d}v + v\mathrm{d}p$$
$$\Rightarrow \int \mathrm{d}(pv) = \int p\mathrm{d}v - \left(-\int v\mathrm{d}p\right)$$
$$\Rightarrow \left(-\int v\mathrm{d}p\right) = \int p\mathrm{d}v + p_1v_1 - p_2v_2$$
$$\Rightarrow w_t = w + w_{f1} - w_{f2} \qquad\qquad (2 - 38)$$

式（2 - 38）中各个功量表示在图 2 - 4 中，可以看出：

左斜线面积＋右斜线面积－竖线面积＝交叉线面积

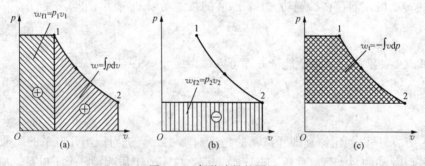

图 2 - 4　各种功量的图示

以闭口系角度研究工质时，工质对外做功的唯一方式是容积功，但工质在进入开口系时，外界推了它一把，付出了一个推动功，并且这个推动功被工质所获得；工质在离开开口系时，必须要把挡在它前面的工质推开，即必须付出一个推动功。于是，自己做了容积功，得到了一个推动功，又付出了一个推动功，最终能够向外付出，外界能够得到的功就是上述功量的和，其值就是技术功。因此，站在工质"内部付出"的角度分析做功，就是闭口系工质的做功，即容积功，而站在系统"外部得到"的角度分析做功，就是开口系对外的做功，

即技术功。

第五节 稳定流动能量方程的应用

以流水线和标准化为主要特征的现代大工业，在正常运行时，流程中各点的参数都不随时间变化而变化，当然不同地点的参数是发生变化的，因此是典型的稳定流动。分析此类问题时，都要用到稳定流动能量方程。

一、锅炉

锅炉的作用，是通过燃烧煤、石油、天然气等化石燃料或使用电力、太阳能、生物质能等来对水进行加热，使之升温成热水或蒸汽，如图 2-5 所示。

水在锅炉中的流动是一个典型的稳定流动，且其宏观动能、宏观位能可以忽略，锅炉中没有轴的存在，因此没有轴功这种功量形式，因此有

$$q = \Delta h + \frac{\Delta c^2}{2} + g\Delta z + w_{sh}$$

$$\Rightarrow q = \Delta h = h_2 - h_1$$

$$\Rightarrow Q = m\Delta h = m(h_2 - h_1) \tag{2-39}$$

例如，一台 600MW 的发电机组，每小时可以把 2008t 的水从焓 1228.29kJ/kg 加热至 3387.25kJ/kg，并且把 1683.3t 的蒸汽从焓 3032.89kJ/kg 加热至 3540.84kJ/kg，如果锅炉所用煤的发热量为 22 400.00kJ/kg，且煤的热量中有 90% 能被锅炉中的工质所吸收，则这台锅炉的耗煤量为

$$Q = m\Delta h + m'\Delta h' = m(h_2 - h_1) + m'(h'_2 - h'_1)$$

$$= \frac{2008 \times 10^3}{3600} \times (3387.25 - 1228.29) + \frac{1683.3 \times 10^3}{3600} \times (3540.84 - 3032.89)$$

$$= 1.4417 \times 10^6 (\text{kJ/s})$$

$$B = \frac{Q}{Q_{coal}\eta} = \frac{1.4417 \times 10^6}{22\,400 \times 90\%} = 71.51(\text{kg/s}) = 257.44(\text{t/h})$$

2021 年底我国的火力发电机组达到了 1297GW，当年的运行时间为 4448h，因此可以大致估算出我国用于发电的煤量为

$$B_t = \frac{1297 \times 10^3}{600} \times 4448 \times 257.44$$

$$= 2.475 \times 10^9(\text{t/a})$$

$$= 24.75(\text{亿 t/a})$$

这个数量相当于我国 2021 年煤炭产量（41.3 亿 t）的 60% 左右，可见发电用煤的总量是相当大的，由此给运输带来的压力和产生的污染都比较严重。但是由于我国的能源资源主要以煤炭为主，在一个相当长的时间内，能源供应还必须以煤炭为主，因此，为缓解运输压力，我国的能源供应中强调了"把煤炭转换成电力"，并且为缓解污染问题，还强调了"煤炭的清洁利用"这一政策。

二、汽轮机

进入汽轮机（见图 2-6）的是温度和压力都比较高的蒸汽，蒸汽在降温降压时能够推动汽轮机叶轮使之高速旋转，因此汽轮机能够输出轴功，且一般情况下，蒸汽在进入和离开汽

轮机时的宏观动能和宏观位能可以忽略。对汽轮机应用稳定流动能量方程，有

$$q = \Delta h + \frac{\Delta c^2}{2} + g\Delta z + w_{sh}$$

$$\Rightarrow w_{sh} = q - \Delta h = q - (h_2 - h_1) \qquad (2-40)$$

汽轮机都有良好的保温，对大型汽轮机而言，有时还可以把热量这一项忽略掉。

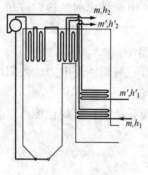

图 2-5　锅炉示意

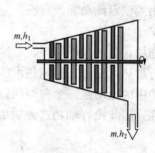

图 2-6　汽轮机示意

　　例如：一台 600MW 汽轮机由高压、中压和低压三个压力等级的汽缸构成，对于高压缸，其进口流入流量为 2008t/h，焓为 3387.25kJ/kg 的蒸汽，然后通过绝热做功的方式，焓降至 2931.93kJ/kg，因此，高压缸的理论功率为

$$w_{sh} = q - \Delta h$$
$$= -(h_2 - h_1)$$
$$= -(2931.93 - 3387.25)$$
$$= 455.32(\text{kJ/kg})$$

$$W_{sh} = mw_{sh}$$
$$= \frac{2008 \times 10^3}{3600} \times 455.32$$
$$= 253.97(\text{MW})$$

　　如果考虑到汽轮机的效率，以及真实汽轮机抽汽等影响，汽轮机的高压缸做功功率为 200MW 左右。

三、泵和风机

　　泵（见图 2-7）和风机一般由电动机带动，通过消耗外界功量来提高工质的能量，因此存在轴功。一般情况下，工质在进出泵和风机时的宏观动能和宏观位能可以忽略，有时还可忽略工作过程中的热量，因此，对泵和风机应用稳定流动能量方程，有

$$q = \Delta h + \frac{\Delta c^2}{2} + g\Delta z + w_{sh}$$

$$\Rightarrow w_{sh} = -\Delta h = (h_1 - h_2) \qquad (2-41)$$

　　例如，600MW 火电机组中消耗功量最大的设备是给锅炉提供高压水的给水泵，它每小时可以把 2008t 的水从焓 697.14kJ/kg 升至 719.52kJ/kg，因此，给水泵的理论功率为

$$w_{sh} = h_1 - h_2$$
$$= 697.14 - 719.52$$

$$= -22.38(\text{kJ/kg})$$

$$W_{sh} = m w_{sh}$$

$$= -\frac{2008 \times 10^3}{3600} \times 22.38$$

$$= -12.48(\text{MW})$$

计算结果中的负号说明给水泵是消耗功率的设备，其耗功功率超过 1 万 kW，相当于一个综合性大学校园的日常耗功功率。

四、喷嘴

上面分析的几个设备中，工质的宏观动能和宏观位能都是可以忽略的，但对于工质流动速度很大的设备，其宏观动能就必须加以考虑了。例如，喷气式飞机的发动机、火箭发动机中气体喷嘴（见图 2-8）出口的流速都非常大，其动能也非常大，由于工质流速大，它和外界通常都来不及交换热量，喷嘴中不存在轴，没有轴功，因此，对这类设备应用稳定流动能量方程，有

$$q = \Delta h + \frac{\Delta c^2}{2} + g\Delta z + w_{sh}$$

$$\Rightarrow \frac{\Delta c^2}{2} = -\Delta h$$

$$\Rightarrow \frac{c_2^2 - c_1^2}{2} = h_1 - h_2 \qquad (2-42)$$

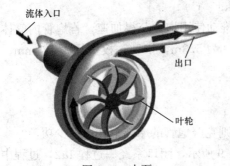

图 2-7 水泵

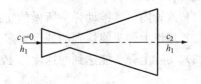

图 2-8 喷嘴

例如，某台火箭发动机中，高温高压的气体经过喷嘴后，焓下降了 2000kJ/kg，速度从 0 升高至一个高速并喷出，推动火箭向前飞行，喷嘴出口的气体流速为

$$\frac{c_2^2}{2} = h_1 - h_2$$

$$\Rightarrow c_2 = \sqrt{2(h_1 - h_2)}$$

$$= \sqrt{2 \times 2000 \times 10^3}$$

$$= 2000(\text{m/s})$$

注意，由于 kJ/kg 不是标准的国际单位，因此上式计算的时候需要把它转换成标准的 J/kg，否则会出现不合理的结果。

习　　题

2-1　掌握下列基本概念：可压缩系、简单可压缩系、热量、功、容积功、推动功、轴功、技术功。

2-2　辨析下列概念：

(1) 热力系中热量和功量为正时，都会增加热力系内部的能量。

(2) 热量和功量都是状态参数。

(3) 稳定流动中工质的参数不发生变化。

(4) 没有轴就没有轴功的存在。

(5) 简单可压缩系工质对外做功的唯一方式是容积的变化。

(6) 稳定流动中外界得到的功量等于工质的容积功。

(7) 稳定流动中流动工质的热力学能保持不变。

(8) 开口系的研究对象和稳定流动的研究对象是完全相同的。

(9) 工质容积不发生变化就无法对外做技术功。

(10) 工质压力不发生变化就无法对外做容积功。

2-3　通常一人一次淋浴需要 50kg40℃左右的热水，由 20℃的冷水经电加热升温而来，假设加热过程中电能有 95% 被水吸收，则人一次淋浴需要消耗的热量为多少（KJ），折合电能为多少（kWh）？[水的比热容为 4.1868 kJ/（kg·℃）]

2-4　炮弹发射时，通过炮管内高压气体的推动使用炮弹获得加速。若炮管内气体的平均绝对压力（称为膛压）为 500MPa，炮管的长度为 5.3m，推动一枚直径为 120mm、质量为 12kg 的弹头，求：

(1) 炮管内气体推动弹头所做的功；

(2) 理论上弹头能达到的速度为多少（m/s）；

(3) 实际上弹头能达到的速度为 1750m/s，则克服炮管的摩擦消耗了多少功量？

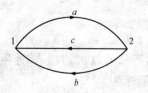

图 2-9　习题 2-5 图

2-5　如图 2-9 所示，闭口系经一过程 1a2，过程中工质吸热 20kJ，对外做功 10kJ，现通过过程 2b1 或 2c1 回到起点，在 2b1 过程中工质放热 15kJ，求过程 2c1 中工质的热力学能差以及 2b1 过程中工质和外界交换的功量。

2-6　闭口系经历一热力过程，请完成下表各过程中的能量项：

序号	吸热（kJ）	热力学能增加（kJ）	对外做功（kJ）
1		200	150
2	200		250
3	200	350	
4	−200		−50
5	0	−50	

2-7 某封闭系统进行如图 2-10 所示的循环,12 过程中系统和外界无热量交换,但热力学能减少 50kJ;23 过程中压力保持不变,$p_3 = p_2 = 100$kPa,容积分别为 $V_2 = 0.2$m³,$V_3 = 0.02$m³;31 过程中保持容积不变,求:

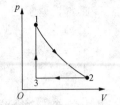

(1) 各过程中工质所做的容积功以及循环的净功量;

(2) 循环中工质的热力学能变化以及工质和外界交换的热量。

图 2-10 习题 2-5 图

2-8 水可视作不可压缩。现对一绝热封闭容器内的水加压,加压前水的容积为 0.1m³,压力为 0.2MPa,加压后压力为 1.2MPa,求:

(1) 加压过程中外界对水所做的容积功;

(2) 水的热力学能的变化;

(3) 水的焓的变化。

2-9 水可视作不可压缩。压力为 0.2MPa 的水通过一根管道进入水泵,经水泵加压至 1.2MPa 后排出,取体积为 0.1m³ 的水为研究对象,设整个体系都绝热,忽略动能和位能差,求:

(1) 水流进水泵和流出水泵时外界付出的推动功;

(2) 加压过程中水的热力学能和焓的变化;

(3) 水泵所做的轴功。

2-10 空气在压缩机中被压缩,压缩前的参数为 $p_1 = 0.1$MPa,$v_1 = 0.845$m³/kg,压缩后的参数为 $p_2 = 0.8$MPa,$v_2 = 0.175$m³/kg,压缩过程中空气的热力学能增加了 146kJ/kg,同时向外放出热量 50kJ/kg,压缩机压缩空气的量为 10kg/min,忽略散热及工质的动能位能差,求:

(1) 压缩过程中每千克空气的压缩功(容积功);

(2) 气体消耗的技术功;

(3) 外界需要向压缩机输入的功率(由轴功决定)。

2-11 锅炉生产的 2980t/h 流量的过热蒸汽进入汽轮机高压缸后,经过一个热力过程从焓 3475.5kJ/kg 降至 2990.0kJ/kg,求:

(1) 若忽略汽轮机的散热、动能和位能差,则高压缸的电功率为多少(kW);

(2) 若散热为 $1.1×10^7$kJ/h,求散热造成的功率损失为多少(kW);

(3) 若汽轮机进口蒸汽的流速为 50m/s,出口蒸汽流速为 150m/s,求动能差造成的功率损失为多少(kW);

(4) 若汽轮机出口比进口低 2.5m,求进出口高差对汽轮机功率的影响为多少(kW)。

2-12 某大型水泵,能够以 100m³/s 的流量把水从 0m 抽到 300m 的高度,假设水泵工作过程水的温度维持不变,忽略和外界的热交换及动能差,水的密度为 1000kg/m³,求:

(1) 1kg 水需要消耗的轴功;

(2) 该水泵需要的最小功率。

第三章 热力学第二定律

热力学第一定律指出：热力系要想向外输出功量，必须有外界向热力系输入热量，或热力系本身的能量发生变化。但是有没有可能设计一种机器，例如它以自然界中的水降温所放出的热量作为能量来源，然后通过某一过程向外输出功量。这样的机器显然不违反热力学第一定律，在实践过程中却无一尝试成功，但不成功的原因是什么，是设计有问题，还是根本就没有成功的可能？

18、19 世纪的第一次工业革命，其标志是以煤炭驱动的、以钢铁制造的蒸汽机。原始的蒸汽机效率非常低，工程师瓦特改良了蒸汽机，使其输出的功量提高至原来的 5 倍，相应的效率也提高至原来的 5 倍。但是蒸汽机效率提高的科学原理是什么，效率有没有上限，能不能使蒸汽机消耗的煤炭的能量全部转变成功量向外输出？

对这些问题的探讨，最终总结归纳出了热力学第二定律。

第一节 可逆过程和不可逆过程

一、可逆过程和不可逆过程的概念

可逆过程和不可逆过程是热力学第二定律的一个基本概念，是从热力系和外界两个方面对热力过程的考察。由于热力系和外界存在能量和物质的相互作用，因此当热力系经过一个正向的热力过程 12 时，外界也可能受影响而发生变化。对正向过程 12 的逆过程进行分析，可以分成下面的几种情况：

(1) 正向过程 12 无法逆行。例如人的生长过程。

(2) 热力系从 2 回到了 1，但是外界环境没有从 2 回到 1。例如汽车经历从北京 1 开到了上海 2 的正向过程，它可以逆行从上海 2 开回到北京 1，汽车回到了起点，但是它对环境等造成的影响如燃料的消耗、污染物的排放等是无法消除的，因此外界环境没有逆行至原来的状态。

(3) 热力系从 2 回到了 1，并且外界环境也回到了 1，一切都像没有发生过一样。例如，真空中一个单摆的运动可以周而复始重复出现，每个周期的情况都完全相同，当单摆从左边点 1 摆到右边点 2，又从右边点 2 摆回左边点 1，再回到 1 时单摆的状态和它周围环境的状态都不会有什么变化。

上述三种情况中，情况 3 中的热力过程 12 称为可逆过程，而情况 1 和 2 中的热力过程 12 称为不可逆过程。

可见，对热力过程 12 是否是可逆过程，其判断的方法是看它的逆行过程 21 的情况，如热力系和外界环境均可逆行至起点且不留下任何痕迹，则称 12 为可逆过程，否则为不可逆过程。

二、典型的可逆过程和不可逆过程

下面对热力学中最常见的做功过程和传热过程进行一些分析，来看看可逆过程和不可逆过程的差别。

1. 做功过程

如图 3-1 所示的做功过程，假设活塞和气缸间无摩擦，且活塞气缸系统保温非常良好，对外没有任何散热，它们也不会通过发光等形式丧失能量。在热力学第一定律中，对封闭在气缸中的气体 m 而言，因存在压力 p 而使它对活塞产生一个向右的力 F，如果外界有一个向左的略小一点的力 F'，则活塞将以一个准平衡过程向右移动，气体在热力过程 12 中对外所做的功为

$$\delta w = p\mathrm{d}v, \quad w = \int p\mathrm{d}v \qquad (3-1)$$

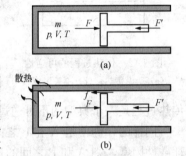

图 3-1 做功过程的可逆性
(a) 可逆做功；(b) 不可逆做功

这个功量被外界获得后，可以某种形式储存起来，例如，转换成一个重物的重力位能等。现在让外界把储存的功量释放出来，形成一个稍大于 F 的力，推动活塞向左移动压缩气体，则根据能量守恒，当外界把功量释放完毕时，气体也正好能回到做功以前的状态，即外界和气体均从状态 2 回到了状态 1，所以无摩擦无散热的准平衡做功过程是一个可逆过程。

如果活塞气缸系统存在摩擦，则气体向右产生的力 F 会被外界的力 F' 和摩擦力 f 之和所平衡，气体膨胀、活塞右移的功量中有一部分将用于克服摩擦力，且其最终将转变成热量向环境散发，剩下的部分才被外界所获得。由于摩擦的存在，外界获得的功量将小于气体所做的功量，因此即使外界把获得的功量释放出来用于压缩气体，也无法使气体回复至原来的状态，否则就违背了能量守恒定律。存在散热的情况和存在摩擦的情况是相同的，它们都使"外界和系统均回到起点"成为不可能。

这里要归纳两条：

（1）从气体"内部"的角度看，有没有摩擦是不会影响到气体的做功量的，但是从外界"外部"的角度看，有没有摩擦将使外界得到的功量发生变化，准平衡过程单方面注重热力系内部工质，而可逆过程综合考察热力系内外两个方面，这是准平衡过程和可逆过程研究角度的不同。

（2）如果在热力系和外界环境的分界面上没有摩擦、散热、辐射（发光）等现象存在，则热力系和外界之间不存在能造成能量流失的"势差"，这时热力系经历一个准平衡过程的同时外界也将经历一个准平衡过程，并且两者都可以逆行至起点，使过程成为可逆过程。摩擦、散热、辐射因素的存在将使可逆过程成为不可能，有时就称这些因素为"耗散因素"。

由此可知，一个可逆过程一定是准平衡过程，并且热力系和外界都是准平衡过程；而热力系经历的一个准平衡过程未必就是可逆过程，因为这个热力过程中外界的变化情况还不可知；一个不可逆过程中，热力系和外界经历的过程有可能都是准平衡的，但在它们的界面上可能出现散热、摩擦、辐射等耗散性因素，因此整体上是不可逆过程。做功过程的可逆性如图 3-1 所示。

2. 传热过程

如图 3-2 的传热过程，物体 A 和 B 构成一个热力系，该热力系保温良好，且不存在发

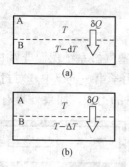

图 3-2 传热过程的可逆性
(a) 等温传热；(b) 不等温传热

光等辐射情况，因此热力系和外界没有能量传递。如果 A 的温度和 B 的温度相等，则两者之间发生的传热过程称为等温传热过程。在分析这个传热过程时，假设 B 的温度比 A 低很小的一个量值，使 A 向 B 传递一个热量 δQ，完成一个热力过程 12。如果使 B 的温度比 A 高出一点点，则 B 可以把刚才吸收的热量 δQ 还给 A，最终回到传热未发生时的状态 1。这种极小温差下的等温传热过程是一个可逆过程。

但如果 A 的温度比 B 的温度高出一个较大的量如 ΔT，则我们只能观察到热量从高温向低温传递的过程 12，而从来没有观察到热量从低温向高温传递的逆过程 21，因此，温差传热过程是一个典型的不可逆过程。

同样的，即使是 A 和 B 之间为等温传热，如果这个热力系和外界之间有散热、辐射等耗散性因素，则 A 和 B 之间的过程将是不可逆的，因为在逆行过程中，即使 B 把热量还给 A，外界也不可能把散热、辐射等能量再还给热力系。

三、总结

（1）工程热力学研究的是热量向机械能转换的过程，自然少不了传热和做功过程。在上述提到的使一个准平衡过程成为不平衡过程的摩擦、温差、散热等耗散性因素中，摩擦因素是使做功过程不可逆的主要因素，解决这一因素应从机械内部着手，因此称为内不可逆因素。热力系的不同部分或热力系和外界之间存在的温差因素将使传热过程不可逆，对传热中的某一方而言，解决这一因素应从外部着手，因此称温差为外不可逆因素。

（2）实际的热力过程中，要想完全消除摩擦、温差、散热等因素是非常困难的，因此，实际过程很多都是不可逆过程。但在分析研究热力学问题时，通常忽略这些耗散性因素，即把一个不可逆过程理想化为可逆过程。

（3）需要强调以下几条：

1）可逆过程重在考察热力系和环境两个方面，而准平衡过程重在研究热力系。

2）可逆过程中热力系和环境经历的都是准平衡过程，且两者之间不存在耗散性因素。

3）不可逆过程不一定是不平衡过程，甚至在过程中热力系和环境经历的都是准平衡过程，只是存在耗散性因素才使总体过程不可逆；但不平衡过程一定是不可逆过程。

第二节 卡 诺 定 理

1824 年，法国物理学家萨迪·卡诺在研究影响热机效率的过程中，提出了有关热机效率上限的卡诺定理，拉开了热力学第二定律的序幕。有趣的是，卡诺得到这一定理所使用的基本理论是完全错误的，但得到的结论是完全正确的。实际上，卡诺探索热力学第二定律的时间要早于人们对热力学第一定律的研究，且后来有证据表明卡诺其时已经开始触碰到热力学第一定律的内容，若非他英年早逝，卡诺可能一人独立完成热力学两条基本定律的归纳和总结，进而在科学史上留下更伟大的足迹。

在讨论卡诺定理时，先对本教材的几个术语进行一些澄清。如图 3-3 所示，定义热机是能把热量转换为功的机械。一个热机由三个部分构成：一个是能供热量的高温热源，如由煤、石油、天然气燃烧生成的高温烟气，或太阳能、地热能、核能等热源；第二个部分是工质，它通过由几个过程构成的循环，完成一系列的功能，如从高温热源吸收一个热量 Q_1，向外界输出一个功量 W_0，Q_1 是热机向外输出功量的代价，W_0 是热机工作的收益；热机的第三个部分是一个低温热源，通常是环境中大气和水，其温度一般是环境温度。从热力学第一定律的角度看，这个低温热源完全没有必要存在，但是卡诺时代的实践表明这个低温热源是不能取消的，热机中的工质从高温热源吸收 Q_1 后，只能把其中的部分变成功，而一定有一部分会变成"废热" Q_2 放至低温热源。不同的热机，采用的工质不同，工质经历的循环也会不同，这是热机之间最大的差别。

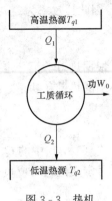

图 3-3 热机

一、可逆的卡诺热机

1. 工作过程

卡诺热机如图 3-4（a）所示，它区别于其他热机的主要特征在于它采用的工质循环是

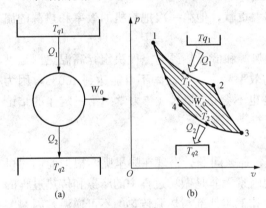

图 3-4 可逆的卡诺热机

（a）卡诺热机；（b）p-v 图

卡诺假想出一种循环，即卡诺循环，它以理想气体（如空气、烟气、氮气等）为工质，由四个过程构成，表示在 p-v 图上如图 3-4（b）所示（四个过程在 p-v 图上的曲线在第四章中说明）。

12 过程为等温吸热过程：工质从高温热源可逆地吸收热量 Q_1，因为是可逆吸热，所以工质在吸热过程中的温度 T_1 必须时刻保持和高温热源相同，即 $T_1 = T_{q1}$；

23 过程为绝热膨胀过程：工质把刚才吸收的热量以可逆膨胀的方式向外输出功量，这个过程不能有散热、摩擦，但是工质本身的温度在不断下降；

34 过程为等温放热过程：工质可逆地把一部分热量放出给低温热源，因为是可逆放热，所以工质在放热过程中的温度 T_2 必须时刻保持和低温热源相同，即 $T_2 = T_{q2}$；

41 过程是绝热压缩过程：工质消耗外界的功量，使自己的体积被压缩至起点 1，这个压缩过程是可逆的，也不能有散热、摩擦，但是工质本身的温度在升高。

通过等温吸热-绝热膨胀-等温放热-绝热压缩过程，工质完成了把高温热源的热量转换成功向外输出的使命，并且整个过程中工质没有任何散热、摩擦等，因此是一个"最好"的工质循环，对应的热机是最好的热机。

2. 做功效率

无论是什么样的机械，其效率都可以用下式表示：

$$效率 = \frac{收益}{代价} \tag{3-2}$$

对于热机而言，代价是高温热源提供给工质的热量 Q_1，而收益是热机向外输出的功量

W_0，因此其效率为

$$\eta_t = \frac{W_0}{Q_1} \qquad\qquad (3-3)$$

根据热力学第一定律，工质经历一个循环后，其热力学能的变化量为 0，因此对工质在循环中的热量和功量之间有如下关系：

$$Q = \Delta U + W_0 = W_0$$
$$\Rightarrow Q_1 - Q_2 = W_0 \qquad\qquad (3-4)$$

式（3-4）中的 Q_2 指明了是工质对低温热源的放热，是一个正值，而不再根据热量的正负号定义把它写成负值。于是式（3-3）可变为

$$\eta_{t,C} = \frac{W_0}{Q_1} = \frac{Q_1 - Q_2}{Q_1} = 1 - \frac{Q_2}{Q_1} \qquad\qquad (3-5)$$

至式（3-5）为止，我们用到的都是热力学第一定律的内容。卡诺在研究热机效率的上限时，根据"热质说"这一错误的理论，继续推导式（3-5），得到

$$\eta_{t,C} = \frac{W_0}{Q_1} = \frac{Q_1 - Q_2}{Q_1} = 1 - \frac{Q_2}{Q_1} = 1 - \frac{T_2}{T_1} = 1 - \frac{T_{q2}}{T_{q1}} \qquad\qquad (3-6)$$

式（3-6）中最后的两个等号就是卡诺的伟大贡献，他第一次把热机的效率和热源的温度或者循环中的工质温度结合起来。

从式（3-6）可知，可逆热机的效率由高温热源和低温热源的温度决定，高温热源温度越高，或低温热源温度越低，则可逆卡诺热机的效率越高，但效率不可能达到 100%，因为高温热源的温度不可能无穷大，低温热源的温度也不会达到 0K（热力学中第三定律的结论就是绝对零度可以无限接近但永远达不到）。

二、不可逆的卡诺热机

如果一台热机的效率达不到式（3-6）的值，那么问题会出现在哪里呢？根据前面对可逆过程和不可逆过程的分析，使热机效率下降的因素无非是做功过程中的摩擦和传热过程的温差，或者说，工质循环内部的不可逆摩擦因素和工质外部与热源传热的不可逆温差因素。

1. 外不可逆卡诺热机、内可逆卡诺热机

卡诺热机中工质的不可逆传热有两种可能，第一种是高温热源向工质的放热有温差，此时 $T_1 < T_{q1}$；第二种是工质向低温热源的放热有温差，此时 $T_2 > T_{q2}$。如果卡诺热机仅存在温差因素，则称之为外不可逆卡诺热机，或称之为内可逆卡诺热机，此时热机的效率为

$$\eta_t = \frac{W_0}{Q_1} = \frac{Q_1 - Q_2}{Q_1} = 1 - \frac{Q_2}{Q_1} = 1 - \frac{T_2}{T_1} < 1 - \frac{T_{q2}}{T_{q1}} \qquad\qquad (3-7)$$

2. 内不可逆卡诺热机

如果卡诺热机中工质的做功过程存在摩擦等，则外界得到的功量将小于工质所做的功量（其中的差值用于克服摩擦），称这样的热机为内不可逆卡诺热机，其效率为

$$\eta_t = \frac{W_0}{Q_1} = \frac{Q_1 - Q_2}{Q_1} = 1 - \frac{Q_2}{Q_1} < 1 - \frac{T_2}{T_1} \leqslant 1 - \frac{T_{q2}}{T_{q1}} \qquad\qquad (3-8)$$

综合而言，不可逆卡诺热机的效率为

$$\eta_t = \frac{W_0}{Q_1} = \frac{Q_1 - Q_2}{Q_1} = 1 - \frac{Q_2}{Q_1} < 1 - \frac{T_{q2}}{T_{q1}} = \eta_{t,C} \qquad\qquad (3-9)$$

三、卡诺定理

结合可逆卡诺热机和不可逆卡诺热机的结论，可知任何热机的效率均无法超越可逆卡诺

热机的效率，即

$$\eta_t \leqslant \eta_{t,C} \tag{3-10}$$

式（3-10）即卡诺定理，它可以用于判断热机制性质，即

如果热机的效率低于同温度范围可逆卡诺热机的效率，则这一台热机是不可逆的；

如果热机的效率等于同温度范围可逆卡诺热机的效率，则这一台热机是可逆的；

如果热机的效率高于同温度范围可逆卡诺热机的效率，则这一台热机是不可能的。

注意：在用卡诺定理的过程中，计算效率所使用的温度为热力学温度 K，在热力学第二定律中都使用热力学温度 K。

例如：一台可逆卡诺热机，高温热源温度为 2000K，低温热源温度为 300K，则该热机的效率为

$$\eta_{t,C} = \frac{W_0}{Q_1} = \frac{Q_1 - Q_2}{Q_1} = 1 - \frac{Q_2}{Q_1} = 1 - \frac{T_2}{T_1} = 1 - \frac{T_{q2}}{T_{q1}} = 1 - \frac{300}{2000} = 0.85 \tag{3-11}$$

当工质从高温热源吸收 $q_1 = 100\text{kJ}$ 的热量时，做功量和放热量为

$$W_0 = Q_1 \eta_{t,C} = 100 \times 0.85 = 85(\text{kJ})$$

$$Q_2 = Q_1 - W_0 = 100 - 85 = 15(\text{kJ}) \tag{3-12}$$

工作于相同热源间的任何热机，其效率不可能超过 0.85，当吸热量为 $Q_1 = 100\text{kJ}$ 时，其做功量最大为 85kJ，放热量最小为 15kJ；一台不可逆的热机，其做功量可能为 80kJ，放热量可能为 20kJ；而做功量大于 85kJ 的热机，则是不可能的。

需要指出的是，卡诺定理中热机对外输出的功量是哪一种功呢？这个其实不重要，因为在图 3-4 中，无论是容积功还是技术功（在忽略宏观动能和宏观位能时就是轴功），其量值的大小都是 $p\text{-}v$ 图中循环 12341 所围合的面积。

不同教材热力学第二定律的内容中会出现一些不同的描述，例如，有时候称可逆热机为理想热机，称不可逆热机为非理想热机，即把可逆称为理想，把不可逆称为非理想，两类不同的称呼没有本质的区别。

本教材强调热机包括两个热源和一个工质循环，强调卡诺定理是对热机性质的总结。有一些教材却不太强调这一条，对热机和热机中的循环也不怎么区分，对卡诺定理中热机效率表达式的温度也不强调是热源的温度还是工质的温度。乍一看，这样的描述给人以混乱的感觉，但是，如果使用反证法，即假设研究对象经历的是可逆过程，则热源和工质之间的传热是等温传热，两者的温度一定是相等的，因此热源温度和工质温度可以不加区分地使用。

第三节　状态参数——熵

热力学第二定律从卡诺定理开始萌芽，以熵的提出作为其建立的重要标志，但是从卡诺定理是如何探索出"熵"这个概念的呢？

卡诺定理是对热机效率的研究结论，现在把研究的范围缩小一下，只研究热机中的工质循环，且不考虑工质和热源之间的传热过程是否可逆，而只讨论工质经历的循环是否有摩擦等内不可逆因素。

卡诺定理是对热机效率的研究结论，现在把研究的范围缩小一下，只研究热机中的工质

循环，且不考虑工质和热源之间的传热过程是否可逆，而只讨论工质经历的循环是否有摩擦等内不可逆因素。为方便起见，本节假设循环的工质为 1kg，则以该 1kg 工质为研究对象时，功量和热量均可以小写字母表示。

一、内可逆卡诺循环

如果卡诺热机中的工质循环没有摩擦等因素，则称这个循环为内可逆卡诺循环，如图 3-5 (a) 所示，根据式 (3-6) 和式 (3-7)，对这一循环，其做功量和吸热量之比即效率均为

$$\eta_t = \frac{w_0}{q_1} = \frac{q_1 - q_2}{q_1} = 1 - \frac{q_2}{q_1} = 1 - \frac{T_2}{T_1} \tag{3-13}$$

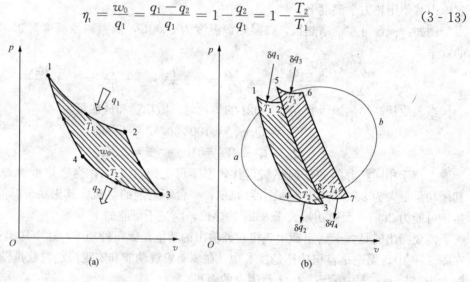

图 3-5　循环的 q/T 分析

(a) 卡诺循环；(b) 任意循环

现在对式 (3-13) 进行一些变换，并将本章第二节中有关可逆卡诺热机的数据代入，可得

$$\left.\begin{array}{ll} 1 - \dfrac{q_2}{q_1} = 1 - \dfrac{T_2}{T_1}, & 1 - \dfrac{15}{100} = 1 - \dfrac{300}{2000} \\[2mm] \Rightarrow \dfrac{q_2}{q_1} = \dfrac{T_2}{T_1} & \Rightarrow \dfrac{15}{100} = \dfrac{300}{2000} \\[2mm] \Rightarrow \dfrac{q_1}{T_1} = \dfrac{q_2}{T_2} & \Rightarrow \dfrac{100}{2000} = \dfrac{15}{300} \end{array}\right\} \tag{3-14}$$

对式 (3-14) 引入有关热量的定义，则 q_2 应该是一个负值，现在把 q_2 的负号带进，即若原来指明放热量 $q_2 = 15\text{kJ/kg}$，现在写成 $q_2 = -15\text{kJ/kg}$，则式 (3-14) 可变为

$$\left.\begin{array}{ll} \dfrac{q_1}{T_1} = -\dfrac{q_2}{T_2}, & \dfrac{100}{2000} = -\dfrac{-15}{300} \\[2mm] \Rightarrow \dfrac{q_1}{T_1} + \dfrac{q_2}{T_2} = 0 & \Rightarrow \dfrac{100}{2000} + \dfrac{-15}{300} = 0 \\[2mm] \Rightarrow \sum \dfrac{q}{T} = 0 \end{array}\right\} \tag{3-15}$$

式 (3-15) 得到的结论是可以推广的，例如对工作于多个热源间的可逆热机，各热源

的热量/温度的和应等于 0，即 $\sum \dfrac{q}{T} = 0$。

二、内可逆任意循环

如果一台热机中的工质循环不是卡诺循环，但它仍然是可逆循环，则会出现什么情况呢？

如图 3-5（b）所示，可以用一组靠得非常近的绝热过程线如 14、5283、67 等将任意循环切割成一条一条的微循环，由于绝热线靠得很近，因此可以认为 12、34、56、78 等过程中的工质温度是不变化的，于是 1234、5678 成为一个微型的卡诺循环，根据式（3-15），当把放热量的负号带入时，应有

过程 1234

过程 5678

$$
\left.
\begin{array}{l}
\dfrac{\delta q_1}{T_1} + \dfrac{\delta q_2}{T_2} = 0 \\[2mm]
\dfrac{\delta q_3}{T_4} + \dfrac{\delta q_4}{T_4} = 0 \\[2mm]
\cdots \\[2mm]
\Rightarrow \quad \sum \dfrac{\delta q}{T} = 0 \\[2mm]
\Rightarrow \quad \oint \dfrac{\delta q}{T} = 0
\end{array}
\right\} \tag{3-16}
$$

三、熵

如图 3-6 所示，在总结状态参数的时候，我们曾经讲到：如果一个参数 x 是状态参数，则它应该满足下式：

$$
\Delta x_{12} = \int_1^2 \mathrm{d}x = x_2 - x_1, \quad \Delta x = \oint \mathrm{d}x = 0 \tag{3-17}
$$

反之，若有一个参数 x 满足式（3-17），则 x 是一个状态参数。

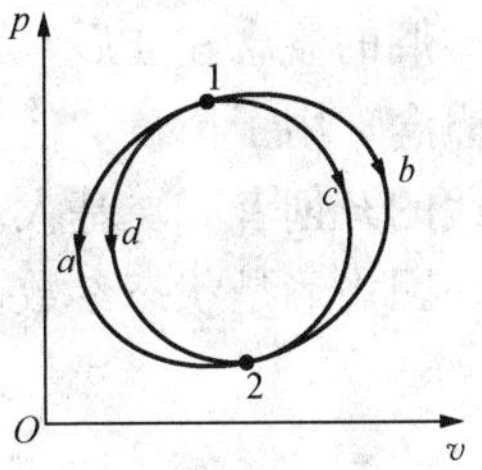

现在对式（3-16）进行一个变形，式中的 δq 是在循环中的每一小步长中的热量，且这个小步长中工质的温度是不变的，因此式（3-16）可以在数学上等价为

$$
\oint \dfrac{\delta q}{T} = 0 \Leftrightarrow \oint \delta \left(\dfrac{q}{T} \right) = 0 \Leftrightarrow \oint \mathrm{d} \left(\dfrac{q}{T} \right) = 0 \tag{3-18}
$$

如果把式（3-18）中的 (q/T) 这一组合量看作一个整体，这会发现这一组合量满足有关状态参数特点的第二条。

图 3-6 任意可逆循环的 q/T

对式（3-18）进行一些数学上的推导，有

$$
\left.
\begin{array}{l}
\oint \mathrm{d} \left(\dfrac{q}{T} \right) = 0 \\[3mm]
\Rightarrow \displaystyle\int_{1a2} \mathrm{d} \left(\dfrac{q}{T} \right) + \int_{2b1} \mathrm{d} \left(\dfrac{q}{T} \right) = 0 \\[3mm]
\Rightarrow \displaystyle\int_{1a2} \mathrm{d} \left(\dfrac{q}{T} \right) - \int_{1b2} \mathrm{d} \left(\dfrac{q}{T} \right) = 0 \\[3mm]
\Rightarrow \displaystyle\int_{1a2} \mathrm{d} \left(\dfrac{q}{T} \right) = \int_{1b2} \mathrm{d} \left(\dfrac{q}{T} \right)
\end{array}
\right\} \tag{3-19}
$$

如果经过 1 点和 2 点有其他的可逆过程如 $1c2$、$1d2$，则根据可逆的特点，可以由不同的可逆过程构成若干个可逆循环如 $1c2d1$、$1a2d1$、$1c2b1$ 等，同理可证明有

$$\int_{1a2} \mathrm{d}\left(\frac{q}{T}\right) = \int_{1b2} \mathrm{d}\left(\frac{q}{T}\right) = \int_{1c2} \mathrm{d}\left(\frac{q}{T}\right) = \int_{1d2} \mathrm{d}\left(\frac{q}{T}\right) \qquad (3-20)$$

由式（3-20）可知，（q/T）这一组合量在从 1 到 2 的可逆过程中，其变化量是相同的，这符合状态参数特点的第一条。

所以，在可逆的前提下，（q/T）这一组合量应该是一个状态参数，并且把它命名为熵，即

$$s = \frac{q}{T} \qquad (3-21)$$

式（3-21）反映了一个逻辑思维过程，它把状态量 s 的绝对值和过程量 q 联系起来，实际上是不严密的。但如果考虑一个微元过程，则能得到一个严格成立的表达式，即

$$\mathrm{d}s = \mathrm{d}\left(\frac{q}{T}\right) = \frac{\delta q}{T} \qquad (3-22)$$

需要说明的是，上述的分析过程都是以可逆作为前提的，如果研究的循环不是可逆的，那么上述研究过程是否可靠就存在疑问了，当然由此推导出的（q/T）这一组合量是状态参数的结论也未必站得住脚。

历史上，德国物理学克劳修斯在分析可逆循环的基础上，提出了"熵"这一概念，但其理论基础是不完备的。熵是状态参数这一结论是由奥地利物理学家玻尔兹曼完成的，他在分子运动学说的基础上，把熵和分子运动的概率联系起来，阐明了熵的微观意义，才使熵成为一个可靠的科学概念。

玻尔兹曼所阐明的熵的微观意义，最简单的定性描述是：差别越大，熵就越小；差别越小，熵就越大。例如：一堆原子构成的一个动物，各部分的差别是很大的，因此，生物体是一个熵很小的热力系；而等这个动物死亡了，不用很长时间，这堆原子就会均匀分布了。

熵的概念建立后，被扩展使用于很多地方，如美国数学家香农用熵的思想创立了信息熵的概念，用于衡量"信息量"这一抽象的概念，使之可以度量和计算，香农因此成为信息化时代的开创者和奠基人。

因为熵是状态参数，所以熵应该满足

$$\Delta s_{12} = \int_1^2 \mathrm{d}s = s_2 - s_1, \quad \Delta s = \oint \mathrm{d}s = 0 \qquad (3-23)$$

第四节　克劳修斯不等式

对一个可逆的循环，在第三节中已经证明了存在：

$$\oint \frac{\delta q}{T} = 0 \qquad (3-24)$$

对不可逆的循环，式（3-24）中的循环积分会有什么样的结果呢？

一、内不可逆卡诺循环

对内不可逆卡诺循环，如图 3-5（a）所示，根据式（3-8），对这一循环，其做功量和吸热量之比，即效率为

$$\eta_t = \frac{w_0}{q_1} = \frac{q_1 - q_2}{q_1} = 1 - \frac{q_2}{q_1} < 1 - \frac{T_2}{T_1} \qquad (3-25)$$

现在对式（3-25）进行一些变换，并将第二节中有关不可逆热机的数据代入，可得

$$1 - \frac{q_2}{q_1} < 1 - \frac{T_2}{T_1}, \qquad 1 - \frac{20}{100} < 1 - \frac{300}{2000} \left.\right\}$$
$$\Rightarrow \frac{q_2}{q_1} > \frac{T_2}{T_1} \qquad \Rightarrow \frac{20}{100} > \frac{300}{2000} \qquad (3-26)$$
$$\Rightarrow \frac{q_1}{T_1} < \frac{q_2}{T_2} \qquad \Rightarrow \frac{100}{2000} < \frac{20}{300}$$

对式（3-26）引入有关热量的定义，则 q_2 应该是一个负值，现在把 q_2 的负号带进，若原来指明放热量 $q_2 = 20\text{kJ/kg}$，现在写成 $q_2 = -20\text{kJ/kg}$，则由式（3-26）有

$$\frac{q_1}{T_1} < -\frac{q_2}{T_2}, \qquad \frac{100}{2000} < -\frac{-20}{300} \left.\right\}$$
$$\Rightarrow \frac{q_1}{T_1} + \frac{q_2}{T_2} < 0 \qquad \Rightarrow \frac{100}{2000} + \frac{-20}{300} < 0 \qquad (3-27)$$
$$\Rightarrow \quad \sum \frac{q}{T} < 0$$

二、内不可逆任意循环

对于内不可逆的任意循环，如图 3-5（b）所示，仍用切割的方法获得一条一条的微循环。对每一个微循环，如果它是可逆的微卡诺循环，则它应该满足式（3-15），如果这一微卡诺循环是不可逆的，则应该满足式（3-27），但是，不可能所有的微循环都是可逆的，否则整个循环就是可逆的了，所以，有

过程 1234

$$\frac{\delta q_1}{T_1} + \frac{\delta q_2}{T_2} \leqslant 0 \left.\right\}$$

过程 5678

$$\frac{\delta q_3}{T_4} + \frac{\delta q_4}{T_4} \leqslant 0$$
$$\cdots \qquad\qquad (3-28)$$
$$\Rightarrow \quad \sum \frac{\delta q}{T} < 0$$
$$\Rightarrow \quad \oint \frac{\delta q}{T} < 0$$

三、克劳修斯不等式

结合式（3-24）和式（3-28），可知对任意的循环，无论其可逆或不可逆，均有

$$\oint \frac{\delta q}{T} \leqslant 0 \qquad\qquad (3-29)$$

式中，对可逆循环取等号，对不可逆循环取小于号。

式（3-29）称为克劳修斯不等式，它可用于判断一个循环的特性，即

如果一个循环的克劳修斯积分小于 0，则该循环为不可逆循环；

如果一个循环的克劳修斯积分等于 0，则该循环为可逆循环；

如果一个循环的克劳修斯积分大于 0，则该循环为不可能循环。

在讲述熵这个概念时，已经说到熵和（q/T）的关系，因此，克劳修斯不等式很容易被误解成为

$$\oint \frac{\delta q}{T} = \oint \mathrm{d}s \leqslant 0 \qquad\qquad (3-30)$$

这显然和熵是状态参数应满足的式（3-23）有矛盾，那问题在哪里呢？

要注意到，$s=q/T$ 这一等式的成立是有条件的，需要可逆这一前提，因此，把克劳修斯积分写成熵的积分是有问题的，那熵在哪里呢？

其实克劳修斯积分式右边的那个 0 才具有熵的意义，因为一个循环的熵是等于 0 的，所以应用式（3-23），可以把克劳修斯积分改写成下式：

$$\oint \frac{\delta q}{T} \leqslant \oint \mathrm{d}s = 0 \tag{3-31}$$

第五节 过程中的熵

一、过程中的熵

前面我们分析了热机效率的特性，得到了卡诺定理，又研究了热机中的循环特性，得到了克劳修斯不等式。现在把研究对象进一步细化，看一下过程中的熵有什么特点。

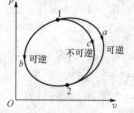

图 3-7 过程中的熵

1. 可逆过程中的熵

如图 3-7 所示，一个可逆的过程 1a2，如果在 12 之间添加另一个可逆过程 1b2，则 1a2b1 构成了一个可逆的循环，由式（3-20）可知，在一个可逆过程中，有

$$\int_{1a2} \mathrm{d}\left(\frac{q}{T}\right) = \int_{1b2} \mathrm{d}\left(\frac{q}{T}\right) \tag{3-32}$$

克劳修斯由此引入熵的概念，并且把熵和可逆过程中的 q/T 联系起来，写出了如下的关系式：

$$\Delta s = \int_1^2 \mathrm{d}s = \int_{1a2} \mathrm{d}\left(\frac{q}{T}\right) = \int_{1b2} \mathrm{d}\left(\frac{q}{T}\right) = \int_1^2 \frac{\delta q}{T} \tag{3-33}$$

对于微元的过程，则有

$$\mathrm{d}s = \frac{\delta q}{T} \tag{3-34}$$

2. 不可逆过程中的熵

如果 12 之间存在一个不可逆的过程 1c2，则加上一个可逆的 1b2 后，1c2b1 将是一个不可逆的循环，对其应用克劳修斯不等式，将有

$$0 > \oint \frac{\delta q}{T} = \int_{1c2} \frac{\delta q}{T} + \int_{2b1} \frac{\delta q}{T} = \int_{1c2} \frac{\delta q}{T} - \int_{1b2} \frac{\delta q}{T}$$

$$\Rightarrow \int_{1c2} \frac{\delta q}{T} < \int_{1b2} \frac{\delta q}{T} = \int_1^2 \mathrm{d}s \tag{3-35}$$

对于微元的过程，则有

$$\mathrm{d}s > \frac{\delta q}{T} \tag{3-36}$$

在上述推导中，注意到对单独的热量 q，其微元量用 δq 来表示，但对组合量 (q/T)，其微元量用了 $\mathrm{d}(q/T)$ 来表示，这是因为热量不是状态参数，而 (q/T) 在可逆过程中符合状态参数的特点。

3. 过程中的熵

综合可逆过程和不可逆过程的分析可知，对任何过程，均有

$$ds \geq \frac{\delta q}{T} \quad (3-37)$$

对可逆过程，上式取等号，对不可逆过程，上式取大于号。

式（3-37）可以用于判断过程的性质，即

如果一个过程满足 $ds > \frac{\delta q}{T}$，则为不可逆过程；

如果一个过程满足 $ds = \frac{\delta q}{T}$，则为可逆过程；

如果一个过程满足 $ds < \frac{\delta q}{T}$，则为不可能过程。

从数学角度看，式（3-37）可以简单地从式（3-31）获得，只需要把式（3-31）中的积分号去掉即可。

二、熵的计算

对熵进行数量分析之前，要强调熵的两个特点：

（1）熵是状态参数，因此从1到2的热力过程中，熵变是一个常数，无论这个过程是可逆的还是不可逆的。如果有一个人能够度量出从1到2的某个过程的熵变，则从1到2的任何过程的熵变都是这个值。

（2）有什么人能够帮助我们作这个度量呢？

我们请出名叫"可逆过程"的专家，他有一种能力，能把一个可逆过程分割成一段段的微元过程，并且测出每一微元过程中的 δq 和 T，再算出组合量（$\delta q/T$）的值，再一段一段加起来得到一个累加值，然后告诉你，这个累加值就是12过程中的熵变。他的理由很充分，因为他的名字叫"可逆过程"，所以满足式（3-34）。

当然，如果你请来的人物是名为"不可逆过程"的伪专家，那他依样画葫芦来"分割-测量-相除-累加"，结果却没有什么价值，因为式（3-36）决定了他求出的累加值小于过程的熵变。

微元过程中的 δq，可以由热力学第一定律来进行处理，即式（2-16）。至于这个过程是可逆的还是不可逆的，这不用关心，因为无论什么过程，热力学第一定律都是适用的。

根据上述描述，用热力学第一定律和式（3-34）可得计算过程中熵变的公式（适用于简单可压缩系），即

$$ds = \frac{\delta q}{T} = \frac{du + pdv}{T} = \frac{dh - vdp}{T} \quad (3-38)$$

可见，任何工质在任何一个过程中的熵变都可以由其状态参数变化计算得到。

对一个宏观过程，熵变为

$$\Delta s = \int_1^2 ds = \int_1^2 \frac{du + pdv}{T} = \int_1^2 \frac{dh - vdp}{T} \quad (3-39)$$

例如：有1kg常压下的水，从10℃升温到90℃，这个过程中水的熵变是多少？

先分析水的这个升温过程是否可逆。其实这个过程本身是不是可逆根本不用关心，因为可以假设一个可逆过程12，它和真实过程有相同的起点和终点，然后以这个假设过程来进

行熵的计算，即

$$\Delta s_{12} = \int_1^2 ds = \int_1^2 \frac{\delta q}{T} = \int_1^2 \frac{c dT}{T} = c\ln\left(\frac{T_2}{T_1}\right) \tag{3-40}$$

$$\Delta s_{12} = 4.186\,8 \times \ln\left(\frac{90+273.15}{10+273.15}\right) = 1.042[\text{kJ/(kg·K)}]$$

在计算熵变时，经常会有一个疑惑，就是在 $\delta q/T$ 中的 T 是热源温度还是工质本身的温度？例如，上述水的吸热过程中，热量一直是由温度为 600K 的热源来提供的，这个热源温度会不会出现在水的熵变的计算过程中呢？

如果紧紧抓住计算熵变时所使用的过程是可逆过程这一条，那么这个假想的可逆过程中，假想热源的温度是一直和水的温度相等的（否则就是温差传热了），因此，即使使用热源的温度，也必须用假想热源的温度，数值上等于工质的温度。

那么 600K 的热源的熵变怎么计算呢？

热源放出的热量用于加热水，1kg 水需要的总热量大小 Q_{12} 可以用热力学第一定律算出。在计算熵变时，可假设热源以一个可逆的过程把热量 Q_{12} 放出，在这个可逆过程中，有

$$Q_{12} = m\int_1^2 c \cdot dT = 1 \cdot c(T_2 - T_1) = c(T_2 - T_1)$$

$$\Delta S_q = \int_1^2 dS_q = \int_1^2 \frac{\delta Q}{T_q} = \frac{\int_1^2 \delta Q}{T_q} = \frac{-Q_{12}}{T_q} = \frac{-c(T_2 - T_1)}{T_q}$$

$$= \frac{-4.186\,8 \times (90-10)}{600} = -0.558\,2(\text{kJ/K}) \tag{3-41}$$

注意到热源一直在失去热量，所以在（3-41）中计算热源热量时出现了负号。

现在讨论由水和热源组成的热力系，其总熵变为

$$\Delta S = m\Delta s_{12} + \Delta S_q = 1 \times 1.042 - 0.558\,2 = 0.483\,8(\text{kJ/K}) \tag{3-42}$$

根据式（3-37），一个熵变大于 0 的过程应该是一个不可逆过程，本例中以水和热源为对象（它们和外界没有任何能量交换）时，显然这个结论是可靠的，因为冷水吸收了高温热源的热量后，不可能再把热量倒传回给高温热源。

第六节 熵 方 程

一、闭口系熵方程

前述对热机、循环和过程的研究中，都选择了 1kg 工质为研究对象，它只和外界发生能量的转换，或者说都是闭口系，因此根据式（3-37），可以得到闭口系的熵方程如下：

$$ds \geqslant \frac{\delta q}{T}$$

$$\Rightarrow ds = \frac{\delta q}{T} + ds_g = ds_f + ds_g \tag{3-43}$$

式中：ds_f 为由传热引起的热力系熵变，$ds_f = \frac{\delta q}{T}$，称为熵流，其正负号由热量的正负决定，可以为正，可以为负，也可以为 0；ds_g 为耗散性因素引起的不可逆熵变，称为熵产，其值或为正，或为 0，但不可能小于 0。当闭口系经历一个可逆过程时，其熵产为 0，经历一个不可

逆过程时，其熵产大于0。

二、闭口系过程熵特点

根据式（3-43），可以对闭口系经历一个热力过程时的熵特点进行如下分析：

（1）绝热可逆过程：绝热过程的熵流为0，可逆过程的熵产为0，因此绝热可逆过程熵变为0，是一个等熵过程；

（2）绝热不可逆过程：绝热过程的熵流为0，不可逆过程的熵产大于0，因此绝热不可逆过程熵变大于0，是一个熵增过程；

（3）不绝热可逆过程：不绝热过程的熵流不为0，可逆过程的熵产为0，因此不绝热可逆过程熵变不为0，是一个不等熵过程；

（4）不绝热不可逆过程：不绝热过程的熵流不为0，不可逆过程的熵产大于0，因此不绝热不可逆过程的熵变由一个正值加一个可正可负的值决定，熵变可能大于0，可能小于0，可能等于0。

根据过程的熵特点能不能确定过程的传热或可逆情况呢？例如，一个等熵过程是不是一定为绝热可逆过程，则根据上述分析，一个放热的不可逆过程也可能是等熵的。

如果闭口系经历一个循环，则根据熵流的定义，由克劳修斯不等式可得

$$\oint \frac{\delta q}{T} = \oint \mathrm{d}s_\mathrm{f} \leqslant 0 \tag{3-44}$$

即克劳修斯不等式表明了循环的熵流是小于或等于0的。

因为循环的熵变等于0，根据熵流和熵产的定义，有

$$\left. \begin{aligned} \oint \mathrm{d}s = \oint \mathrm{d}s_\mathrm{f} + \oint \mathrm{d}s_\mathrm{g} = 0 \\ \oint \mathrm{d}s_\mathrm{f} \leqslant 0 \end{aligned} \right\} \Rightarrow \oint \mathrm{d}s_\mathrm{g} \geqslant 0 \tag{3-45}$$

说明循环的熵产大于0或等于0。

由于循环的熵产大于或等于0，而循环的熵等于0，所以循环必须有一个小于或等于0的熵流来平衡熵产。

若循环是绝热的，则熵流为0，为使循环的熵变为0，必须熵产为0，所以绝热的循环一定要可逆，否则它无法存在。

三、开口系熵方程

如果研究的对象是一个开口系，如图3-8所示，在$\tau \to \tau + \mathrm{d}\tau$的微元时间内，有$\mathrm{d}m_1$的工质进入热力系，每千克带入的熵为$s_1$，有$\mathrm{d}m_2$的工质离开热力系数，每千克带出的熵为$s_2$，热力系同时吸收了一个热量$\delta Q$，吸收这个热量的工质温度为$T$，在$\mathrm{d}\tau$时间内，开口系由于内部的不可逆因

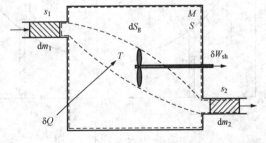

图3-8 开口系熵方程

素，产生了一个熵增，其值为$\mathrm{d}S_\mathrm{g}$，在上述各项的影响下，开口系的熵将产生如下的变化：

$$\mathrm{d}S = s_1 \mathrm{d}m_1 - s_2 \mathrm{d}m_2 + \frac{\delta Q}{T} + \mathrm{d}S_\mathrm{g} \tag{3-46}$$

经历一个较长的时间后，开口系的熵变为

$$\Delta S = s_1 m_1 - s_2 m_2 + \frac{Q}{T} + \Delta S_g \qquad (3-47)$$

等式右边的前三项是由开口系和外部进行物质和能量的交换而引起的，因此引入 ΔS_e 来表示这种由交换（exchange）引起的熵变，即

$$\Delta S_e = s_1 m_1 - s_2 m_2 + \frac{Q}{T} \qquad (3-48)$$

于是式（3-47）可以写成

$$\Delta S = s_1 m_1 - s_2 m_2 + \frac{Q}{T} + \Delta S_g = \Delta S_e + \Delta S_g \qquad (3-49)$$

如果开口系经历的是一个稳定流动，则开口系内各部分工质的参数不能随时间的变化而变化，因此，式（3-49）左边这一项必须为 0，故有

$$\Delta S_e = -\Delta S_g \leqslant 0 \qquad (3-50)$$

即开口系内由不可逆因素引起的熵增必须借助开口系与外界物质、能量交换获得的 ΔS_e 来抵消，根据式（3-50），ΔS_e 不能大于 0，甚至不能等于 0（除非开口系内的所有过程不存在摩擦、散热、辐射等耗散性因素），因此称 ΔS_e 为负熵流。

对一个生物体而言，从热力学的角度看，它是一个稳定存在的开口系，其熵变应该为 0。显然，生物体内部进行着很多不可逆活动，因此，生物体为维持生命的稳定状态，必须源源不断地吸收负熵流。获得负熵流的方法：从式（3-48）可知，一个方法是进行散热，另一个方法是进行物质的交换即进行新陈代谢，而且交换物质时，必须是熵比较小的"新东西"进去，熵比较大的"陈东西"出来。任何生物体都必须具有"散热"和"新陈代谢"这两个特征。

四、温-熵图（T-s 图）

通过热力学第一定律和本章的分析，我们发现热量和功在很多地方有可比之处，那么，存在 p-v 图上可以用来表示工质的功，有没有相应的图来表示热量呢？

根据膨胀功的计算方法和可逆过程中的式（3-34），有

$$\delta w = p \mathrm{d} v, \quad \delta q = T \mathrm{d} s \qquad (3-51)$$

可以推断，以 T 为纵坐标、s 为横坐标的直角坐标系可以用来表示热量，如图 3-9 所示。

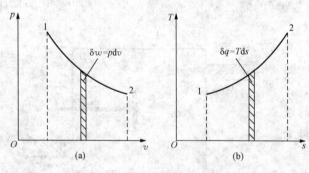

图 3-9　p-v 图和 T-s 图
(a) p-v 图；(b) T-s 图

显然，从 T-s 图可以知道，热量的大小和过程进行的路径有关，因此它不是一个状态参数。

在讲到以 p-v 图上的过程线下的面积表示膨胀功时，前提是这个过程为准平衡过程，而式（3-34）明确指出，要让 T-s 图上过程线下的面积表示热量时，前提必须为可逆过程，为什么两个前提不对应呢？

其实以准平衡为前提计算出的膨胀功，是从工质内部角度计算出的工质的做功，若从外界得到功的角度看，必须没有摩擦等耗散性因素，外界获得功才等于工质做功，即以 p-v 图上过程线下的面积表示外界得到的功量时，也必须以可逆过程为前提。

第七节 热力学第二定律

一、孤立系熵增原理

由式（3-43）可知，对于一个和外界没有物质交换也没有能量交换的孤立系应有

$$ds \geqslant 0 \qquad\qquad (3-52)$$

即孤立系的熵只增不减，这个结论称为孤立系熵增原理，是热力学第二定律的一种表达方式。

对于式（3-52），如果孤立系内部经历的过程都是可逆过程，则取等于0，如果孤立系内部存在任何的不可逆过程，则孤立系的熵将增大，且没有任何可能会再变小。

孤立系熵增原理指出：热力过程进行的方向都是指向熵增的，小范围内可能存在熵减过程，但一定是以更大范围的熵增为代价的。

结合熵的微观意义所指明的"差别越小、熵越大"这一描述，可以区分自然界中存在的自发现象和非自发现象，例如：人大脑皮层上的沟回代表着人所记忆的信息，根据熵增原理，大脑皮层各部分的差别应该朝渐平的无差别方向发展，所以，"忘"是自发现象，"记"是违反自然的非自发现象，为了反抗"忘"、延续"记"，人们必须付出代价保持皮层的沟回差异，方法就是在沟回渐平时再去"深刻"一下，具体行为就是及时复习。引申一下，沟回永远形成后，就意味着一样东西被永远记住了，再也忘不了；年轻人记忆力好，是因为大脑皮层嫩而易刻，老人家嘛，年轻时的东西是记得牢牢的，但刚才发生的事却留不下什么印象，因为他的大脑皮层老而弥坚、刻不动了。

二、热力学第二定律的表达

热力学第二定律不像热力学第一定律那样有精确的数学表达，它通常是用语言来描述的，常见的有三种描述。

（1）孤立系熵增原理：孤立系的熵只增不减。

（2）开尔文表达：从单一热源吸热并将热完全转变为功而不产生其他影响的热机（称为第二类永动机）是不可能的。

（3）克劳修斯表达：热不能自发地由低温向高温传递。

这三种表达方法具有完全的等价性，可以用反证法由一种表达推出另一种表达。例如，若"热可以自发地由低温向高温传递"，则该系统的熵将减小，和孤立系熵增原理有矛盾；同样，若"从单一热源吸热并将热完全转变为功的热机"能够存在，则热机和单一热源组成的孤立系的熵也将减少，和熵增原理产生矛盾。

三、第二定律和第一定律的比较

热力学第二定律和第一定律是对热量转换规律不同方面的总结，它们都对热力学中的热量特性进行了评价，但是两者评价的角度不同，得到的结论也有所不同。

例如，第一定律对能量的"量"进行评价，它指出热量能够转换成其他能量如功的潜力，其结论是乐观的，如同一个人自我介绍时喜气洋洋地说："我今年才四十岁"，言下之意是"我还年轻，还能再活四十年呢！"

第二定律对能量的"质"进行评价，它指出热量转换成其他能量的完成程度，并根据完成程度的不同对能量进行评级，其结论往往是悲观的，如同一个人自我介绍时满面愁容地

说："我今年已经四十岁了"，言下之意是"我已经老了，只能再活四十年了！"

四、由热力学第二定律推出的一些结论

热力学第二定律除了能够在热力学中应用外，还能成功地指导人们的各种实践，特别是在人类发展的宏观战略方面。

如果把地球作为一个热力系，则这个热力系和外界的物质交换几乎可以忽略（进入的物质有少量的陨石、宇宙粒子等，离开的物质有人类发射的航天器或部分逃逸的大气分子），满足闭口系的特征。地球和外界交换的绝大部分是能量，输入的主要是来自太阳的光能辐射，少部分为受月亮、太阳的引力作用形成的潮汐能，输出形式主要为地球的散热辐射，其他都微不足道。

地球这个热力系内部的活动可分为自然活动和人类活动两种，其中人类活动的历史很短，大规模的活动只存在了不到一万年，而地球已经形成了46亿年。因此，在很长的时间内，自然活动如海陆变迁、火山爆发、地震等是地球上的主要活动方式。自然活动对地球的熵增能通过地球本身的调节机制而抵消，所以地球稳定存在了几十亿年。

现在，人类活动对地球的改变程度越来越强烈，尤其是工业社会以后，化石燃料的大规模使用，资源的大规模开发，环境的大规模改变，都使地球的熵大幅度增大。作为一种补偿，地球必须增强散热能力以引入更多的负熵流。但由 CO_2 等气体造成的温室效应像给地球穿上了一件厚厚的外套，使地球散热的能力变差了，于是，地球"被迫"以升温作为增大散热量的自我调节机制。所以，想要遏制全球变暖，一要减少人类活动的产热，二要增强地球的散热能力，尤其不能给地球加更多的衣服了（减排 CO_2 的重要性由此显而易见）。

人类认识到了这个问题，所以提出了可持续发展的思想，本质是希望减少人类活动的不可逆性，使地球这个闭口系内部过程的熵增量尽量减小，进而维持地球的稳定。

在实践中，人们却仍然采取了一些不正确的方法来追求可持续发展。例如，治理环境污染的方法中，有很多是以能量的消耗为代价的。有些污染治理方式，本质是污染的稀释或转移，如某些地方自己不建设发电站，把电站都建到山西和内蒙古去了，这是一种转移；把污水排到大海深处，把燃料燃烧产生的废烟气通过高烟囱排放，这是一种污染的稀释等，这些都是不可取的方法。

那么，如何才能做到真正的可持续发展呢？首先要寻求一种能长期稳定的能源供应系统。太阳能是一种过程性能源，人类用与不用都不会改变它进入和离开地球，因此建立以太阳能（这里所说的太阳能包括了太阳辐射能、风能和水能等实时性的来自太阳的能量）为主的能源供应系统，是一种可以考虑的方法。还有一种是建立核聚变为核心的能源系统，从其资源角度看，也足够稳定供应几十亿年。稳定的能源系统建立以后，其他问题就好办多了。例如，物质资源的供应方面，元素周期表上那些东西，本身是不会消灭的，人类的使用只是改变了它们的存在方式，基本上只要有巨大的能源供应，物质的回收再利用是不会有什么问题的。

五、由热力学第二定律推出的一些谬论

热力学第二定律指出了在孤立系内过程进行的方向是朝熵增大的方向的，并且是单向不可逆的，有时这个结论会带来一定的悲观情绪。

把孤立系熵增原理盲目外推时，就出现了著名的"热寂"说。其推理过程是这样的：一个门窗紧闭，并且切断电力输入以及阳光入射的教室是孤立系，其熵将单向增大，最终里面的一切都会死亡；一座城市若无外界的物质和能源供应，城市最终也会走向死亡；地球依靠太阳的能量供应维持了生机，但如果把太阳包括在热力系中，这个热力系还是一个孤立系，最终仍是灭亡的命运；最大的孤立系是整个宇宙，根据孤立系熵增原理，宇宙最后也会陷入一片"热寂"中。

这里要强调一下，热力学第二定律是在地球这个有限的空间内，在人类开始大规模科研的二三百年的有限时间内，通过观察和思辨得到的规律，能不能在空间和时间上外推？理论上讲是问题不大的，但外推得到的结论是有风险的，在第一章中已经强调了热力系选取的原则，把宇宙作为热力系来研究，把有限时间和有限空间内总结的规律应用于此是不能保证正确的。

还有一著名的例子"麦克斯韦妖"，这是英国物理学家麦克斯韦提出的一个假想。如图 3-10 所示，一个和外界完全隔绝的箱子，中间有隔板把它一分为二，隔板上有一扇小门，门的润滑非常良好，对它进行开启和关闭不需要任何能量。箱子里充满温度为 T 的气体，其分子一直在做杂乱无章的运动，分子的平均平动动能对应着气体温度的大小，但分子的运动速度是不一致的、有差别的，有一些要快一点，有一些要慢

图 3-10　麦克斯韦妖

一点。麦克斯韦想象小门旁站了一个精灵，他时刻观察着小门附近分子运动的速度和方向，若右侧有一个快分子冲着门过来，他就打开门让快分子穿过到左边，若左边有一个慢分子冲着门来，他也把门打开，让慢分子运动到右边。一段时间后，右边聚集了一群慢分子，左边聚集了一群快分子，根据温度的定义，左边的温度将会高于右边。如果分析这个和外界没有任何能量交换和物质交换的孤立系，你会发现它的熵减少了！

从热力学第二定律角度分析，麦克斯韦想象的箱子是一个孤立系，因此其熵是只能增加的，最多保持不变，但小妖的劳动（注意，因为门没有摩擦，所以小精灵开关门的动作是不需要消耗能量的）却成功地减少了系统的熵，这个矛盾该如何解释呢？

这个问题，一直到 20 世纪 50 年代才由法国的科学家布里渊作出最终解答，这里不作分析。

第八节　系统的可用能分析

夏日渐去，天气渐冷，睡觉前泡泡脚，会有诸多好处。现在规定每位同学可以领用 100kJ 的热量用于洗脚，相当于 1kg 的水温度下降 25℃的热量。怎么给你呢？有两种可选择的套餐，A 是 1kg 水温度从 80℃降到 55℃，B 是 1kg 水温度从 55℃降到 30℃。注意，发放这个热量的人名叫"第一定律"，他的原则非常公平，但态度非常生硬，给你什么你就得拿着，绝不允许你挑挑拣拣。因为他的人生哲学就是"热量有什么好挑的，都是 100kJ，都一样的！"，但相信大家还是会有一种模模糊糊的直觉，就是套餐 A 要比套餐 B 要"好"。"好"在哪里？说不清楚！

看来，"能"这个东西，仅用"量"来衡量是有点不太够的，还需要有一个能够衡量它的"质"的指标，这个指标，就是热量的可用能，也称为热的有效能，也叫㶲。

一、热量的可用能

热机的作用是把热量尽可能地转换成功并对外输出，这个热量一般来自某一温度的热源。如图 3-11 所示，如果热源的温度为 T，热源放给工质的热量为 q，则这个热量可以借助效率最高的可逆卡诺热机将之转换为功 w_0，并且向低温热源放出废热 q_2，即

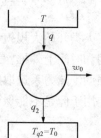

图 3-11　热量的可用能

$$w_0 = q\eta_{t,C} = q\left(1 - \frac{T_{q2}}{T}\right)$$

$$q_2 = q - w_0 = q\frac{T_{q2}}{T} \qquad (3-53)$$

由式（3-53）可知，当热量 q 对应的热源温度 T 确定以后，q 中能够转换成功的数量取决于低温热源的温度，低温热源温度越低，功量就越多，废热就越少，因此，应尽可能地降低低温热源的温度以得到最多的功量。工程上都用环境中的水或空气作为低温热源，因此低温热源的最低温度就是环境温度 T_0，此时

$$\left.\begin{aligned}w_{0,\max} &= q\,\eta_{t,C,\max} = q\left(1 - \frac{T_0}{T}\right)\\[4pt]q_{2,\min} &= q - w_{0,\max} = q\frac{T_0}{T}\end{aligned}\right\} \qquad (3-54)$$

定义对应环境温度 T_0 时，由温度为 T 的热源放出的热量 q 中能够转换的最大功量为该热量的可用能，即

$$e_q = w_{0,\max} = q\,\eta_{t,C,\max} = q\left(1 - \frac{T_0}{T}\right) \qquad (3-55)$$

可见，一个热量的可用能，受放出这个热量的热源温度影响，热源温度越高，热量中的可用能就越大，因此工程上都会在安全的前提下尽可能提高高温热源的温度。另外，热量的可用能也取决于热量所处的环境温度，环境温度越低，热量的可用能就越多，因此工程上会努力寻找尽可能低温的环境，例如使用 4℃ 的深层低温海水作为低温热源。

再来看一下本节开始时所提到的两个热量，虽然从量值上看都是 100kJ，但是第一个热量对应的温度是从 80℃ 降到 55℃，第二个热量对应温度从 55℃ 降到 30℃，显然第一个热量对应的热源温度要高，其热量的可用能也要多于第二个热量的可用能，所以其"质"要好一点，自然应该更受欢迎。

二、系统的可用能损失

工程上，温度为 T 的热源放出的热量 q，其利用不一定由可逆卡诺热机来完成，利用过程中可能会存在一些"质"的损失。之所以用"质"的损失来衡量，因为 q 的转换过程中，能量总量是不会有变化的，用第一定律来分析会完全失效。

如图 3-12 所示，温度为 T 的热源放出一个热量 q，这个热量被某个设备系统（例如一台热机）利用，其中一部分转换成功 w_0，另一部分成为废热 q_2 放给温度为 T_{q2} 的低温热源。这一系统中，有 w_0 已经事实上转变成了功，同时，废热 q_2 中有一部分还具有转换成为功的潜力，它可以借助一台工作于 T_{q2} 和 T_0 间的可逆卡诺热机来实现。因此，废热 q_2 中还能转换为功的量和 q 能够转换的总功量为

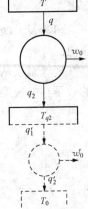

$$\left.\begin{aligned} e_{q2}&=w_0'=q_2\left(1-\frac{T_0}{T_{q2}}\right) \\ \sum w&=w_0+e_{q2} \end{aligned}\right\} \tag{3-56}$$

图 3-12　系统的可用能损失

和式（3-55）相比，这个实际设备系统能够转换的总功量（包括已利用的和还能利用的）和热量的可用能的差值称为系统的可用能损失，即

$$\begin{aligned} \Delta e_q &= e_q-(w_0+e_{q2}) \\ &= q\left(1-\frac{T_0}{T}\right)-w_0-q_2\left(1-\frac{T_0}{T_{q2}}\right) \\ &= -q\frac{T_0}{T}+q_2\frac{T_0}{T_{q2}} \\ &= T_0\left(-\frac{q}{T}+\frac{q_2}{T_{q2}}\right) \end{aligned} \tag{3-57}$$

再来看看图 3-12 中的热量利用系统的熵变情况，系统由三个部分构成，即高温热源、一个工质循环和低温热源，图中虚线部分是假想的利用 q_2 来做功的一台可逆卡诺热机，不是系统的真实组成部分（而且，这台可逆卡诺热机的熵变是为 0 的），因此系统的总熵变也由三部分的熵变组成，即

$$\begin{aligned} \Delta s_{sys} &= \Delta s_1+\Delta s_O+\Delta s_2 \\ &= \Delta s_1+\Delta s_2 \\ &= -\frac{q}{T}+\frac{q_2}{T_{q2}} \end{aligned} \tag{3-58}$$

注意到式（3-58）中工质循环的熵变总是为 0 的，且高温热源是放热的，所以热量为负，低温热源是吸热的，所以热量为正。

比较式（3-57）和式（3-58），可以发现，一个热量利用系统中热量的可用能损失和系统的熵变之间有如下关系：

$$\Delta e_q = T_0\Delta s_{sys} \tag{3-59}$$

式（3-59）是从一个热量利用系统推导出来的，但可以应用于各种情况，是一个具有普适性的结果。

三、变温热源热机

工程实践中，能够给工质提供热量的高温热源通常是化石燃料燃烧产生的高温烟气，烟气在向工质放热的同时，自身的温度在不断地降低，此时，热机的工作情况如何呢？

图 3-13　变温热源热机

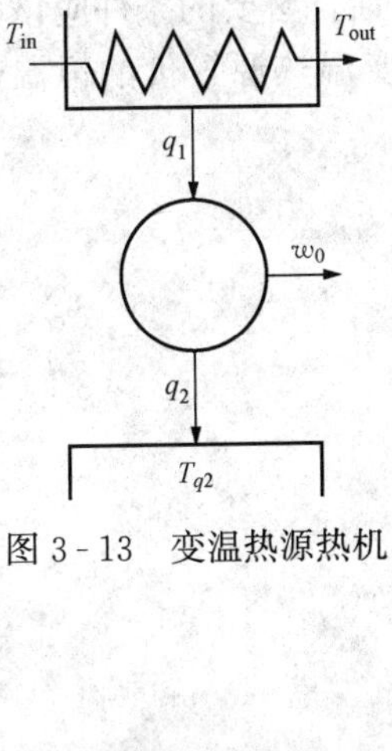

如图 3-13 所示，烟气作为高温热源向工质放热，温度从 T_{in} 降低至 T_{out}，热机是可逆的，因此可以最大限度地把吸收的热量转换成功向外输出。对这样的变温热源热机，有三种方法对它进行分析。

1. 微元热机法

烟气在降温的过程中不断地释放热量给工质，烟气的放热即工质的吸热为

$$\delta q_1 = -c\mathrm{d}T$$

$$q_1 = -\int_{T_{\text{in}}}^{T_{\text{out}}} c\,\mathrm{d}T = c(T_{\text{in}} - T_{\text{out}}) \tag{3-60}$$

式中，$c\,\mathrm{d}T$ 表示烟气热量，其值为负，说明烟气是放热的，因此在其前面加一负号把它修正成正值。

在烟气温度从 T 降低至 $T\text{-}\mathrm{d}T$ 的微元过程中，可逆热机可看作工作于 T 和 T_{q2} 温度间，它的效率和能转换的功量以及向低温热源放出的热量为

$$\left.\begin{aligned}
\eta_{\text{t,c}} &= 1 - \frac{T_{q2}}{T} \\
\delta w_0 &= \delta q_1 \eta_{\text{t,c}} = -c\,\mathrm{d}T\left(1 - \frac{T_{q2}}{T}\right) \\
w_0 &= \int_{T_{\text{in}}}^{T_{\text{out}}} \delta w_0 = -\int_{T_{\text{in}}}^{T_{\text{out}}} c\,\mathrm{d}T\left(1 - \frac{T_{q2}}{T}\right) \\
&= -c\left[(T_{\text{out}} - T_{\text{in}}) - T_{q2}\ln\frac{T_{\text{out}}}{T_{\text{in}}}\right] \\
&= c(T_{\text{in}} - T_{\text{out}}) - cT_{q2}\ln\frac{T_{\text{in}}}{T_{\text{out}}} \\
q_2 &= q_1 - w_0 = cT_{q2}\ln\frac{T_{\text{in}}}{T_{\text{out}}}
\end{aligned}\right\} \tag{3-61}$$

2. 系统可逆法

根据式（3-59），如果这台热机向外输出的功量最大，则这台热机的总熵变应该为 0，即是一台可逆的热机，这样才不会有可用能的损失。注意到高温热源温度是变化的，低温热源的温度一直是不变的，工质经历一个循环后其熵变总是为 0，因此低温热源的吸热 q_2 可由如下过程求出：

$$\begin{aligned}
\Delta s_{\text{sys}} &= \Delta s_1 + \Delta s_0 + \Delta s_2 = \Delta s_1 + \Delta s_2 = 0 \\
&\Rightarrow \Delta s_2 = -\Delta s_1 \\
&\Rightarrow \frac{q_2}{T_{q2}} = -\int_{T_{\text{in}}}^{T_{\text{out}}} \frac{c\,\mathrm{d}T}{T} \\
&\Rightarrow q_2 = -T_{q2}\int_{T_{\text{in}}}^{T_{\text{out}}} \frac{c\,\mathrm{d}T}{T} = cT_{q2}\ln\frac{T_{\text{in}}}{T_{\text{out}}}
\end{aligned} \tag{3-62}$$

系统的做功用高温热源的放热减去低温热源的吸热即可。

3. 平均温度法

如果有一台卡诺热机，它的工作效果和变温热源热机完全相同的话，必要的条件应该是两台热机都是可逆热机，各部分的熵变也完全相同。若寻找一个和变温热源等价的恒温热源，则限制条件是放热相同、熵变相同，所以恒温热源的温度 T_{q1} 为

$$\left.\begin{aligned}
\Delta s_1 &= \frac{-q_1}{T_{q1}} = \int_{T_{\text{in}}}^{T_{\text{out}}} \frac{c\,\mathrm{d}T}{T} \\
\frac{-c(T_{\text{in}} - T_{\text{out}})}{T_{q1}} &= c\ln\frac{T_{\text{out}}}{T_{\text{in}}} \\
T_{q1} &= \frac{T_{\text{in}} - T_{\text{out}}}{\ln\dfrac{T_{\text{in}}}{T_{\text{out}}}} = \frac{T_{\text{in}} - T_{\text{out}}}{\ln T_{\text{in}} - \ln T_{\text{out}}}
\end{aligned}\right\} \tag{3-63}$$

于是用可逆卡诺热机的性质计算出热机的效率、功量和放热量为

$$
\left.
\begin{aligned}
\eta_{t,c} &= 1 - \frac{T_{q2}}{T_{q1}} = 1 - \frac{T_{q2}}{T_{in} - T_{out}} \ln \frac{T_{in}}{T_{out}} \\
w_0 &= q_1 \eta_{t,c} \\
&= c(T_{in} - T_{out})\left(1 - \frac{T_{q2}}{T_{in} - T_{out}} \ln \frac{T_{in}}{T_{out}}\right) \\
&= c(T_{in} - T_{out}) - cT_{q2} \ln \frac{T_{in}}{T_{out}} \\
q_2 &= q_1 - w_0 = cT_{q2} \ln \frac{T_{in}}{T_{out}}
\end{aligned}
\right\} \tag{3-64}
$$

习　题

3-1　掌握下列基本概念：可逆过程、不可逆过程、热机、循环、过程、卡诺定理、克劳修斯不等式、熵增原理、热量的可用能。

3-2　辨析下列概念：

（1）可逆过程一定是准平衡过程。

（2）不平衡过程一定是不可逆过程。

（3）工作于相同热源间的任何热机，其效率都不会高于可逆卡诺热机效率。

（4）克劳修斯不等式说明不可逆循环的熵变小于 0。

（5）闭口系经过吸热过程，其熵是增大的。

（6）开口系在不可逆稳定流动中的熵是增加的。

（7）绝热不可逆循环的熵变大于 0。

（8）热力过程中热量的大小可以用 $T\text{-}s$ 图上的面积表示。

（9）所有热量的可用能都相等。

（10）应尽量减小热量利用设备的熵增，以得到最大的功量。

3-3　参考图 3-1，封闭在气缸 - 活塞系统中的 1kg 气体，初始压力为 1.0MPa，温度保持为 300K 不变，现气体经历一个准平衡过程膨胀至压力 0.2MPa，过程中维持 $pv = 287.1T$，求：

（1）过程中气体所做的功；

（2）若该过程中活塞和气缸间没有摩擦，求外界得到的功；

（3）若该过程中活塞和气缸间有摩擦，求外界得到的功将增大还是减少？

3-4　天然气燃烧后产生的烟气温度可达 2000℃，但受材料性能的限制，实际热机工作温度要低于这一烟气温度。设环境温度为 20℃，试分析以下问题：

（1）工作于烟气温度和环境温度下的可逆卡诺热机的效率；

（2）燃气轮机材料的最高工作温度为 1400℃，使用这种材料时，可逆卡诺热机可能达到的最高效率；

（3）蒸汽轮机材料的最高工作温度为 600℃，使用这种材料时，可逆卡诺热机可能达到的最高效率。

3-5　一台可逆卡诺热机，高温热源温度为 600℃，试求下列情况下热机的效率：

（1）我国大部分地区，热机以温度为 20℃的空气为低温热源；

（2）中东地区，热机工作以 40℃的空气为低温热源；

（3）北欧地区，热机以 4℃的深层海水为低温热源。

3-6　两台可逆卡诺热机串联工作，A 工作于 700℃和 t℃的热源间，B 热机工作于 t℃和 20℃的热源间，吸收 A 热机排出的废热对外做功，求：

（1）当两台热机的热效率相同时，热源 t 的温度。

（2）当两台热机输出的功相等时，热源 t 的温度。

3-7　一可逆热机工作在三个热源之间，热源温度如图 3-14 所示，若热机从热源 1 吸热 1600kJ，并对外做功 250kJ，试求另两个热源的传热量和传热方向，并用图表示。

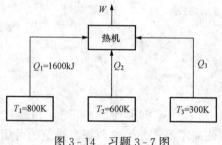

图 3-14　习题 3-7 图

3-8　某动力循环，工质在温度 440℃下得到 3150kJ/kg 的热量，向 20℃的低温热源放出 1950kJ/kg 的热量，若工质没有其他热量交换，问此循环满足克劳修斯不等式吗？该循环不可逆、不可逆还是不可能？

3-9　内可逆的卡诺热机，工作于 2000K 和 300K 的热源间，工质的高温为 1900K，工质的低温为 400K，设每一循环中工质从高温热源吸热 100kJ/kg，求：

（1）该热机的效率和每一循环中的功量、废热；

（2）高温热源和低温热源的熵变；

（3）工质在各过程中的熵变和循环的总熵变。

3-10　（1）2kg 温度为 0℃的冰从空气中吸热 500kJ，求该过程中冰的熵变，已知冰的溶解热为 333.5kJ/kg。

（2）2kg 温度为 0℃的水从空气中吸热 500kJ 而升温，求过程终点水的温度和过程中水的熵变，已知水的比热容为 4.1868kJ/(kg·K)。

3-11　人们每年燃烧的化石燃料相当于 140 亿 t 发热量为 40 000kJ/kg 的石油，这些热量给地球带来了熵增，但最后地球以散热的形式，通过引入负熵流抵消了这些熵增，若地球的表面温度为 18℃，求地球散热引入的负熵流大小。

3-12　深层海水的温度为 4℃，热带表层 10m 海水的平均温度为 37℃，假设深层海水的质量无穷大，若在深层海水和表层海水间装一热机，该热机利用表层 10m 海水降温至 27℃所放出的能量来做功，已知水的比热容为 4.1868kJ/(kg·K)，密度为 1.025×10^3 kg/m^3。求：

（1）每千克表层海水降温过程中放出的热量和熵变；

（2）深层海水的熵变、热机的废热量和做功量；

（3）1km² 海域能够输出的功率（kWh）。

（4）我国 2021 年底的发电量为 8.11 万亿 kWh，求提供这些电量需要的海域面积。

3-13　将 3kg 温度为 0℃的冰，投入盛有 20kg 温度为 50℃的水的容器中，容器保持绝热，已知水的比热容为 4.1868kJ/(kg·K)，冰溶解热为 333.5kJ/kg，忽略冰熔解时体积的变化，求：

（1）系统平衡时的温度；

（2）冰的熵变、水的熵变和系统的总熵变；

（3）若环境温度为 20℃，求该过程中系统可用能的损失。

3-14　质量为 2kg、温度为 300℃的铅块，在温度为 20℃的环境空气中降温至 100℃，铅的比热容为 0.13kJ/(kg·K)，求：

（1）铅块的熵变，空气的熵变；

（2）系统的总熵变和该过程中系统可用能的损失。

3-15　同上题，质量为 2kg、温度为 300℃的铅块投入 5kg 温度为 50℃的水中，已知水的比热容为 4.1868kJ/(kg·K) 求：

（1）平衡时的温度；

（2）铅块的熵变、水的熵变和系统的总熵变；

（3）该过程中系统可用能的损失。

3-16　图 3-15 所示为烟气余热回收方案。设烟气的比热容 $c=1100$J/(kg·K)，试求：

（1）烟气流经换热器传给热机工质的热量；

（2）热机排给大气的最少热量；

（3）热机输出的最大功。

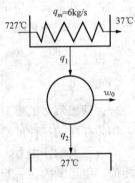

图 3-15　习题 3-16 图

第四章　理想气体的性质和过程

热力学中需要研究一些物质的性质，特别是它们的热力学性质，如吸收热量的能力、对外做功的能力等。热力学中主要使用的物质是气体或液体，合称流体，偶尔会用到固体做工质的，如火箭发动机中的固体燃料等。气体用作工质的，常见的是空气和由燃料燃烧生成的烟气。液体作为工质的，通常有水和制冷剂。这些工质，在热力过程一般无化学反应和核反应发生，和外界交换功量的唯一形式是容积功，因此都是简单可压缩工质。本章对最常用的理想气体工质进行讨论。

第一节　理想气体的模型和状态方程

一、理想气体的模型

物质存在的三种最常见状态中，固体的分子间距离很小，基本上是紧挨在一起，而且相互之间有强大的作用力，使所有分子只能以一个整体进行移动；液体分子间的距离和固体分子相似，也是紧挨在一起的，只是分子间的作用力已经弱化，不同分子间已经可以相对滑动；对于气体，其分子间的距离进一步拉大，在图 4-1（a）中，分子间的距离已经达到分子直径的 10 倍，从体积角度看，一个分子所能自由活动的空间相当于其自身体积的 1000倍。这会给人什么感觉呢？想象一下你走进一个 1000 个座位的大礼堂，发现其中只有一个座位坐着一个人，你的第一反应应该是"怎么一个人都没有"。从这个角度讲，气体分子的体积相对于它的活动空间言，可以忽略了。

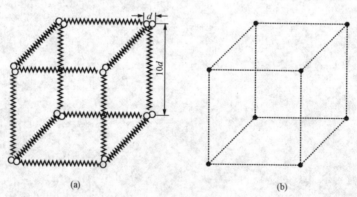

图 4-1　实际气体和理想气体
(a) 实际气体；(b) 理想气体

气体分子间当然存在着作用力，如同一根根弹簧把不同的分子连在一起，但这根弹簧相当细小，拉开它或压紧它都不用费什么力气，可以视作无物。因此，气体想要运动的话，基本上是自由的，没有别的分子牵扯它，相当于气体分子间不存在相互的作用力。

气体分子在运动的时候，互相之间会发生碰撞，和容器的壁面之间也会发生碰撞，如果气体分子是黏乎乎的话，那它碰到什么东西就会粘在一起不再分开，但事实上大部分的气体分子像乒乓球一样，即使互相之间碰一下，也会再次弹开。

考虑到以上情况，由于气体分子的大小和它所占据的空间相比可以忽略不计，可认为分子是没有大小的；考虑到分子间的作用力很小，可认为分子间不存在相互作用力；考虑到分子更像乒乓球，可认为分子间发生的碰撞是弹性碰撞。经过上述三条理想化的处理，1857年，克劳修斯提出了一种假想气体，称为理想气体或完全气体，它没有大小，相互之间无作用力，相互之间只发生弹性碰撞。

在常温常压下，液化温度很低的氦气、氢气、氮气、氧气、一氧化碳、甲烷等可以满足上述的三个特点，因此可看作是理想气体。液化温度比较高的二氧化碳、氯气、氨气等，如同刚从液体里"捞"起来的一样，"湿漉漉"的，因此相互之间的碰撞就不太满足弹性碰撞这一条，把它们视为理想气体会出现一定的误差，但在精度要求不高的场合，用理想气体来对它们进行处理尚可接受。刚从液态水汽化得到的水蒸气则完全不能视作为理想气体。

总之，一种气体是否可看做理想气体主要取决于它的压力和温度。当压力很高时，分子间的距离就会缩小，理想化处理带来的误差会变大。温度如果比气体的液化温度高出不多，则分子间的距离、作用力和碰撞方式都不太符合理想气体的假设，但温度太高，分子可能会发生离解，分子的稳定存在都会成为问题，因此其特性会越来越偏离理想气体的假设。只有压力不太高，温度不高不低的气体（比液化温度高一些又不致高到发生大量离解），才能视做是理想气体。幸运的是，常态下氢气、氮气、氧气等都满足这个看似苛刻的条件。

二、理想气体状态方程

对气体性质的探索，是热力学发展史上开展得比较早的，所得到的成果对热力学和整个科学的发展都有过重要的促进作用。

英国物理学家玻义耳在1662年宣布了他在研究气体性质方面得到的重要结论："定量理想气体，在保持温度不变时，其压强和体积成反比关系"，称之为波义耳定律，这是人类历史上第一个被"发现"的定律，即

$$T = C_1 \Rightarrow pV = C_2 \tag{4-1}$$

法国化学家、物理学家盖·吕萨克在1802年发表了以名字命名的定律："定量理想气体，在保持压力不变时，其体积和温度成正比关系"，即

$$p = C_1 \Rightarrow \frac{T}{V} = C_2 \tag{4-2}$$

法国科学家查理经过无数次的实验发现了查理定律："定量理想气体，在保持体积不变时，其压力和温度成正比关系"，即

$$V = C_1 \Rightarrow \frac{p}{T} = C_2 \tag{4-3}$$

查理发现该定律是在1787年，但是他当时并未公开发表他的结论。盖·吕萨克在1802年也独立发现了气体在体积不变时的规律，但他对查理非常尊重，因此仍然把这一贡献归属于查理。

1834年，法国物理学家克拉珀龙从数学角度对三个气体规律进行了合并，他指出：一定量的理想气体，其温度、压力和比体积（比容）三者间的关系可用一个方程来描述，这一方程在1874年由俄国化学家门捷列夫推广，故称为克拉珀龙-门捷列夫方程，现在一般称为

理想气体状态方程，即

$$pv = R_g T \Rightarrow pV = mR_g T \tag{4-4}$$

其中，R_g 是一个只和气体种类有关的常数，称为气体常数，用下标 g（gas）来表示：

$$R_g = \frac{pv}{T} \quad \text{J/(kg} \cdot \text{K)} \tag{4-5}$$

三、阿伏加德罗定律

要衡量一个物体中物质的多少，首先会想到质量，例如这一块东西有 1kg；其次是体积（气体而言为容积），例如这瓶水有 500mL；实际上还有一种衡量方式，例如这一堆苹果有 20 个。

在 19 世纪初，人们已经广泛地接受了物质是由原子构成的这一说法，但对分子的存在反而非常排斥。意大利物理学家、化学家阿伏加德罗在 1811 年提出了分子假说，并指出在相同的温度、压力下，相同体积的气体所含的分子数也相同，称为阿伏加德罗定律。这一假说在经过 50 年的时间后才被人们广泛接受，并促进了热力学、化学等学科的快速发展。

把阿伏加德罗定律进行一下改造并把某些数据具体化，则有如下的说法：不同的理想气体，如果分子数都为 $6.022\,136\,7 \times 10^{23}$ 个，当它们维持压力为 101 325Pa、温度为 273.15K（这一状态称为标准状态）时，其容积都为 22.413 995L。显然，如果每次都要指明分子数为 $6.022\,136\,7 \times 10^{23}$ 个的话，一来啰嗦，二来易错，所以干脆为这一数量定义了一个单位，即"摩尔"，写成 mol。这时，式（4-5）中的常数为

$$R_m = \frac{pv}{T} = \frac{101\,325\text{Pa} \times 22.413\,995 \times 10^{-3}\,\text{m}^3/\text{mol}}{273.15\text{K}} \tag{4-6}$$
$$= 8.314\,472 \quad [\text{J/(mol} \cdot \text{K)}]$$

从单位看，常数 R_m 是针对每摩尔气体的，因此用下标 m 来标识，由于它和气体的种类无关，因此称为通用气体常数或普适气体常数，其值有时可用 8.314 J/(mol·K)。

气体常数和通用气体常数间存在确定的关系。对任何物质，如果它的分子量（或原子量）为 M 的话，则 1mol 该种物质的质量为 Mg，因此如果把通用气体常数中的 mol 理解成 Mg 的话，则有

$$R_g = \frac{R_m}{M} \quad \text{J/(g} \cdot \text{K)} \text{ 或 kJ/(kg} \cdot \text{K)} \tag{4-7}$$

例如，对氧气有

$$R_g = \frac{R_m}{M} = \frac{8.314\,472}{32.00} = 0.2598 \quad [\text{kJ/(kg} \cdot \text{K)}] \tag{4-8}$$

对氢气有

$$R_g = \frac{R_m}{M} = \frac{8.314\,472}{2.016} = 4.1243 \quad [\text{kJ/(kg} \cdot \text{K)}] \tag{4-9}$$

显然，由于氢气的分子量最小，其气体常数的值是最大的。

考虑到质量和摩尔间的关系，式（4-4）可变为

$$pV = mR_g T$$
$$\Rightarrow pV = \frac{mR_m T}{M} = nR_m T \tag{4-10}$$

式（4-10）是理想气体状态方程的另一种形式。

由以上叙述可知，理想气体是根据实际气体的具体特点，进行理想化处理后得到的一种模型气体，这是从气体性质的定性角度进行定义的。能够看成理想气体的是常态下的氢气、氮气、氧气等，式（4-5）和式（4-10）是理想气体应该满足的状态方程。在某些资料中，直接定义满足式（4-5）和式（4-10）的气体为理想气体，这是从数量关系角度定义的。

第二节 理想气体的参数

一、理想气体的比热容

比热容是物质的一个基本特性，是指单位物质升高 1K（即升高 1℃）温度时所需要吸收的热量。1kg 物质温度升高 1K（或 1℃）所需的热量称为质量热容，又称比热容，即

$$c = \frac{Q}{m\Delta T} = \frac{q}{\Delta T} = \frac{\delta q}{dT} \quad \text{kJ/(kg · K)} \tag{4-11}$$

当已知质量热容时，以摩尔（1mol）为基准的摩尔热容和以体积（1m³，标准状态下）为基准的体积热容可以方便地计算出来。

1. 比定容热容

比定容热容是指 1kg 物质在保持容积不变的过程中温度升高 1K 所需要吸收的热量，由于理想气体是简单可压缩的工质，应用热力学第一定律，有

$$c_V = \left.\frac{\delta q}{dT}\right|_V = \left.\frac{du + pdv}{dT}\right|_V = \frac{du}{dT} \quad \text{kJ/(kg · K)} \tag{4-12}$$

因此任何物质的热力学能和温度间有

$$du = c_V dT \tag{4-13}$$

2. 比定压热容

比定压热容是指 1kg 物质在保持压力不变的过程中温度升高 1K 所需要吸收的热量，应用热力学第一定律，有

$$c_p = \left.\frac{\delta q}{dT}\right|_p = \left.\frac{dh - vdp}{dT}\right|_p = \frac{dh}{dT} \quad \text{kJ/(kg · K)} \tag{4-14}$$

因此任何物质的焓和温度间有：

$$dh = c_p dT \tag{4-15}$$

3. 迈耶公式

根据焓的定义、理想气体的状态方程式（4-4），以及式（4-13）、式（4-15），可得

$$h = u + pv$$
$$\Rightarrow dh = du + d(pv)$$
$$\Rightarrow c_p dT = c_V dT + R_g dT$$
$$\Rightarrow c_p = c_V + R_g \tag{4-16}$$

式（4-16）也称为迈耶公式。

4. 比热比、绝热指数

对理想气体，比定压热容和比定容热容的比有特殊的物理意义，按其数学表达式，称为比热比，用符号 γ 来表示，它同时可以用于表示理想气体在绝热可逆过程的特性，称为等熵指数，此时用符号 κ 来表示，即

$$\gamma = \kappa = \frac{c_p}{c_V} \tag{4-17}$$

根据式（4-16）和式（4-17），可以用气体常数 R_g 和比热比 γ 来表示比定容热容和比定压热容，即

$$c_V = \frac{1}{\gamma - 1} R_g, \quad c_p = \frac{\gamma}{\gamma - 1} R_g \tag{4-18}$$

二、理想气体的实际比热容

理想气体是满足"分子无大小，分子间无作用力，分子间发生弹性碰撞"三大条件的气体，这样的气体只存在于理论中。在压力不高、温度合适的范围内，可以把氦气、氢气、氮气、氧气、一氧化碳、甲烷等当作理想气体来处理。在这个合理范围外，用理想气体的理论结果来描述氢气、氮气，或在常温常压描述氯气、二氧化碳等气体时，就会出现较大的误差，特别是在吸热量的计算方面。因此，人们用实验测定的结果对反映气体能量特性的比热进行了修正，即不再把理想气体比热容看做常数，而是用一个多项式来表达，即

$$c = c(t) = a_0 + a_1 T + a_2 T^2 + a_3 T^3 \tag{4-19}$$

从修正的精度讲，用一个三次式已经足够精确了。

在实验室内，保持物质的等压条件要比保持物质的等容条件容易得多（试想一下，一个铁块放在室内自然保持了等压，但若想保持它的体积不变，该怎样对付铁块的热胀冷缩呢?），因此，一般只对物质的比定压热容进行测定，得到它的多项式为

$$c_p = c_p(t) = a_{0,p} + a_{1,p} T + a_{2,p} T^2 + a_{3,p} T^3 \tag{4-20}$$

对理想气体而言，凡是满足理想气体状态方程的，比定容热容和比定压热容就满足迈耶公式，所以比定容热容为

$$c_V = c_V(t) = (a_{0,p} - R_g) + a_{1,p} T + a_{2,p} T^2 + a_{3,p} T^3 \tag{4-21}$$

此时比热比 γ 或者等熵指数 κ 就不再是一个常数。

为计算方便，通常会以表格的形式提供温度 $0 \sim t\,℃$ 之内的平均比热容，获得的方法为

$$\bar{c} = \frac{q}{\Delta t} = \frac{\int_0^t c(t)\,\mathrm{d}t}{t} \tag{4-22}$$

使用平均比热容来计算温度 $0 \sim t\,℃$ 之间的吸热量时，只需

$$q = \bar{c}\Delta t \tag{4-23}$$

三、理想气体的热力学能、焓和熵

理想气体的温度降到绝对零度时，分子不再运动，因此分子的动能为 0（量子力学的结论是在此时仍存在一个微小的动能，此处引用经典力学的结论），而且理想气体间无作用力，位能永远为 0，所以绝对零度时理想气体的热力学能 $u_0 = 0$。

对式（4-13）进行积分，并假设理想气体的比定容热容是一个常数，可得到理想气体的比热力学能和绝对温度的关系：

$$\mathrm{d}u = c_V \mathrm{d}T$$

$$\Rightarrow u = c_V T + u_0 = c_V T \tag{4-24}$$

考虑到焓和热力学能间的关系，结合理想气体状态方程可知，绝对零度时理想气体的焓 $h_0 = u_0 + p_0 v_0 = u_0 + R_g T_0 = 0$。对式（4-15）进行积分，并假设理想气体的比定压热容是一个常数，则有

$$dh = c_p dT$$
$$\Rightarrow h = c_p T + h_0 = c_p T \tag{4-25}$$

理想气体经过一个微元过程时，可假设这个过程是可逆的，因此其熵变为

$$ds = \frac{\delta q}{T} = \frac{du + pdv}{T} = c_V \frac{dT}{T} + R_g \frac{dv}{v} \tag{4-26}$$

或者

$$ds = \frac{\delta q}{T} = \frac{dh - vdp}{T} = c_p \frac{dT}{T} - R_g \frac{dp}{p} \tag{4-27}$$

对式（4-26）和式（4-27）中消除公共项 dT/T，可得

$$\left.\begin{array}{l} c_p ds = c_V c_p \dfrac{dT}{T} + c_p R_g \dfrac{dv}{v} \\[2mm] c_V ds = c_V c_p \dfrac{dT}{T} - c_V R_g \dfrac{dp}{p} \\[2mm] \Rightarrow (c_p - c_V) ds = R_g \left(c_p \dfrac{dv}{v} + c_V \dfrac{dp}{p} \right) \\[2mm] \Rightarrow ds = c_p \dfrac{dv}{v} + c_V \dfrac{dp}{p} \end{array}\right\} \tag{4-28}$$

式（4-26）～式（4-28）分别用了 (v, T)、(p, T)、(p, v) 来计算过程的熵变，其中尤以 (p, T) 的公式最为重要，因为它是用两个可以直接测量的压力和温度参数来计算熵变的。

对上述三个公式进行积分，可得计算过程熵变的公式，即

$$\left.\begin{array}{l} \Delta s_{12} = c_V \ln \dfrac{T_2}{T_1} + R_g \ln \dfrac{v_2}{v_1} \\[2mm] \Delta s_{12} = c_p \ln \dfrac{T_2}{T_1} - R_g \ln \dfrac{p_2}{p_1} \\[2mm] \Delta s_{12} = c_p \ln \dfrac{v_2}{v_1} + c_V \ln \dfrac{p_2}{p_1} \end{array}\right\} \tag{4-29}$$

在不发生化学反应的热力过程中，人们只需要关心理想气体（包括任何物质）热力学能、焓和熵的变化量，对其绝对值是不关心的，因此，这三个参数的零点在什么地方也不必关注，但在化学反应中，三个参数的绝对值就是重要的参数，无法回避。

第三节　理想气体混合物

生活和工程中最常见的气体工质是空气以及由燃料燃烧生成的烟气，它们都是由不同成分混合而成的混合物，称为理想气体混合物。

理想气体混合物需要满足两个条件：组分一定是理想气体且总体表现也是理想气体，即组分和总体都应该满足理想气体状态方程。

一、理想气体的成分

表征理想气体混合物中某组分占比多少的参数有三种，分别以质量成分、摩尔成分和容积成分来衡量。

1. 质量成分

如果理想气体混合物的总质量为 m kg，各组分的质量分别为 m_i kg，则定义第 i 种组分

的质量成分为 w_i，即

$$w_i = \frac{m_i}{m} \tag{4-30}$$

各组分的质量之和应该等于混合物的总质量，由此可推出：

$$\sum w_i = \sum \frac{m_i}{m} = \frac{m_1 + m_2 + m_3 + \cdots}{m} = \frac{m}{m} = 1 \tag{4-31}$$

2. 摩尔成分

如果理想气体混合物的总摩尔数为 $n\mathrm{mol}$，各组分的质量分别为 $n_i\mathrm{mol}$，则定义第 i 种组分的摩尔成分为 x_i，即

$$x_i = \frac{n_i}{n} \tag{4-32}$$

各组分的质量之和应该等于混合物的总质量，由此可推出：

$$\sum x_i = \sum \frac{n_i}{n} = \frac{n_1 + n_2 + n_3 + \cdots}{n} = \frac{n}{n} = 1 \tag{4-33}$$

3. 容积成分

按照质量成分和摩尔成分的特点，容积成分的定义应该是：如果理想气体混合物的总容积为 $V\mathrm{m}^3$，各组分的容积分别为 $V_i\mathrm{m}^3$，则定义第 i 种组分的摩尔成分为 y_i，即

$$y_i = \frac{V_i}{V} \tag{4-34}$$

各组分的容积之和应该等于混合物的总容积，由此可推出：

$$\sum y_i = \sum \frac{V_i}{V} = \frac{V_1 + V_2 + V_3 + \cdots}{V} = \frac{V}{V} = 1 \tag{4-35}$$

二、理想气体混合物的分容积

分析一下容积成分的定义，似乎存在着不小的问题，即理想气体混合物中各组分占据的活动空间都应该是一样的。例如，一个房间内的空气，其组分氧气和氮气都能自由地在房间内运动，所以容积成分定义中的"各组分的容积"是什么？

由此引出分容积的定义：理想气体混合物中某组分以混合物的总体温度 T 和总体压力 p 存在时的假想容积，以 V_i 表示。强调该容积是假想的，并非真实存在。根据定义，并且因为混合物中的组分是理想气体，故有

$$pV_i = n_i R_\mathrm{m} T \tag{4-36}$$

利用式（4-36），可得

$$\sum(pV_i) = p\sum(V_i) = \sum(n_i R_\mathrm{m} T) = (\sum n_i) R_\mathrm{m} T = n R_\mathrm{m} T \tag{4-37}$$

由于理想气体总体上是理想气体，满足理想气体状态方程

$$pV = n R_\mathrm{m} T \tag{4-38}$$

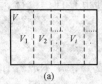

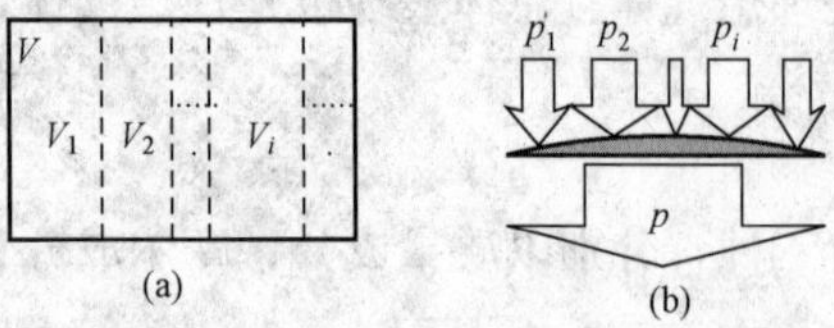

联立式（4-37）和式（4-38），可得

$$\sum(V_i) = V \tag{4-39}$$

由此，容积成分的定义和其特点得到证明。

式（4-39）可由图 4-2（a）来说明：容器的总容积为 V，温度为 T，压力为 p，若容器保持温度和压力不变，但是让各类分子按组分相

图 4-2　分容积和分压力

(a) 分容积和总容积；(b) 分压力和总压力

对集中，则第一种组分需要占据 V_1，第二种组分需要占据 V_2，依次类推，最后，各种组分所占据的容积之和等于 V。

三、理想气体混合物的分压力

理想气体分压力的定义为：理想气体混合物中某组分以混合物的总体温度 T 和总体积 V 存在时的真实压力，以 p_i 表示。强调该压力是真实的，因为混合物中各组分的温度显然是相同的，都等于混合物的温度，且各个组分的活动空间都是整体的空间 V。根据定义，且因为混合物中的组分是理想气体，故有

$$p_i V = n_i R_m T \tag{4-40}$$

利用式（4-40），可得

$$\sum (p_i V) = V \sum (p_i) = \sum (n_i R_m T) = (\sum n_i) R_m T = n R_m T \tag{4-41}$$

联立式（4-38）和式（4-41），可得

$$\sum (p_i) = p \tag{4-42}$$

式（4-42）的结论首先是由英国科学家道尔顿于 1801 年阐明的，因此称为道尔顿分压定律。

式（4-42）可由图 4-2（b）说明：理想气体总体的压力 p 是由各类分子撞击器壁的力合成的，如果把撞击力按分子的种类区分，相同分子的撞击力归为一个力，则第一种分子的撞击力即为其分压力 p_1，第二种为 p_2，以此类推，显然，总的撞击力即总压力为各类分子的撞击力即分压力之和。

四、结论

1. 一组正比例式

根据理想气体混合物中分容积和分压力的定义式（4-36）和式（4-40），有

$$\left.\begin{array}{l} p_i V = n_i R_m T \\ p V_i = n_i R_m T \end{array}\right\} \Rightarrow p_i V = p V_i \Rightarrow \frac{p_i}{p} = \frac{V_i}{V} \tag{4-43}$$

利用分压力定义式（4-40）和混合物总体满足的状态方程式（4-38），可得

$$\left.\begin{array}{l} p_i V = n_i R_m T \\ p V = n R_m T \end{array}\right\} \Rightarrow \frac{p_i}{p} = \frac{n_i}{n} \tag{4-44}$$

考虑到摩尔成分的定义式（4-32）和容积成分的定义式（4-34），以及式（4-43）和式（4-44）的结论，可以得到如下的一组比例关系式：

$$\frac{p_i}{p} = \frac{V_i}{V} = \frac{n_i}{n} = x_i = y_i \tag{4-45}$$

式（4-45）最后的一个等号可以由阿伏加德罗定律直接得到，即理想气体混合物中各组合处于相同的压力和温度下时，则其容积（分容积）正比于其摩尔数。

2. 理想气体混合物的平均分子量

如果有 1kg 的理想气体混合物，根据质量成分的定义：

各组分的质量为 $w_1, w_2, w_3, \cdots$

如果各组分的分子量为 $M_1, M_2, M_3, \cdots$

则各组分的摩尔数为 $\dfrac{w_1}{M_1}, \dfrac{w_2}{M_2}, \dfrac{w_3}{M_3}, \cdots$

总摩尔数为 $n = \dfrac{w_1}{M_1} + \dfrac{w_2}{M_2} + \dfrac{w_3}{M_3} + \cdots = \sum \dfrac{w_i}{M_i}$

总摩尔数还可以用理想气体混合物的质量 1kg 除以其 M 求得，由此得到 M 满足如下关系：

$$n=\sum\frac{w_i}{M_i}=\frac{1}{M}\Rightarrow M=\frac{1}{\sum\dfrac{w_i}{M_i}}\tag{4-46}$$

如果有 1mol 的理想气体混合物，根据摩尔成分的定义：

各组分的摩尔数为 $x_1,x_2,x_3,\cdots$

如果各组分的分子量为 $M_1,M_2,M_3,\cdots$

则各组分的质量为 $x_1M_1,x_2M_2,x_3M_3,\cdots$

总质量为 $x_1M_1+x_2M_2+x_3M_3+\cdots=\sum(x_iM_i)$

注意：1mol 的理想气体混合物质量应该等于其分子量 Mg，故有

$$M=\sum(x_iM_i)\tag{4-47}$$

3. 理想气体混合物的平均气体常数

对理想气体混合物的各组分和总体写出另一种形式的状态方程，有

$$\left.\begin{aligned}p_iV&=n_iR_mT=m_iR_{g,i}T\\pV&=nR_mT=mR_gT\\p_1+p_2+p_3+\cdots&=p\end{aligned}\right\}$$

$$\Rightarrow mR_g=m_1R_{g,1}+m_2R_{g,2}+m_1R_{g,3}+\cdots$$

$$\Rightarrow R_g=\frac{m_1}{m}R_{g,1}+\frac{m_2}{m}R_{g,2}+\frac{m_2}{m}R_{g,3}+\cdots=\sum(w_iR_{g,i})\tag{4-48}$$

当考虑到混合物总体上是理想气体，其气体常数和通用气体常数、分子量间应有

$$R_g=\frac{R_m}{M}\tag{4-49}$$

第四节 理想气体的基本热力过程

工程实践中常以空气、烟气等理想气体（或理想气体混合物）作为工质，通过工质的一系列过程实现吸热、做功等效果。本节以理想气体的热力过程为研究对象，对其状态参数、热量和功等进行全面分析。

理想气体常用的参数有六个，即温度 T、压力 p、比体积 v，比热力学能 u、比焓 h，比熵 s，在这六个参数中，由于比热力学能 u、比焓 h 与温度 T 有简单的正比例关系，因此，理想气体的基本热力过程有四个，对应上述温度 T、压力 p、比体积 v、比熵 s 保持不变的过程，需要研究的特性如下：

（1）过程的特点；

（2）过程中温度 T、压力 p、比体积 v 之间的关系；

（3）比热力学能 u、比焓 h、比熵 s 的计算；

（4）比容积功 w、比技术功 w_t 的计算；

（5）热量的计算，分别有热力学第一定律和第二定律两种计算方法；

（6）过程在 p-v 图和 T-s 图上的表示。

说明一下，在本章中，若非特别指明，所有过程都认为是可逆过程。

一、等容过程

(1) 过程的特点：比体积保持不变，即 $v_2 = v_1 = C$；

(2) 根据比体积不变的特点，结合理想气体状态方程，有

$$\left.\begin{aligned} v_2 &= v_1 = C \\ p_1 v_1 &= R_g T_1 \\ p_2 v_2 &= R_g T_2 \end{aligned}\right\} \Rightarrow \frac{T_2}{T_1} = \frac{p_2}{p_1} \tag{4-50}$$

(3) 从式 (4-50) 可以得到等容过程 12 的起点参数（p_1，v_1，T_1）和终点参数（p_2，v_2，T_2），故比热力学能 u、比焓 h、比熵 s 的计算式为

$$\left.\begin{aligned} \Delta u &= c_V \Delta T = c_V (T_2 - T_1) \\ \Delta h &= c_p \Delta T = c_p (T_2 - T_1) \\ \Delta s &= c_V \ln \frac{T_2}{T_1} = c_V \ln \frac{p_2}{p_1} \end{aligned}\right\} \tag{4-51}$$

(4) 比容积功 w、比技术功 w_t 的计算如下：

$$\left.\begin{aligned} w &= \int_1^2 p \mathrm{d}v = 0 \\ w_t &= -\int_1^2 v \mathrm{d}p = v(p_1 - p_2) \end{aligned}\right\} \tag{4-52}$$

(5) 热量可以用热力学第一定律方法计算，即

$$q = \Delta u + w = \Delta u = c_V \Delta T = c_V (T_2 - T_1) \tag{4-53}$$

(6) 等容过程在 $p\text{-}v$ 图和 $T\text{-}s$ 图上的表示见图 4-3。显然，等容过程在 $p\text{-}v$ 图上是一条垂直的直线，其过程水平投影的面积表示技术功，而垂直投影的面积即容积功为 0。

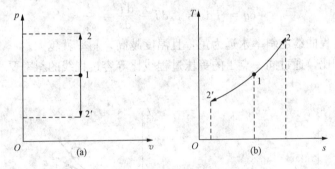

图 4-3 等容过程的 $p\text{-}v$ 图和 $T\text{-}s$ 图

(a) $p\text{-}v$ 图；(b) $T\text{-}s$ 图

在 $T\text{-}s$ 图上，等容线是一条自左下向右上倾斜的曲线，其曲线的斜率可以由第一定律和第二定律计算热量的等价性进行推导，即在一个微元的等容过程中，有

$$\delta q = T \mathrm{d}s = c_V \mathrm{d}T$$

$$\Rightarrow \frac{\mathrm{d}T}{\mathrm{d}s} = \frac{T}{c_V} \tag{4-54}$$

可见，等容过程曲线的斜率永远为正，且温度越高，斜率就越大。

二、等压过程

(1) 过程的特点：压力保持不变，即 $p_2 = p_1 = C$；

（2）根据压力不变的特点，结合理想气体状态方程，有

$$\left.\begin{array}{l} p_2 = p_1 = C \\ p_1 v_1 = R_g T_1 \\ p_2 v_2 = R_g T_2 \end{array}\right\} \Rightarrow \frac{T_2}{T_1} = \frac{v_2}{v_1} \tag{4-55}$$

（3）从式（4-55）可以得到等压过程 12 的起点参数（p_1，v_1，T_1）和终点参数（p_2，v_2，T_2），故比热力学能 u、比焓 h、比熵 s 的计算式为

$$\left.\begin{array}{l} \Delta u = c_V \Delta T = c_V (T_2 - T_1) \\ \Delta h = c_p \Delta T = c_p (T_2 - T_1) \\ \Delta s = c_p \ln \dfrac{T_2}{T_1} = c_p \ln \dfrac{v_2}{v_1} \end{array}\right\} \tag{4-56}$$

（4）容积功 w、技术功 w_t 的计算式为

$$\left.\begin{array}{l} w = \displaystyle\int_1^2 p \mathrm{d}v = p(v_2 - v_1) \\ w_t = -\displaystyle\int_1^2 v \mathrm{d}p = 0 \end{array}\right\} \tag{4-57}$$

（5）热量可以用热力学第一定律方法计算，即

$$q = \Delta h + w_t = \Delta h = c_p \Delta T = c_p (T_2 - T_1) \tag{4-58}$$

（6）等压过程在 $p\text{-}v$ 图和 $T\text{-}s$ 图上的表示见图 4-4。显然，等压过程在 $p\text{-}v$ 图上是一条水平的直线，其过程水平投影的面积即技术功为 0，而垂直投影的面积为容积功。

在 $T\text{-}s$ 图上，等压线也是一条自左下向右上倾斜的曲线，其曲线的斜率可以由第一定律和第二定律计算热量的等价性进行推导，即在一个微元的等压过程中，有

$$\delta q = T \mathrm{d}s = c_p \mathrm{d}T \Rightarrow \frac{\mathrm{d}T}{\mathrm{d}s} = \frac{T}{c_p} \tag{4-59}$$

可见，等压过程曲线的斜率永远为正，且温度越高，斜率就越大。

与等容过程相比，通过同一点 1 的等压过程线比等容过程线的斜率要小点，即等压线要平一点。

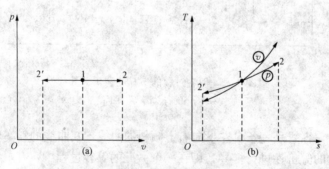

图 4-4　等压过程的 $p\text{-}v$ 图和 $T\text{-}s$ 图

(a) $p\text{-}v$ 图；(b) $T\text{-}s$ 图

三、等温过程

（1）过程的特点：温度保持不变，即 $T_2 = T_1 = C$；

（2）根据温度不变的特点，结合理想气体状态方程，有

$$T_2 = T_1 = C$$
$$\left. \begin{matrix} p_1 v_1 = R_g T_1 \\ p_2 v_2 = R_g T_2 \end{matrix} \right\} \Rightarrow p_2 v_2 = p_1 v_1 \Rightarrow \frac{p_2}{p_1} = \frac{v_1}{v_2} \qquad (4-60)$$

（3）从式（4 60）可以得到等温过程 12 的起点参数（p_1，v_1，T_1）和终点参数（p_2，v_2，T_2），故比热力学能 u、比焓 h、比熵 s 的计算为

$$\left. \begin{matrix} \Delta u = c_V \Delta T = c_V (T_2 - T_1) = 0 \\ \Delta h = c_p \Delta T = c_p (T_2 - T_1) = 0 \\ \Delta s = R_g \ln \dfrac{v_2}{v_1} = -R_g \ln \dfrac{p_2}{p_1} \end{matrix} \right\} \qquad (4-61)$$

（4）容积功 w、技术功 w_t 的计算式为

$$\left. \begin{matrix} w = \int_1^2 p \mathrm{d}v = \int_1^2 pv \dfrac{\mathrm{d}v}{v} = R_g T_1 \ln \dfrac{v_2}{v_1} \\ w_t = -\int_1^2 v \mathrm{d}p = -\int_1^2 pv \dfrac{\mathrm{d}p}{p} = R_g T_1 \ln \dfrac{p_1}{p_2} \end{matrix} \right\} \qquad (4-62)$$

（5）热量可以用热力学第一定律方法表示，即

$$q = \Delta u + w = \Delta h + w_t = w = w_t \qquad (4-63)$$

从式（4-63）可知，等温过程中理想气体所做的容积功永远和技术功相等，而根据关系式（4-60）可知，式（4-62）中的两个结果表达式确实是等价的。

（6）等温过程在 p-v 图和 T-s 图上的表示见图 4-5。显然，等温过程在 T-s 图上是一条水平的直线，其过程垂直投影的面积即为过程中的吸热量。

在 p-v 图上，等温线是一条自左上向右下倾斜的曲线，在数学上称 pv $=C$ 这样的曲线为对称的双曲线，曲线的斜率可以由过程的性质进行推导，即

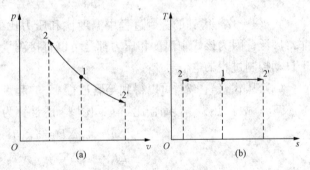

图 4-5　等温过程的 p-v 图和 T-s 图
(a) p-v 图；(b) T-s 图

$$pv = R_g T = C$$
$$\Rightarrow p \mathrm{d}v + v \mathrm{d}p = 0$$
$$\Rightarrow \frac{\mathrm{d}p}{\mathrm{d}v} = -\frac{p}{v} = -\frac{pv}{v^2} = -\frac{R_g T}{v^2} = -\frac{p^2}{pv} = -\frac{p^2}{R_g T} \qquad (4-64)$$

可见，等温过程曲线的斜率永远为负，压力越大（或比体积越小），斜率的绝对值就越大，即曲线越陡；压力越小（或比体积越大），斜率的绝对值就越小，即曲线趋向平缓。

四、等熵过程

本节中讨论的过程都是可逆过程，即熵产为 0 的过程，在此前提下，等熵过程的熵流为 0，即过程中的热量为 0。因此，本节中等熵过程和绝热过程是等价的。

（1）过程的特点：过程中没有热量的变化，熵保持不变，即 $s_2 = s_1 = C$，根据熵的计算公式，可以推出等熵过程中压力和比体积的关系，即

$$\left.\begin{aligned} \mathrm{d}s &= c_p\frac{\mathrm{d}v}{v} + c_V\frac{\mathrm{d}p}{p} = 0 \\ \Rightarrow \frac{\mathrm{d}p}{p} &= -\frac{c_p}{c_V}\frac{\mathrm{d}v}{v} = -\gamma\frac{\mathrm{d}v}{v} \\ \Rightarrow \frac{\mathrm{d}p}{\mathrm{d}v} &= -\gamma\frac{p}{v} \end{aligned}\right\} \tag{4-65}$$

对式（4-65）进行积分可得

$$\left.\begin{aligned} \frac{\mathrm{d}p}{p} &= -\gamma\frac{\mathrm{d}v}{v} \\ \Rightarrow \ln p &= -\gamma\ln v + C_1 \\ \Rightarrow \ln(pv^{\gamma}) &= C_1 \\ \Rightarrow pv^{\gamma} &= C \end{aligned}\right\} \tag{4-66}$$

（2）根据式（4-66），结合理想气体状态方程，有

$$\left.\begin{aligned} p_1v_1 &= R_\mathrm{g}T_1 \\ p_2v_2 &= R_\mathrm{g}T_2 \end{aligned}\right\} \Rightarrow \frac{T_2}{T_1} = \frac{p_2}{p_1}\frac{v_2}{v_1} \\ pv^{\gamma}=C \Rightarrow \left\{\begin{aligned} \frac{p_2}{p_1} &= \left(\frac{v_2}{v_1}\right)^{-\gamma} \\ \frac{v_2}{v_1} &= \left(\frac{p_2}{p_1}\right)^{-\frac{1}{\gamma}} \end{aligned}\right\} \Rightarrow \frac{T_2}{T_1} = \left(\frac{p_2}{p_1}\right)^{\frac{\gamma-1}{\gamma}} = \left(\frac{v_2}{v_1}\right)^{1-\gamma} \tag{4-67}$$

式（4-67）得到的等熵过程中温度比和压力比的关系式非常重要，在工程实践中应用非常广泛，因为该式中温度和压力都是可以直接测量的参数，且其测量结果是可以直接应用于自动控制过程的电信号。

（3）从式（4-67）可以得到等熵过程 12 的起点参数（p_1，v_1，T_1）和终点参数（p_2，v_2，T_2），故比热力学能 u、比焓 h、比熵 s 的计算为

$$\left.\begin{aligned} \Delta u &= c_V\Delta T = c_V(T_2 - T_1) \\ \Delta h &= c_p\Delta T = c_p(T_2 - T_1) \\ \Delta s &= 0 \end{aligned}\right\} \tag{4-68}$$

（4）容积功 w 的计算方法可以由过程的特点进行数学推导，但是其推导过程比较复杂，即

$$\begin{aligned} w &= \int_1^2 p\,\mathrm{d}v = \int_1^2 pv^{\gamma}\frac{\mathrm{d}v}{v^{\gamma}} = pv^{\gamma}\int_1^2\frac{\mathrm{d}v}{v^{\gamma}} \\ &= pv^{\gamma}\frac{1}{1-\gamma}(v_2^{1-\gamma} - v_1^{1-\gamma}) \\ &= \frac{1}{1-\gamma}(p_2v_2^{\gamma}v_2^{1-\gamma} - p_1v_1^{\gamma}v_1^{1-\gamma}) \\ &= \frac{1}{1-\gamma}(p_2v_2 - p_1v_1) \\ &= \frac{1}{\gamma-1}(p_1v_1 - p_2v_2) \\ &= \frac{1}{\gamma-1}R_\mathrm{g}(T_1 - T_2) \end{aligned} \tag{4-69}$$

其实有非常简单的方法，可以得到相同的结果，过程如下：

$$q = \Delta u + w = 0$$

$$\Rightarrow w = -\Delta u = c_V(T_1 - T_2) = \frac{1}{\gamma - 1}R_g(T_1 - T_2) \qquad (4-70)$$

技术功 w_t 的计算可以重复容积功 w 的计算过程，如应用热力学第一定律，有

$$q = \Delta h + w_t = 0$$

$$\Rightarrow w_t = -\Delta h = c_p(T_1 - T_2) = \frac{\gamma}{\gamma - 1}R_g(T_1 - T_2) \qquad (4-71)$$

比较式（4-70）和式（4-71）可知：理想气体在等熵过程中的技术功永远是其容积功的 γ 倍，该结论可由式（4-65）进行证明，即

$$\frac{\mathrm{d}p}{\mathrm{d}v} = -\gamma\frac{p}{v}$$

$$\Rightarrow -v\mathrm{d}p = \gamma p\mathrm{d}v$$

$$\Rightarrow w_t = -\int_1^2 v\mathrm{d}p = \gamma\int_1^2 p\mathrm{d}v = \gamma w \qquad (4-72)$$

（5）在可逆的前提下，等熵过程中的热量为 0，即

$$q = 0 \qquad (4-73)$$

（6）等熵过程在 $p\text{-}v$ 图和 $T\text{-}s$ 图上的表示见图 4-6。显然，等熵过程在 $T\text{-}s$ 图上是一条垂直的直线，其过程垂直投影的面积即过程中的吸热量为 0。

在 $p\text{-}v$ 图上，等熵线也是一条自左上向右下倾斜的曲线，曲线的斜率可以由方程式（4-65）得出，即

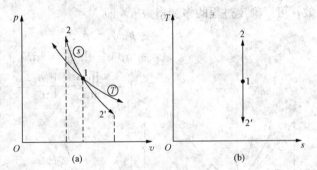

图 4-6 等熵过程的 $p\text{-}v$ 图和 $T\text{-}s$ 图

(a) $p\text{-}v$ 图；(b) $T\text{-}s$ 图

$$\frac{\mathrm{d}p}{\mathrm{d}v} = -\gamma\frac{p}{v} = -\gamma\frac{pv^\gamma}{vv^\gamma} = -\gamma\frac{C_1}{vv^\gamma}$$

$$= -\gamma\frac{p^{\frac{1}{\gamma}}p}{p^{\frac{1}{\gamma}}v} = -\gamma\frac{p^{\frac{1}{\gamma}}p}{C_2} \qquad (4-74)$$

可见，等熵过程曲线的斜率永远为负，压力越大（或比体积越小），斜率的绝对值就越大，即曲线越陡；压力越小（或比体积越大），斜率的绝对值就越小，即曲线趋向平缓。

比较式（4-64）和式（4-74）可知：在 $p\text{-}v$ 图上，通过同一点 1 的等熵过程线斜率是等温过程线斜率的 γ 倍，即等熵过程线比等温过程线要陡一点。

第五节　理想气体的多变过程

一、多变过程的定性分析

1. 多变过程的方程

理想气体的等容、等压、等温和等熵四种基本热力过程，可以用一个统一的方程式来表

示，即

$$pv^n = C \qquad (4\text{-}75)$$

其中，n 称为多变指数，当 n 取不同的数值时，式 (4-75) 有不同的意义：

(1) 当 $n=0$ 时，$p=C$，代表等压过程；

(2) 当 $n=1$ 时，$pv=C_1 \Rightarrow T=C$，代表等温过程；

(3) 当 $n=\gamma$ 时，$pv^\gamma = C_1 \Rightarrow s=C$，代表等熵过程；

(4) 当 $n=\pm\infty$ 时，$pv^{\pm\infty}=C_1 \Rightarrow (pv^{\pm\infty})^{1/\pm\infty}=C_1^{1/\pm\infty} \Rightarrow v=C$，代表等容过程。

对上述第（4）种情况，开无穷次方后等式右边应该为 1，实际上式中的 C_1 是一个无穷大数，它开无穷次方的结果是一个有限值，而非 1。

从 n 的变化趋势看，等容过程 n 的取值应该是 $+\infty$，$-\infty$ 的出现非常突兀，破坏了趋势的完美，但从数学角度看，$(1/+\infty)$ 和 $(1/-\infty)$ 都趋近于 0，因此以它们为指数的结果都是 1。在后面的讨论中，虽然等容过程对应 $n=\pm\infty$，但在趋势变化时不考虑这个突然而来的 $-\infty$。

大多数时候，理想气体经历的过程不是上述四个基本热力过程中的一个，但仍然可以用式 (4-75) 来表示，只是这时的 n 不是上述四个特殊值。借助于该热力过程中两个点的参数，可以确定过程的多变指数 n，即

$$p_1 v_1^n = p_2 v_2^n$$
$$\Rightarrow \ln p_1 + n\ln v_1 = \ln p_2 + n\ln v_2$$
$$\Rightarrow n = -\frac{\ln p_2 - \ln p_1}{\ln v_2 - \ln v_1} = -\frac{\ln(p_2/p_1)}{\ln(v_2/v_1)} \qquad (4\text{-}76)$$

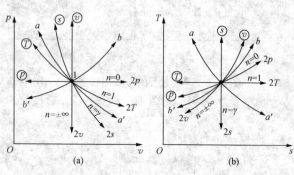

图 4-7　多变过程的 p-v 图和 T-s 图

(a) p-v 图；(b) T-s 图

2. 多变过程的图示

式 (4-75) 不同 n 取值的曲线如图 4-7 所示。从图 4-7 可知，从 $n=0$ 至 $n=\pm\infty$，热力过程的曲线是顺时针变化的，在 p-v 图上占据类似第二和第四象限的范围，在 T-s 图上占据的角度要大于 $180°$。

利用多变过程的 p-v 图和 T-s 图，可以对多变过程的特点进行定性分析。

（1）$1 < n < \gamma$ 的过程。例如，一个多变指数为 $1 < n < \gamma$ 的过程，其曲线应该在等温线和等熵线之间，如图 4-7 中的 $1a$ 和 $1a'$，对 $1a$ 过程有

$$\left.\begin{array}{l} v_a < v_1 \Rightarrow w = \displaystyle\int_1^a p\mathrm{d}v < 0 \\[2mm] p_a > p_1 \Rightarrow w_t = -\displaystyle\int_1^a v\mathrm{d}p < 0 \\[2mm] T_a > T_1 \Rightarrow \begin{cases} \Delta u = c_V \Delta T > 0 \\ \Delta h = c_p \Delta T > 0 \end{cases} \\[4mm] s_a < s_1 \Rightarrow q = \displaystyle\int_1^a T\mathrm{d}s < 0 \end{array}\right\} \qquad (4\text{-}77)$$

根据热力学第一定律，若研究对象为闭口系，则 $1a$ 是放热过程，放热来自外界对热力

系的做功，但外界对系统的做功量比较大，除了以放热的形式消化一部分外，还有多余的量用于提高系统的热力学能。

对 $1a'$ 过程有

$$
\left.
\begin{array}{l}
v_{a'} > v_1 \Rightarrow w = \displaystyle\int_1^{a'} p \mathrm{d}v > 0 \\[2mm]
p_{a'} < p_1 \Rightarrow w_t = -\displaystyle\int_1^{a'} v \mathrm{d}p > 0 \\[2mm]
T_{a'} < T_1 \Rightarrow \begin{cases} \Delta u = c_v \Delta T < 0 \\ \Delta h = c_p \Delta T < 0 \end{cases} \\[4mm]
s_{a'} > s_1 \Rightarrow q = \displaystyle\int_1^{a'} T \mathrm{d}s > 0
\end{array}
\right\}
\tag{4-78}
$$

根据热力学第一定律，若研究对象为闭口系，则 $1a'$ 是吸热的过程，吸热用于对外做功，但做功的量比较多，吸热用于做功还不够，还需要依赖于热力系温度降低，以热力系热力学能的降低来补足做功量。

（2）$n < 0$ 的过程。有没有 $n < 0$ 的过程存在呢？如果存在，它有什么特点呢？

图 4-7 中的 $1b$ 过程就是一个 $n < 0$ 的过程，对该过程有

$$
\left.
\begin{array}{l}
v_b > v_1 \Rightarrow w = \displaystyle\int_1^{b} p \mathrm{d}v > 0 \\[2mm]
p_b > p_1 \Rightarrow w_t = -\displaystyle\int_1^{b} v \mathrm{d}p < 0 \\[2mm]
T_b > T_1 \Rightarrow \begin{cases} \Delta u = c_V \Delta T > 0 \\ \Delta h = c_p \Delta T > 0 \end{cases} \\[4mm]
s_b > s_1 \Rightarrow q = \displaystyle\int_1^{b} T \mathrm{d}s > 0
\end{array}
\right\}
\tag{4-79}
$$

可见，闭口系经历的 $1b$ 过程是吸热的，且吸热量很大，不仅能供系统对外做功，还能使系统的热力学能增加。

图 4-7 中的 $1b'$ 过程也是一个 $n < 0$ 的过程，对该过程有

$$
\left.
\begin{array}{l}
v_{b'} < v_1 \Rightarrow w = \displaystyle\int_1^{b'} p \mathrm{d}v < 0 \\[2mm]
p_{b'} < p_1 \Rightarrow w_t = -\displaystyle\int_1^{b'} v \mathrm{d}p > 0 \\[2mm]
T_{b'} < T_1 \Rightarrow \begin{cases} \Delta u = c_V \Delta T < 0 \\ \Delta h = c_p \Delta T < 0 \end{cases} \\[4mm]
s_{b'} < s_1 \Rightarrow q = \displaystyle\int_1^{b'} T \mathrm{d}s < 0
\end{array}
\right\}
\tag{4-80}
$$

可见，闭口系经历的 $1b'$ 过程是放热的，且放热量很大，不仅把外界对系统的做功量用完了，还需要系统的热力学能降低。

二、多变过程的定量分析

从数学的角度看，多变过程方程式（4-75）和等熵过程方程式（4-66）是非常相似的，因此，多变过程中的结论和等熵过程的结论应该很接近，大部分情况下，其数学表达式仅需要以 n 取代 γ 即可。

1. 多变过程的 p、v、T

根据式（4-75），结合理想气体状态方程，可以得到

$$\frac{T_2}{T_1} = \left(\frac{p_2}{p_1}\right)^{\frac{n-1}{n}} = \left(\frac{v_2}{v_1}\right)^{1-n} \tag{4-81}$$

2. 多变过程的 u、h、s

从式（4-81）可以得到多变过程 12 的起点参数（p_1，v_1，T_1）和终点参数（p_2，v_2，T_2），故比热力学能 u、比焓 h、比熵 s 的计算式为

$$\left.\begin{array}{l} \Delta u = c_V \Delta T = c_V(T_2 - T_1) \\[2mm] \Delta h = c_p \Delta T = c_p(T_2 - T_1) \\[2mm] \Delta s = c_V \ln\dfrac{T_2}{T_1} + R_g \ln\dfrac{V_2}{V_1} = c_p \ln\dfrac{T_2}{T_1} - R_g \ln\dfrac{p_2}{p_1} = c_p \ln\dfrac{V_2}{V_1} + c_V \ln\dfrac{p_2}{p_1} \end{array}\right\} \tag{4-82}$$

3. 多变过程的 w、w_t

多变过程容积功 w 的计算方法可以由过程的特点进行数学推导，其结果和等熵过程的结果有很大的类似，但需要以 n 取代 γ，即

$$\begin{aligned} w &= \int_1^2 p\mathrm{d}v = \int_1^2 pv^n \frac{\mathrm{d}v}{vn} = pv^n \int_1^2 \frac{\mathrm{d}v}{v^n} \\[2mm] &= pv^n \frac{1}{1-\gamma}(v_2^{1-n} - v_1^{1-n}) \\[2mm] &= \frac{1}{1-n}(p_2 v_2^n v_2^{1-n} - p_1 v_1^n v_1^{1-n}) \\[2mm] &= \frac{1}{1-n}(p_2 v_2 - p_1 v_1) \\[2mm] &= \frac{1}{n-1}(p_1 v_1 - p_2 v_2) \\[2mm] &= \frac{1}{n-1} R_g(T_1 - T_2) \end{aligned} \tag{4-83}$$

利用多变过程关系式，可以证明

$$pv^n = C$$
$$\Rightarrow v^n \mathrm{d}p + pnv^{n-1}\mathrm{d}v = 0$$
$$\Rightarrow -v\mathrm{d}p = np\mathrm{d}v$$
$$\Rightarrow w_t = -\int_1^2 v\mathrm{d}p = n\int_1^2 p\mathrm{d}v = nw = \frac{n}{1-n}(p_2 v_2 - p_1 v_1) = \frac{n}{n-1}R_g(T_1 - T_2) \tag{4-84}$$

即理想气体在多变过程中的技术功永远是其容积功的 n 倍。

4. 多变过程的 q

多变过程中的热量为

$$\begin{aligned} q &= \Delta u + w \\[2mm] &= \frac{1}{\gamma - 1}R_g(T_2 - T_1) + \frac{1}{n-1}R_g(T_1 - T_2) \\[2mm] &= \left(\frac{1}{\gamma - 1} - \frac{1}{n-1}\right)R_g(T_2 - T_1) \\[2mm] &= \frac{n-\gamma}{n-1}\frac{1}{\gamma - 1}R_g(T_2 - T_1) \end{aligned} \tag{4-85}$$

常把式（4-85）温差项前的部分定义为多变比热容，即

$$c_n = \frac{n-\gamma}{n-1}\frac{1}{\gamma-1}R_g = \frac{n-\gamma}{n-1}c_V \tag{4-86}$$

当 n 取不同值时，多变比热分别为

（1）当 $n=0$ 时，$c_n = \frac{n-\gamma}{n-1}\frac{1}{\gamma-1}R_g = \frac{\gamma}{\gamma-1}R_g = c_p$，代表等压过程；

（2）当 $n=1$ 时，$c_n = \frac{n-\gamma}{n-1}\frac{1}{\gamma-1}R_g = \pm\infty$，比热容无穷大，说明在有限的热量下热力系的温度不会发生变化，代表等温过程；

（3）当 $n=\gamma$ 时，$c_n = \frac{n-\gamma}{n-1}\frac{1}{\gamma-1}R_g = 0$，比热容为 0，说明热力系温度变化时不需要吸收或放出热量，代表等熵过程（绝热过程）；

（4）当 $n=\pm\infty$ 时，$c_n = \frac{n-\gamma}{n-1}\frac{1}{\gamma-1}R_g = \frac{1}{\gamma-1}R_g = c_V$，代表等容过程。

三、讨论

1. $p\text{-}v$ 图上 T、s 的方向

在用 $p\text{-}v$ 图和 $T\text{-}s$ 图分析理想气体热力过程时，经常遇到一个问题是过程始终点参数的大小和方向。例如，$p\text{-}v$ 图中自下而上的等容过程 12 在 $T\text{-}s$ 图上是自左至右还是自右向左？$T\text{-}s$ 图中自右向左的等温过程 12 在 $p\text{-}v$ 图上自下而上还是自上而下？这些都牵涉图上参数的方向问题。

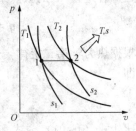

如图 4-8 所示，两条等温线 T_1 和 T_2，若取一等压过程，其始终点分别在等温线 T_1 和 T_2 上，对过程 12 有

$$\left.\begin{array}{r}p_1v_1 = R_gT_1 \\ p_2v_2 = R_gT_2\end{array}\right\} \Rightarrow \frac{T_2}{T_1} = \frac{p_2v_2}{p_1v_1} = \frac{v_2}{v_1} > 1 \Rightarrow T_2 > T_1 \tag{4-87}$$

图 4-8　$p\text{-}v$ 图上 T、s 的方向

故 $p\text{-}v$ 图上温度 T 的方向是自左下至右上的。

如图 4-8 所示，两条等熵线 s_1 和 s_2，若取一个等压过程 12，其始终点分别在等熵线 s_1 和 s_2 上，则对过程 12 有

$$\Delta s_{12} = c_p\ln\frac{v_2}{v_1} + c_V\ln\frac{p_2}{p_1} = c_p\ln\frac{v_2}{v_1} > 0 \Rightarrow s_2 > s_1 \tag{4-88}$$

故 $p\text{-}v$ 图上比熵 s 的方向也是自左下至右上的。

2. $T\text{-}s$ 图上 p、v 的方向

如图 4-9 所示，两条等容线 v_1 和 v_2，若取一等温过程 12，其始终点分别在等容线 v_1 和 v_2 上，则对 12 有

$$\Delta s_{12} = c_V\ln\frac{T_2}{T_1} + R_g\ln\frac{v_2}{v_1} = R_g\ln\frac{v_2}{v_1} > 0 \Rightarrow \frac{v_2}{v_1} > 1 \Rightarrow v_2 > v_1 \tag{4-89}$$

故 $T\text{-}s$ 图上 v 的方向也是自左上至右下的。

如图 4-9 所示，两条等压线 p_1 和 p_2，若取一个等温过程 12，其始终点分别在等压线 p_1 和 p_2 上，则对 12 有

$$\Delta s_{12} = c_p\ln\frac{T_2}{T_1} - R_g\ln\frac{p_2}{p_1} = -R_g\ln\frac{p_2}{p_1} > 0 \Rightarrow \frac{p_2}{p_1} < 1 \Rightarrow p_2 < p_1 \tag{4-90}$$

故 $T\text{-}s$ 图上 p 的方向是自右下至左上的，这和 v 的方向是完全相反的。

3. $T\text{-}s$ 图上 Δu 的表示

首先强调的，对理想气体，热力学能只是温度的函数，因此，只要过程的始终点相同，过程的热力学能的变化量都是相同的。如图 4 - 10 所示，任意一个起点等于温度 T_1、终点等于温度 T_2 的过程 ab，其热力学能的变化量均为

$$\Delta u_{ab} = c_V(T_2 - T_1) \tag{4-91}$$

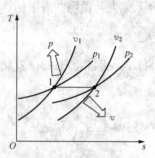
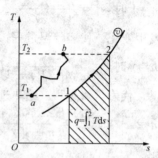

图 4 - 9 $T\text{-}s$ 图上 p、v 的方向   图 4 - 10 $T\text{-}s$ 图上 Δu 的表示

再来看一个等容过程 12，其起点温度刚好等于 T_1、终点等于温度 T_2，根据热力学第一定律，等容过程 12 的吸热量为

$$q = \Delta u_{12} + \int_1^2 p\mathrm{d}v = \Delta u_{12} = c_V(T_2 - T_1) \tag{4-92}$$

根据热力学第二定律，过程中的吸热量可以用过程线下的面积（图中斜线部分）来表示，即

$$q = \int_1^2 T\mathrm{d}s \tag{4-93}$$

比较式（4-91）～式（4-93），可知 $T\text{-}s$ 图中等容过程下的斜线面积等于同温度范围的比热力学能变化量 Δu，即

$$\Delta u_{ab} = \Delta u_{12} = \int_1^2 T\mathrm{d}s = c_V(T_2 - T_1) \tag{4-94}$$

4. $T\text{-}s$ 图上 Δh 的表示

理想气体的焓只是温度的函数，因此，只要过程的始终点相同，过程的焓的变化量就是相同的。如图 4 - 11 所示，任意一个起点等于温度 T_1、终点等于温度 T_2 的过程 ab，其焓的变化量均为

$$\Delta h_{ab} = c_p(T_2 - T_1) \tag{4-95}$$

再来看一个等压过程 12，其起点温度刚好等于 T_1、终点等于温度 T_2，根据热力学第一定律，等压过程 12 的吸热量为

图 4 - 11 $T\text{-}s$ 图上 Δh 的表示

$$q = \Delta h_{12} - \int_1^2 v\mathrm{d}p = \Delta h_{12} = c_p(T_2 - T_1) \tag{4-96}$$

根据热力学第二定律，过程中的吸热量可以用过程线下的面积（图 4 - 11 中斜线部分）来表示，即

$$q = \int_1^2 T \mathrm{d}s \qquad (4\text{-}97)$$

比较式（4-95）～式（4-97），可知 T-s 图中等压过程下的斜线面积等于同温度范围的焓变化量 Δh，即

$$\Delta h_{ab} = \Delta h_{12} = \int_1^2 T \mathrm{d}s = c_p (T_2 - T_1) \qquad (4\text{-}98)$$

5. 卡诺循环的图示

根据上述讨论，注意到过程进行的方向，可以把卡诺循环中的等温-绝热-等温-绝热四个过程表示在 p-v 图和 T-s 图上。如图 4-12 所示，因为循环的净热量和净功量总量相等，因此 p-v 图和 T-s 图上循环包围的阴影部分面积是相等的。

卡诺循环的 T-s 图可以清晰地说明卡诺定理中吸热、放热、做功和热源温

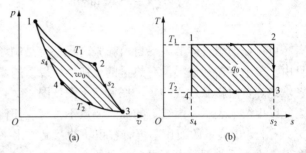

图 4-12 卡诺循环的图示
(a) p-v 图；(b) T-s 图

度的关系，但是不能用该图去证明卡诺定理，因为这是一个循环论证的过程。

第六节　理想气体的绝热自由膨胀和节流过程

理想气体除了前述的可逆热力过程外，还有一些不可逆的热力过程。

一、绝热自由膨胀

图 2-1 分析了一个活塞-气缸系统的容积功，当气缸内的工质经历一个准平衡膨胀过程时，工质能够对外做功，做功的关键是工质推动活塞的力和外界"顶住"活塞的力之间存在一个平衡（或非常接近平衡），如果没有外界的阻力，则活塞的移动没有做功的效果。

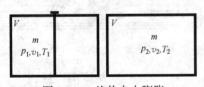

图 4-13 绝热自由膨胀

图 4-13 表示一个典型的没有阻力的工质膨胀。一个容积为 V 的绝热刚性容器，被一块隔板一分为二，左边有参数为（p_1，v_1，T_1）的理想气体，右半部分为真空，现将隔板迅速抽去，则左边的气体将向右移动，经历一个膨胀过程，但由于膨胀过程中右侧没有任何东西对左边的气体形成阻力，因此该膨胀过程是自由的，称为"绝热自由膨胀"。

根据热力学第一定律，考虑到左边气体的膨胀过程没有阻力，无法对外做功，因此有

$$\left. \begin{array}{l} q = \Delta u + w \\ q = 0 \\ w = 0 \end{array} \right\} \Rightarrow \Delta u = c_V (T_2 - T_1) = 0 \Rightarrow T_2 = T_1 \qquad (4\text{-}99)$$

可见，理想气体经历一个绝热自由膨胀过程后，其温度没有发生变化，但是要强调的是，该过程绝对不是一个等温过程，甚至连准平衡过程都不是，在中间历程中，温度这个参数的存在都是要打问号的。

利用理想气体状态方程，可以求出终点参数（p_2，v_2，T_2）：

$$v_2 = 2v_1, \quad R_g = \frac{p_2 v_2}{T_2} = \frac{p_1 v_1}{T_1} \Rightarrow p_2 = \frac{1}{2}p_1 \tag{4-100}$$

从起点状态 1 至终点状态 2 的过程中，熵变永远可以用式（4-29）计算，即

$$\Delta s_{12} = c_V \ln \frac{T_2}{T_1} + R_g \ln \frac{v_2}{v_1} = c_p \ln \frac{T_2}{T_1} - R_g \ln \frac{p_2}{p_1} = c_p \ln \frac{v_2}{v_1} + c_V \ln \frac{p_2}{p_1}$$

$$= R_g \ln \frac{v_2}{v_1} = -R_g \ln \frac{p_2}{p_1}$$

$$= R_g \ln 2 \tag{4-101}$$

可见，理想气体的绝热自由膨胀过程一定是熵增的过程，是一个典型的不可逆过程，并且由于整个容器和外界没有热量的交换，所以该熵增全部为熵产。

绝热自由膨胀过程的 p-v 图和 T-s 图见图 4-14。注意由于该过程是一个不可逆的过程，因此以虚线来表示，虚线上的任意一点不再对应任何状态参数如温度、压力、比体积等。在 p-v 图上，虚线下的面积不再有容积功的意义，水平投影面积不再有技术功的意义。在 T-s 图上，虚线下的面积也不再有热量的意义。由于过程的始终点仍然是平衡状态，具有状态参数，因此用实心点表示。

二、绝热节流过程

图 4-15 为常见的绝热节流过程：理想气体在一根管道内流动，为对流动进行控制（包括控制流量的大小和对管道进行开关操作），管道上安装了一个阀门，当阀门没有全部开启时，气体流经阀门时将发生一个节流过程。

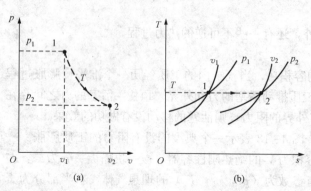 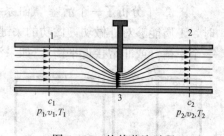

图 4-14　绝热自由膨胀的 p-v 图和 T-s 图
(a) p-v 图；(b) T-s 图

图 4-15　绝热节流过程

一般情况下，在阀门 3 的上游较远处 1 和下游较远处 2，气体的流动速度是均匀的，分别以 c_1、c_2 表示。在阀门 3 处，由于流通截面积的减小，气体速度将有显著的增加，出现旋涡、回流等现象（对液体来说甚至会有局部的汽化和凝结现象发生）。整个流动管道中，各点参数不会随着时间的变化而变化，是一个典型的稳定流动，因此可以对 12 截面间的流体使用稳定流动能量方程。由于管道内没有轴的存在，因此没有轴功；假设管道有良好的保温（当气体运动速度比较快时，通常气体来不及和管道外环境交换热量），因此管道和外界处于绝热状态；如果管道的直径没有变化，则上下游气体的流速变化不大，忽略气体的位能，则有

$$q = h_2 - h_1 + \frac{c_2^2 - c_1^2}{2} + g(z_2 - z_1) + w_{sh}$$

$$\Rightarrow 0 = h_2 - h_1$$

$$\left.\begin{array}{l}\Rightarrow h_2 = h_1 \\ \Rightarrow T_2 = T_1\end{array}\right\} \tag{4-102}$$

即节流前后流体的焓不变，对理想气体而言即温度不变。但是要注意，这一过程绝非等焓过程，对理想气体而言也绝非等温过程，甚至因为在阀门处存在旋涡、回流等现象，它连一个准平衡过程都算不上。

对于流动来说，下游的压力 p_2 可以根据流动阻力规律计算获得，其值小于上游的压力 p_1，热力学在此处无能为力。节流前后的熵变为

$$\Delta s_{12} = c_p \ln \frac{T_2}{T_1} - R_g \ln \frac{p_2}{p_1} = -R_g \ln \frac{p_2}{p_1} > 0 \tag{4-103}$$

说明绝热节流过程是一个熵增过程，且由于整个流动过程中气体和外界没有热量交换，所以该熵增全部为熵产。

绝热节流过程的 $p\text{-}v$ 图和 $T\text{-}s$ 图和图 4-14 非常相似，不再叙述。

第七节 理想气体的混合过程

一、等容混合过程

如图 4-16（a）所示，一个容积为 V 的绝热刚性容器，被一块隔板分隔成两个部分，其左边有参数为（m_1，n_1，p_1，T_1）的理想气体，右半部分为（m_2，n_2，p_2，T_2）的理想气体，两种气体的种类不同。若将隔板迅速抽去，两边气体发生一个混合过程，直至两种气体都均匀地分布在整个容器中，如图 4-16（b）所示。

由于容器绝热，且总体上对外没有做功，因此对容器而言，应有

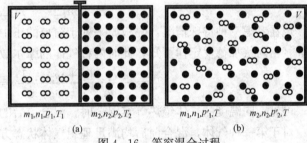

图 4-16 等容混合过程
(a) 混合前；(b) 混合后

$$\left.\begin{array}{l}Q = \Delta U + W \\ Q = 0 \\ W = 0\end{array}\right\} \Rightarrow \Delta U = 0 \tag{4-104}$$

式（4-104）就是绝热等容混合过程的能量控制方程。

混合后容器内两种气体的温度应该相等，假设为 T，根据式（4-104），则有

$$\Delta U = \Delta U_1 + \Delta U_2 = 0$$
$$\Rightarrow m_1 c_{V,1}(T-T_1) + m_2 c_{V,2}(T-T_2) = 0$$
$$\Rightarrow T = \frac{m_1 c_{V,1} T_1 + m_2 c_{V,2} T_2}{m_1 c_{V,1} + m_2 c_{V,2}} \tag{4-105}$$

在混合前，根据气体的参数，可以计算出容器的容积参数，即

$$\left.\begin{array}{l}V_1 = \dfrac{n_1 R_m T_1}{p_1} \\[2mm] V_2 = \dfrac{n_2 R_m T_2}{p_2}\end{array}\right\} \Rightarrow V = V_1 + V_2 \tag{4-106}$$

对于第一种气体，混合后的分压力为

$$p'_1 = \frac{n_1 R_{\mathrm{m}} T}{V} \qquad (4-107)$$

对于第二种气体，混合后的分压力为

$$p'_2 = \frac{n_2 R_{\mathrm{m}} T}{V} \qquad (4-108)$$

容器内的总压力为两种气体的分压力之和为

$$p = p'_1 + p'_2 \qquad (4-109)$$

总结：第一种气体混合前参数为 (p_1, T_1)，混合后以 (p'_1, T) 的参数存在；第二种气体混合前的参数为 (p_2, T_2)，混合后以 (p'_2, T) 的参数存在，混合后气体的总体参数为 (p, T)。

对第一种气体，其熵变为

$$\Delta s_1 = c_{p,1} \ln \frac{T}{T_1} - R_{\mathrm{g},1} \ln \frac{p'_1}{p_1} \qquad (4-110)$$

对第二种气体，其熵变为

$$\Delta s_2 = c_{p,2} \ln \frac{T}{T_2} - R_{\mathrm{g},2} \ln \frac{p'_2}{p_2} \qquad (4-111)$$

总的熵变为

$$\Delta S = m_1 \Delta s_1 + m_2 \Delta s_2 \qquad (4-112)$$

现在考虑一种特殊情况：隔板原来处于窗口的正中间，混合前两种气体的温度和压力都相等（由阿伏加德罗定律可知，此时两种气体的摩尔数相等），则混合后的温度为

$$T = \frac{m_1 c_{V,1} T_1 + m_2 c_{V,2} T_2}{m_1 c_{V,1} + m_2 c_{V,2}} = T_1 = T_2 \qquad (4-113)$$

可见，同温度的气体绝热等容混合时，混合前后的温度是不变的。

对于第一种气体，混合前后均满足理想气体状态方程，故有

$$\left.\begin{aligned} p_1\left(\frac{V}{2}\right) &= n R_{\mathrm{m}} T_1 \\ p'_1 V &= n R_{\mathrm{m}} T \\ T &= T_1 \end{aligned}\right\} \Rightarrow p'_1 = \frac{p_1}{2} \qquad (4-114)$$

同时，对第二种气体也有上述结论，因此可以得到如下结果：

$$\left.\begin{aligned} p'_1 &= \frac{p_1}{2} \\ p'_2 &= \frac{p_1}{2} \end{aligned}\right\} \Rightarrow p = p'_1 + p'_2 = p_1$$

$$\left.\begin{aligned} \Delta s_1 &= c_{p,1} \ln \frac{T}{T_1} - R_{\mathrm{g},1} \ln \frac{p'_1}{p_1} = R_{\mathrm{g},1} \ln 2 \\ \Delta s_2 &= c_{p,2} \ln \frac{T}{T_2} - R_{\mathrm{g},2} \ln \frac{p'_2}{p_2} = R_{\mathrm{g},2} \ln 2 \end{aligned}\right\}$$

$$\Rightarrow \Delta S = m_1 \Delta s_1 + m_2 \Delta s_2 = (m_1 R_{\mathrm{g},1} + m_2 R_{\mathrm{g},2}) \ln 2 > 0 \qquad (4-115)$$

可见：同温同压的异种气体绝热等容混合过程是熵增的，是一个不可逆的过程，且这个熵增是一个熵产。从图 4-16 可知，两种气体混合后的状态是不会自发地回到混合前的，显

然是一个不可逆的过程。

二、流动混合过程

如图 4 - 17 所示，两根分叉的管道内分别有两种不同的理想气体在流动，其参数分别

(m_1, n_1, p_1, T_1) 和 (m_2, n_2, p_2, T_2)，分叉管后来合二为一，两种气体合流后流入同一根管道，混合后具有相同的温度 T，混合后的压力需要根据流体力学的规律进行分析，热力学没有办法计算出该压力，故混合后压力 p 作为已知条件处理。

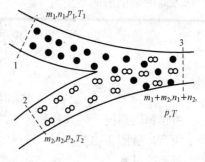

图 4 - 17 流动混合过程

流动混合过程中各点参数都不会随着时间的变化而变化，是一个典型的稳定流动。当管道外有良好的保温（或流动速度比较快，气体来不及和外界交换热量）时，可以认为混合过程是绝热的；管道中没有轴的存在，因此没有轴功；忽略工质的动能和位能差，有

$$Q = m_1 \left(\Delta h + \frac{\Delta c^2}{2} + g\Delta z + w_{sh} \right)_{13} + m_2 \left(\Delta h + \frac{\Delta c^2}{2} + g\Delta z + w_{sh} \right)_{23}$$

$$\Rightarrow m_1 \Delta h_{13} + m_2 \Delta h_{23} = 0 \Rightarrow \Delta H = 0 \tag{4 - 116}$$

式 (4 - 116) 就是流动混合过程的能量控制方程。根据 (4 - 116)，可得混合后气体的 T 为

$$\Delta H = 0$$

$$\Rightarrow m_1 c_{p,1} (T - T_1) + m_2 c_{p,2} (T - T_2) = 0$$

$$\Rightarrow T = \frac{m_1 c_{p,1} T_1 + m_2 c_{p,2} T_2}{m_1 c_{p,1} + m_2 c_{p,2}} \tag{4 - 117}$$

根据道尔顿分压定律，混合后两种气体的分压力由其摩尔数的比例决定，即

$$p_1' = \frac{n_1}{n_1 + n_2} p, \quad p_2' = \frac{n_2}{n_1 + n_2} p \tag{4 - 118}$$

总结：第一种气体混合前参数为 (p_1, T_1)，混合后以 (p_1', T) 的参数存在；第二种气体混合前参数为 (p_2, T_2)，混合后以 (p_2', T) 的参数存在，混合气体的总体参数为 (p, T)。

对第一种气体，其熵变为

$$\Delta s_1 = c_{p,1} \ln \frac{T}{T_1} - R_{g,1} \ln \frac{p_1'}{p_1} \tag{4 - 119}$$

对第二种气体，其熵变为

$$\Delta s_2 = c_{p,2} \ln \frac{T}{T_2} - R_{g,2} \ln \frac{p_2'}{p_2} \tag{4 - 120}$$

总的熵变为

$$\Delta S = m_1 \Delta s_1 + m_2 \Delta s_2 \tag{4 - 121}$$

考虑一种特殊情况：混合前两种气体的温度和压力都相等，摩尔数也相等，且混合前后的压力相等（无摩擦流动即可），即 $p = p_1 = p_2$，则混合后的温度为

$$T = \frac{m_1 c_{p,1} T_1 + m_2 c_{p,2} T_2}{m_1 c_{p,1} + m_2 c_{p,2}} = T_1 = T_2 \tag{4 - 122}$$

可见，同温度的气体绝热流动混合时，混合前后的温度不变。

混合后气体的分压力为

$$p'_1 = \frac{n_1}{n_1 + n_2}p = \frac{p}{2}, \quad p'_2 = \frac{n_2}{n_1 + n_2}p = \frac{p}{2} \tag{4-123}$$

因此混合前后的熵变为

$$\left.\begin{array}{l} \Delta s_1 = c_{p,1}\ln\dfrac{T}{T_1} - R_{g,1}\ln\dfrac{p'_1}{p_1} = R_{g,1}\ln 2 \\[3mm] \Delta s_2 = c_{p,2}\ln\dfrac{T}{T_2} - R_{g,2}\ln\dfrac{p'_1}{p_2} = R_{g,2}\ln 2 \end{array}\right\}$$

$$\Rightarrow \Delta S = m_1\Delta s_1 + m_2\Delta s_2 = (m_1 R_{g,1} + m_2 R_{g,2})\ln 2 > 0 \tag{4-124}$$

可见：同温同压的异种气体流动混合过程是熵增的，是一个不可逆的过程，这个熵增是一个熵产。从图 4-17 可知，两种气体混合后的状态是不会自发地回到混合前的，显然是一个不可逆的过程。

三、吉布斯佯谬

从逻辑学的角度讲，从普遍的现象得到的结论当然应该适用于特殊的情况，但是对于理想气体混合过程而言，却出现了令人难以理解的结果。

以等容混合为例，前面已经讨论了两种气体同温同压等摩尔数混合的情况，证明了该混合过程是熵增的，是不可逆的。

但是，如果左右两边的气体是同一种气体呢？如果认为同种气体是异种气体混合的特殊情况，则混合前后的温度、压力和熵增为

$$T = T_1$$

$$\left.\begin{array}{l} p'_1 = \dfrac{p_1}{2} \\[3mm] p'_2 = \dfrac{p_1}{2} \end{array}\right\} \Rightarrow p = p'_1 + p'_2 = p_1$$

$$\left.\begin{array}{l} \Delta s_1 = c_p\ln\dfrac{T}{T_1} - R_g\ln\dfrac{p'_1}{p_1} = R_g\ln 2 \\[3mm] \Delta s_2 = c_p\ln\dfrac{T}{T_2} - R_g\ln\dfrac{p'_1}{p_2} = R_g\ln 2 \end{array}\right\}$$

$$\Rightarrow \Delta S = m\Delta s_1 + m\Delta s_2 = 2mR_g\ln 2 > 0 \tag{4-125}$$

这就出现问题了，设想：有氧气处于温度和压力处处相等的容器内，现在容器中间插入一隔板，再抽出，则这个过程是一个同种气体的混合过程，熵是增加的；再把隔板插入，再抽出，熵又增加；如此重复，则插入抽出的过程将使容器内氧气的熵不断增加，然而我们观察到的现象应该是隔板的插入和抽出不会影响容器内氧气的状态。

这一矛盾首先是由美国物理学家吉布斯发现的，故称为吉布斯佯谬。

为了解决这一矛盾，吉布斯指出同种气体混合时熵增的计算不应用到分压力的值，而应该认为混合后气体的参数就是总体参数，于是：

$$\left.\begin{array}{l} \Delta s_1 = c_p\ln\dfrac{T}{T_1} - R_g\ln\dfrac{p}{p_1} = 0 \\[3mm] \Delta s_2 = c_p\ln\dfrac{T}{T_2} - R_g\ln\dfrac{p}{p_2} = 0 \end{array}\right\}$$

$$\Rightarrow \Delta S = m\Delta s_1 + m\Delta s_2 = 0 \tag{4-126}$$

即隔板的插入和抽出过程中系统的熵增为 0，是一个可逆过程。

从微观的角度来解释一下这个问题，如图 4 - 18 所示，同样的氧气，同样的参数，如果把左边的氧气染成红色，右边的氧气染成绿色，则隔板抽去后，两种颜色的分子将均匀分布在容器中，且不可能再回到原来的状态；再插入隔板，且把左边分子染成蓝色，右边分子染成黄色，则再抽去隔板后，其状态又是一个不可恢复的。所以如果辨识混合前后气体来源（即颜色）的话，则每次分隔-混合的过程都是不可逆的，这就是用异种气体混合方法处理同种气体混合的结果，即同种气体混合也是不可逆的过程。

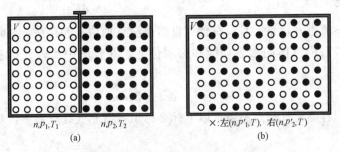

图 4 - 18　同种气体混合的佯谬

（a）混合前；（b）混合后

然而，我们用熵描述混合过程的参数变化时，是不分辨气体的来源的。同种气体等容混合的实质，可以用图 4 - 19 的模型来说明，此时隔板的作用相当于一个导热良好且可自由滑动的滑块，它通过导热和滑动使左右两边的压力和温度均匀化。把隔板抽走等价于滑块滑动，这才是同种气体混合过程的正确解释。

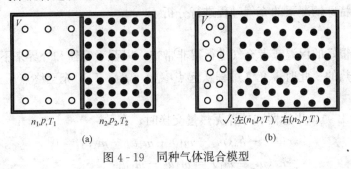

图 4 - 19　同种气体混合模型

（a）混合前；（b）混合后

第八节　理想气体的充放气过程

在工程和生活实践中，经常会碰到一类开口系的问题。例如，在金属加工时需要用到氧气进行切割，氧气流出氧气瓶的过程是一个工质流出开口系的过程；氧气用完后，氧气瓶需要到工厂进行灌装，此时又出现一个工质流进开口系的过程。本节对此类问题进行分析研究。

一、充气过程

顾名思义，充气过程是只有工质流进开口系而无工质流出的过程，一般可以用图 4 - 20 进行分析。

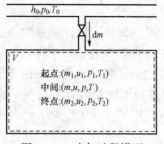

起点: (m_1, u_1, p_1, T_1)
中间: (m, u, p, T)
终点: (m_2, u_2, p_2, T_2)

图 4-20   充气过程模型

图中，容积为 V 的容器接在一根管道上，该管道称为干管，干管内气体压力和温度永远保持为 (p_0, T_0)，干管和容器间有一阀门，可对气体的流进和流出进行控制。以图中虚线框内的空间作为研究对象（忽略了阀门到容器的连接管的容积），则有

$$\delta Q = \left(h_2 + \frac{c_2^2}{2} + gz_2\right)\mathrm{d}m_2 - \left(h_1 + \frac{c_1^2}{2} + gz_1\right)\mathrm{d}m_1 + \mathrm{d}E + \delta W_{\mathrm{sh}} \tag{4-127}$$

考虑只有气体流进开口系，且没有轴（自然也没有轴功）的存在，忽略气体的动能差和位能差，忽略开口系内气体的宏观动能和宏观位能，并且图中流入开口系的工质焓为 h_0，流量为 $\mathrm{d}m$，则有

$$\delta Q = -h_0\mathrm{d}m + \mathrm{d}(mu) \tag{4-128}$$

以下标 1 标识容器充气起点参数，以下标 2 标识容器充气终点参数，对（4-128）进行积分，得

$$Q = -h_0\int_1^2\mathrm{d}m + \int_1^2\mathrm{d}(mu) = -h_0(m_2 - m_1) + (m_2u_2) - (m_1u_1) \tag{4-129}$$

式（4-129）就是充气过程的能量控制方程。

在进行充放气过程的分析时经常要用到下面的参数关系。根据理想气体状态方程，结合理想气体热力学能和温度的关系，有

$$pV = mR_gT \Rightarrow mT = \frac{pV}{R_g} \Rightarrow mu = mc_VT = c_V\frac{pV}{R_g} \tag{4-130}$$

下面对两种特殊情况下的充气过程进行分析。

1. 绝热充气

如果容器有很好的保温或者充气进行得非常快，以至于容器和外界来不及交换热量，则该充气过程是绝热的。此时，充气过程从起点参数 (p_1, T_1) 充至终点压力 p_2，终点的温度由压力决定。

根据式（4-129），当容器和外界无热量交换时，有

$$Q = -h_0(m_2 - m_1) + m_2u_2 - m_1u_1 = 0$$
$$\Rightarrow h_0(m_2 - m_1) = m_2u_2 - m_1u_1 \tag{4-131}$$

式（4-131）说明，充入容器的气体的焓在进入容器后转变成了容器内工质的热力学能。

利用式（4-130）和式（4-131）可以求得充入容器的气体量 $(m_2 - m_1)$，即

$$\Delta m = m_2 - m_1 = \frac{m_2u_2 - m_1u_1}{h_0}$$

$$= \frac{\dfrac{c_Vp_2V}{R_g} - \dfrac{c_Vp_1V}{R_g}}{c_pT_0} = \frac{c_V}{c_p}\frac{(p_2 - p_1)V}{R_gT_0}$$

$$= \frac{V}{\gamma R_gT_0}(p_2 - p_1) \tag{4-132}$$

可见，充入容器的气体的质量则其起点和终点的压力差决定。

利用式（4-132）可以求得容器充气终点的温度 T_2，即

$$m_2 - m_1 = \frac{V}{\gamma R_g T_0}(p_2 - p_1)$$

$$\Rightarrow \frac{p_2 V}{R_g T_2} - \frac{p_1 V}{R_g T_1} = \frac{(p_2 - p_1)V}{\gamma R_g T_0}$$

$$\Rightarrow \frac{p_2}{T_2} = \frac{p_1}{T_1} + \frac{p_2 - p_1}{\gamma T_0}$$

$$\Rightarrow T_2 = \frac{p_2}{\dfrac{p_1}{T_1} + \dfrac{p_2 - p_1}{\gamma T_0}} \tag{4-133}$$

由于充气过程终点的压力 p_2 总是高于起点的压力 p_1，因此从式（4-133）可知，当干管内气体温度 T_2 和容器内初温 T_1 相等时，充气过程终点的温度 T_2 总是高于起点的温度 T_1。当容器内原为真空时，终点温度 T_2 为

$$T_2 = \gamma T_0 \tag{4-134}$$

2. 非绝热充气

如果容器没有良好的保温，则充气过程中容器和外界将发生热量交换，使终点的参数为 (p_2, T_2)，注意此时终点的压力和温度都必须是已知的。

利用理想气体状态方程可以计算得到充气量：

$$\Delta m = (m_2 - m_1) = \frac{p_2 V}{R_g T_2} - \frac{p_1 V}{R_g T_1} \tag{4-135}$$

充气过程中热量可以用式（4-129）计算。

3. 等温充气

如果充气过程进行得非常缓慢，或容器和外界有良好的热交换，则充气过程中容器内的气体温度能够保持一个恒定的温度，成为等温充气。

利用式（4-135）可以计算等温充气的充气量为，即

$$\Delta m = (m_2 - m_1) = \frac{p_2 V}{R_g T_1} - \frac{p_1 V}{R_g T_1} = \frac{V}{R_g T_1}(p_2 - p_1) \tag{4-136}$$

利用式（4-129）可以计算等温充气过程中热量，即

$$Q = -h_0(m_2 - m_1) + (m_2 u_1) - (m_1 u_1) = (m_2 - m_1)(u_1 - h_0) \tag{4-137}$$

二、放气过程

放气过程是只有工质流出开口系而无工质流入的过程，一般可以用图4-21进行分析。

图中，容积为 V 的容器通过一个阀门和外界相通，以图中虚线框内空间的气体工质作为研究对象（忽略了阀门到容器的连接管容积），其质量的变化量 $\mathrm{d}m$ 和流出开口系的气体质量 $\mathrm{d}m_2$ 间有如下关系：

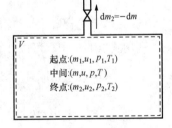

图4-21 放气过程模型

$$\mathrm{d}m = -\mathrm{d}m_2 = \mathrm{d}\left(\frac{pV}{R_g T}\right) = \frac{V}{R_g}\mathrm{d}\left(\frac{p}{T}\right) \tag{4-138}$$

考虑只有气体流出开口系，且没有轴（自然也没有轴功）的存在，忽略气体的动能差和位能差，忽略开口系内气体的宏观动能和宏观位能，则开口系方程式（4-127）为

$$\delta Q = -h\mathrm{d}m + \mathrm{d}(mu) \tag{4-139}$$

式（4-139）中的焓 h 对应流出开口系时气体的焓，是一个变量而非常量。

以下标 1 标识容器放气起点参数，以下标 2 标识容器放气终点参数，对式（4-139）进行积分，得

$$Q = -\int_1^2 h\,\mathrm{d}m + \int_1^2 \mathrm{d}(mu)$$

$$= -\int_1^2 h\,\mathrm{d}m + m_2 u_2 - m_1 u_1 \qquad (4-140)$$

式（4-140）就是放气过程的能量控制方程。

1. 绝热放气

如果容器有很好的保温或者放气进行得非常快，以至于容器和外界来不及交换热量，则该放气过程是绝热的。

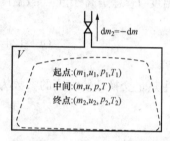

图 4-22　绝热放气过程模型

对该放气过程，以放气终点时残留在容器内的气体为研究对象，则在放气起点时，这部分气体只占据容器内部分容积，如图 4-22 中虚线框所示，但放气至终点压力 p_2（该压力一定为已知值，否则终点无法确定）时，这部分气体膨胀至充满整个容器。假设这一膨胀过程是绝热可逆的，则放气终点的温度 T_2 为

$$T_2 = T_1 \left(\frac{p_2}{p_1}\right)^{\frac{\gamma-1}{\gamma}} \qquad (4-141)$$

由式（4-141）可知，由于放气终点的压力总是低于起点的压力，所以放气终点的温度总是低于起点温度的。如果一个常温容器内的气体向外快速放出，则该容器的温度会下降很多，以至于空气中的水蒸气会冷凝于容器壁上，甚至出现结冰的现象。

利用理想气体状态方程计算出放出气体的量为

$$\Delta m = (m_2 - m_1) = \frac{p_2 V}{R_g T_2} - \frac{p_1 V}{R_g T_1} < 0 \qquad (4-142)$$

2. 等温放气

如果放气过程进行得非常缓慢或容器和外界有良好的热交换，则放气过程中容器内的气体温度能够保持一个恒定的温度，即等温放气。

利用理想气体状态方程，可以计算等温放气的放气量为

$$\Delta m = (m_2 - m_1) = \frac{p_2 V}{R_g T_1} - \frac{p_1 V}{R_g T_1} = \frac{V}{R_g T_1}(p_2 - p_1) < 0 \qquad (4-143)$$

利用式（4-140）可以计算等温放气过程中热量

$$Q = -\int_1^2 h\,\mathrm{d}m + \int_1^2 \mathrm{d}(mu) = -\int_1^2 \mathrm{d}(mh) + \int_1^2 \mathrm{d}(mu) = -\int_1^2 \mathrm{d}(mh - mu)$$

$$= -\int_1^2 \mathrm{d}(mpv) = -\int_1^2 \mathrm{d}(pV)$$

$$= V(p_1 - p_2) \qquad (4-144)$$

由于放气过程终点压力小于起点压力，由式（4-144）可知，等温放气过程是需要向容器提供热量的。

3. 等温等容放气

工程中有一类设备叫真空泵，如图 4-23 所示，其作用是把某容器中的气体抽出，使该

容器能够维持比外界更低的压力。真空泵抽气的过程可以认为是一个容积速率恒定的过程，即单位时间内真空泵能够从容器内抽出的气体容积（$\dot{V}$）是恒定的，但由于容器内温度压力的变化，抽出气体的质量速率是不相等的。

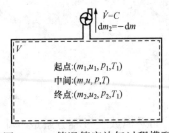

图 4-23　等温等容放气过程模型

　　为简化计算，假设抽气过程中容器内工质的温度保持不变，则单位时间内真空泵从容器抽出的气体质量为

$$\mathrm{d}m_2 = \frac{p\dot{V}\mathrm{d}\tau}{R_g T} \tag{4-145}$$

抽出气体的质量在数量上等于容器内工质质量的减少，即

$$\mathrm{d}m = \mathrm{d}\left(\frac{pV}{R_g T}\right) = \frac{V\mathrm{d}p}{R_g T} \tag{4-146}$$

根据式（4-138），有

$$\mathrm{d}m = -\mathrm{d}m_2$$

$$\Rightarrow \frac{V\mathrm{d}p}{R_g T} = -\frac{p\dot{V}\mathrm{d}\tau}{R_g T} \Rightarrow \frac{\mathrm{d}p}{p} = -\frac{\dot{V}}{V}\mathrm{d}\tau \tag{4-147}$$

两边积分，可得到使容器内压力从 p_1 下降至 p_2 所需要的时间 τ

$$\tau = -\frac{V}{\dot{V}}\int_1^2 \frac{\mathrm{d}p}{p} = -\frac{V}{\dot{V}}\ln\frac{p_2}{p_1} \tag{4-148}$$

抽气过程中的热量可以用式（4-144）计算。

4. 等压放气

工程中有一类设备叫安全阀，它安装于被加热的管道或容器上，当管道或容器内的压力高于一定的限值时，安全阀能自动打开，把工质释放至外界，直至压力低于一限值，如图 4-24 所示。因此，安全阀有保证管道或容器内压力不超过限值的作用，可以保证压力容器的工作安全。

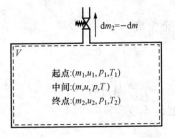

图 4-24　等压放气过程模型

　　显然，安全阀工作时容器经历一个放气过程。为分析简单，假设放气过程中容器内的压力维持不变，放气终点温度 T_2 已知（否则放气终点无法确定），则放气量为

$$\Delta m = m_2 - m_1 = \frac{p_1 V}{R_g T_2} - \frac{p_1 V}{R_g T_1} = \frac{p_1 V}{R_g}\left(\frac{1}{T_2} - \frac{1}{T_1}\right) < 0 \tag{4-149}$$

放气过程中容器内工质的温度在升高，压力保持不变，其总的热力学能为

$$mu = mc_V T = c_V \frac{p_1 V}{R_g} = C \tag{4-150}$$

说明等压放气过程中容器内的总热力学能是不变的。

　　根据式（4-140）和式（4-150），放气过程中的热量为

$$Q = -\int_1^2 h\mathrm{d}m$$

$$=-\int_1^2 c_p T\mathrm{d}\Big(\frac{p_1 V}{R_g T}\Big)$$

$$=\int_1^2 \frac{\gamma R_g}{\gamma-1}\frac{p_1 V}{R_g}\frac{\mathrm{d}T}{T}$$

$$=\frac{\gamma}{\gamma-1}p_1 V\ln\frac{T_2}{T_1}>0 \qquad (4-151)$$

如果把放气过程分解成一个一个的微元等压过程，则热量可以如下分析计算：

$$\delta Q=mc_p\mathrm{d}T$$

$$Q=\int_1^2 mc_p\mathrm{d}T=\int_1^2 \frac{p_1 V}{R_g T}c_p\mathrm{d}T=\frac{p_1 V}{R_g}c_p\int_1^2\frac{\mathrm{d}T}{T}=\frac{p_1 V}{R_g}c_p\ln\frac{T_2}{T_1}$$

$$=\frac{\gamma}{\gamma-1}p_1 V\ln\frac{T_2}{T_1} \qquad (4-152)$$

习　　题

本章习题都视气体为定比热容的理想气体，参数可查附录1。

4-1　掌握下列基本概念：理想气体、理想气体状态方程、气体常数、阿伏加德罗定律、标准状态、分容积、分压力、多变指数、多变比热、绝热自由膨胀、节流过程。

4-2　辨析下列基本概念：

(1) 理想气体的气体常数和气体种类无关。

(2) 理想气体混合物中的某组分的存在方式是（p，V_i，T）。

(3) 理想气体混合物中的某组分的存在方式是（p_i，V，T）。

(4) 理想气体经历一个等压过程，其技术功为0。

(5) 理想气体在等温过程中，可以把吸收的热量全部转换成功。

(6) 理想气体在等温过程中的技术功和容积功一定相等。

(7) 理想气体在等熵过程中的技术功和容积功之比是一个常数。

(8) 不存在多变指数为负的热力过程。

(9) 多变比热可以为负数。

(10) 理想气体在绝热自由膨胀过程中保持温度不变，是一个等温过程。

(11) 理想气体在绝热节流过程中保持焓不变，因此温度也不变。

(12) 绝热节流过程一定是熵增过程。

(13) 参数不同的气体混合过程一定是熵增过程。

(14) 向某真空容器迅速大流量充气，容器的温度会升高。

(15) 氧气瓶破裂造成泄漏时，瓶身温度会下降。

4-3　海洋深处埋藏一种名为可燃冰的物质，它能在某些情况下放出甲烷。若在海洋深处4000m处产生了一个体积为100m³的甲烷气泡，求它上升至海洋表面时的体积为多大？设海水的密度均匀，为$1.025\times10^3\,\mathrm{kg/m^3}$，4000m深处海水温度为4℃，海洋表面温度为27℃，当时大气压为101kPa。

4-4　潜艇依靠高压空气吹除压舱水获得上浮力。某潜艇携带20MPa（表压）的高压空气作为吹除工质，当它处于300m深处时，释放1m³高压空气能获得多大的浮力？设海水的密度均匀，为 $1.025 \times 10^3 \, \mathrm{kg/m^3}$，300m 深处海水温度为 4℃，潜艇内压力为 100kPa，海面大气压力为 101kPa。

4-5　容积为 2.5m³ 的空气罐，原来的参数为 0.05MPa（表压）、18℃，现充气至 0.42MPa（表压），充气后温度为 40℃，当时大气压力为 100kPa，求充进空气的质量。

4-6　高空探险人员随身携带一个 40L 的氧气瓶，在温度为 20℃、大气压为 101kPa 的地面，氧气瓶上压力表读数为 15MPa，当升至温度为 -40℃、大气压力为 40kPa 的高空时，氧气瓶上的压力表读数为 11.2MPa，判断该氧气是否漏气。若漏气，求漏气量。

4-7　汽油燃烧产生的烟气可视作理想气体，现测得烟气中各成分的容积为：N_2：60%，O_2：4%，CO_2：21%，H_2O：15%。求：

(1) 1mol 混合气体中各组分的 mol 数；

(2) 各组分的质量成分；

(3) 混合气体的分子量和气体常数。

4-8　空气经过风机和预热设备后，从 20℃、101kPa 变为 320℃、105kPa，求该过程中空气的热力学能、焓和熵的变化。

4-9　如图 4-25 所示，定比热容的理想气体，经过等容-等压过程 1-2-3 和等压-等容过程 1-4-3 后到达相同的终点，试证明 $q_{123} > q_{143}$。

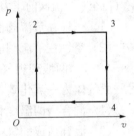

图 4-25　习题 4-9 图

4-10　一定量的封闭空气由温度 300K、压力 0.15MPa 的 1 点开始，经历两种过程到达相同终点：A 过程为等压过程，直接吸热至 480K；B 过程先等温吸热膨胀、再以等容过程增压。试完成以下计算分析：

(1) 在同一个 $p\text{-}v$ 图和 $T\text{-}s$ 图上表示两个过程；

(2) 过程中空气热力学能、焓和熵的变化；

(3) 过程 A 和 B 中空气的吸热量和做功量分别为多少。

4-11　空气从温度 800K、压力 5.5MPa 的状态 1 经一绝热膨胀过程至状态 2，用 A 仪器测得状态 2 参数为温度 485K、压力 1.0MPa，用 B 仪器测得状态 2 参数为温度 495K、压力 0.7MPa。

(1) 计算 A 和 B 两种仪器参数得到的过程熵变；

(2) 判断参数 A 和 B 中哪个可能正确，并说明理由。

4-12　空气从温度 300K、压力 0.1MPa 的 1 点开始压缩到压力为 0.6MPa 的终点，试计算下列情况下的容积功、技术功和热量。

(1) 等温过程；

(2) 等熵过程；

(3) $n = 1.25$ 的多变过程。

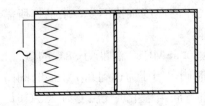

图 4-26　习题 4-14 图

4-13　容积 $V = 0.5 \mathrm{m^3}$ 的空气，初压 $p_1 = 0.3 \mathrm{MPa}$、初温 $t_1 = 150℃$，经不可逆膨胀过程到终态 $p_2 = 0.08 \mathrm{MPa}$、$t_2 = 20℃$，求过程中热力学能、焓及熵的变化量。

4-14　一个体积为 0.002m³ 的绝热活塞-气缸如图 4-26 所示，活塞无摩擦，初始位置在正中间，两边有 25℃，0.1MPa 的空气。现用电热丝对左边气体加热，使压力上升到 0.2MPa，求：

（1）右边空气被压缩后的终温；

（2）右边空气得到的压缩功；

（3）左边空气的终温；

（4）电热丝加入系统的热量；

（5）左边空气经历的多变过程的指数；

（6）在同一个 $p\text{-}v$ 图和 $T\text{-}s$ 图表示左右气体经历的过程。

注意：研究对象不是 1kg，故功、热量应求出总量。

4-15　一个绝热的封闭气缸（0.2m³）中有一个无摩擦的导热活塞，开始时活塞被固定在气缸正中间，气缸左半部分有 300K、0.2MPa 的空气，右半部分有 300K、0.1MPa 的空气，活塞释放后系统达到新的平衡点，求该平衡点的温度、压力和熵的总变化量。

4-16　压力为 1.2MPa、温度为 380K 的压缩空气在管道内流动，由于管道的摩擦和散热，空气流至一节流阀前压力降为 1MPa，温度降为 300K，流经节流阀后压力继续降至 0.7MPa。求：

（1）空气在节流阀前的管道内以及节流阀前后散至环境的热量；

（2）空气在节流阀前的管道内以及节流阀前后的熵变。

4-17　两股理想气体绝热等压混合，一股气体为氢气，流量为 1kg/s、温度为 500K，另一股气体为一氧化碳，流量为 2kg/s、温度为 600K，求以下各项：

（1）混合后的温度和混合后的气体摩尔成分；

（2）混合造成的氢气流及一氧化碳流的熵变及总熵变；

（3）若环境温度为 300K，求混合造成的可用能损失。

4-18　某氧气瓶的容积为 50L，内有压力为 0.8MPa 的氧气，开始时氧气瓶的温度和环境温度相同，都是 293K，现将它与温度为 300K 的氧气干管相连，使瓶内气体压力迅速升至 3MPa，求充入瓶内的氧气质量。

4-19　同上题，若充气过程进行比较缓慢，瓶体温度一直维持 293K，终点压力仍为 3MPa，试求充入瓶内的氧气质量以及充气过程中氧气瓶和环境交换的热量。

4-20　10L 的容器内有压力为 0.15MPa、温度为室温 293K 的氩气，现将容器阀门迅速打开，使容器压力很快降至和大气压力一致（0.1MPa），这时立即关闭阀门，使容器的温度回升至室温。试求：

（1）放气过程中氩气的最低温度；

（2）容器恢复室温后气体的压力；

（3）放出气体的质量；

（4）关闭阀门后容器和环境交换的热量。

4-21　有一个刚性的容器，容积为 0.6m³，原来内部储有压力为 0.1MPa 的理想气体，现以 0.03m³/min 的速率抽气至 0.035MPa，抽气过程中气体的温度维持不变，求抽气所需的时间以及抽气过程中容器和环境交换的热量。

4-22　一个容积为 0.15m³ 的刚性储气筒装有压力为 0.55MPa、温度为 38℃ 的氧气，若对氧气加热，其温度、压力都升高，筒上装有一压力控制阀，当压力达到 0.7MPa 时阀门自动打开，放走部分氧气，使储气罐中维持压力为 0.7MPa。问当罐中氧气温度为 285℃ 时，对罐内氧气共加入了多少热量？

第五章 气体的高速流动

在用稳定流动能量方程分析问题时，常把工质的宏观动能和宏观位能忽略掉，因为相对于气体的焓而言，这两项的值都不大。但是本章所研究的气体的流动，都是速度在几百米/秒的高速流动，所以，气体的动能是一个相当大的数值，完全可以与气体的焓相比，而气体的位能仍可以忽略。

气体的流动相当复杂：速度有 x、y、z 三个方向的分量，不同部分间速度不一致，可以存在动量和能量的交换，因此，很难以简单的参数来对气体运动进行描述。

现代计算科学的发展为研究气体流动提供了强大的工具。天气预报就是把地球的大气层作为热力系，把大气层分割成一定面积和一定高度的小体积，小体积内参数可认为是相同的，然后通过计算各个小体积之间的相互作用，得到其温度、湿度、压力、速度等参数的大小和变化趋势，并形成天气语言对外发布。

工程上，需要研究飞机发动机、火箭发动机、风机等设备，其中都需要用到气体高速流动的知识。当然，气体的高速流动主要由流体力学或气体动力学来研究，在热力学中只研究高速流动的能量转换特点。

第一节 一元流动基本方程

一元流动是指所研究的气体参数只在流动轴线方向上有变化，在垂直轴线的平面内认为其参数是均匀的。一元流动是一种理想化的流动，但因其方法简单，因此仍能在要求不高的场合使用。

图 5-1 一元流动

描述一元流动时用到的参数如图 5-1 所示，包括流通管道的截面积 A、截面上气体的温度 T、压力 p、比体积 v、速度 c 和质量流量 q_m。

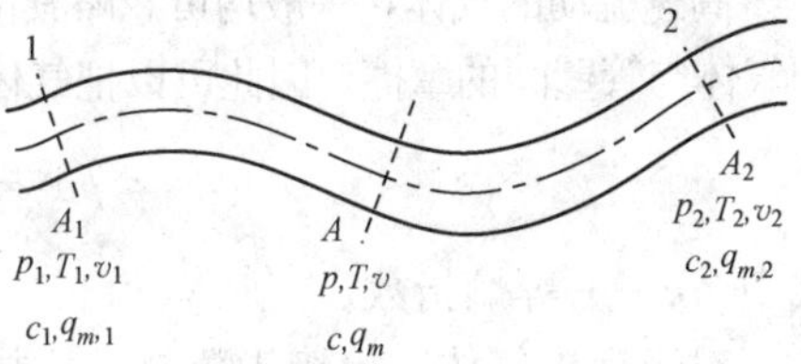

一、质量方程，连续性方程

由于温度压力的不同，一元流动各截面上的体积流量是不相同的，但根据质量守恒定律，各截面上质量流量应该是相等的，即

$$q_{m,1} = \frac{A_1 c_1}{v_1} = q_m = \frac{Ac}{v} = q_{m,2} = \frac{A_2 c_2}{v_2} = C \tag{5-1}$$

对上式进行微分，可以得到连续性方程的微分形式

$$q_m = \frac{Ac}{v} = C$$

$$\Rightarrow \ln A + \ln c - \ln v = \ln C$$

$$\Rightarrow \frac{dA}{A} + \frac{dc}{c} - \frac{dv}{v} = 0 \tag{5-2}$$

式（5-1）和式（5-2）是根据质量守恒推导出来的，对流动是否可逆没有要求。

二、能量方程

对气体的流动而言，正常工作时各截面上的参数不会随着时间变化而变化，是一个典型的稳定流动，满足稳定流动能量方程，因为流通管道中没有轴，因此没有轴功，若忽略宏观位能，则有

$$q = \Delta h + \frac{\Delta c^2}{2} + g\Delta z + w_{sh} \Rightarrow q = \Delta h + \frac{\Delta c^2}{2} \tag{5-3}$$

如果管道上有良好的保温，或者气体流动的速度相当快，以至于流动工质和外界来不及交换热量，则稳定流动能量方程可进一步简化为

$$0 = \Delta h + \frac{\Delta c^2}{2} \Rightarrow -\Delta h = \frac{\Delta c^2}{2} \tag{5-4}$$

式（5-4）说明流动过程中气体的焓降转化成了气体的动能。对式（5-4）微分可得

$$-\Delta h = \frac{\Delta c^2}{2} \Rightarrow -dh = cdc \tag{5-5}$$

上述几个公式只需要用到稳定流动的前提，对流动是否可逆没有要求。

三、其他方程

1. 状态方程

高速流动的工质可能是氧气、氮气、氢气等理想气体，也可能是其他一些非理想气体，甚至是一些液体，但无论哪种工质，其温度、压力和比体积参数之间都会有一些约束关系，称为状态方程，即

$$F(p,v,T) = 0 \tag{5-6}$$

如果流动的气体是理想气体，则它满足理想气体状态方程：

$$pv = R_g T \tag{5-7}$$

2. 过程方程

高速流动的气体，一般均可忽略其散热，在简化处理时，还可忽略气体不同部分间的内摩擦和气体与管壁间的摩擦，因此可以把气体高速流动过程视作等熵过程，满足等熵过程的方程：

$$pv^{\kappa} = C \Rightarrow \frac{dp}{p} + \kappa \frac{dv}{v} = 0 \tag{5-8}$$

式中 κ——等熵指数。

对于理想气体，等熵指数就是比热比 γ，即 $\kappa = \gamma$。对于其他气体，可以由过程特点归纳总结出等熵指数的值，例如过热水蒸气，等熵指数 $\kappa = 1.3$。

3. 声速方程

流体力学分析得到声速的实质是：微弱扰动形成的压力波在介质中的传播速度，其计算公式为

$$c_s = \sqrt{\left(\frac{\partial p}{\partial \rho}\right)_s} = \sqrt{-v^2\left(\frac{\partial p}{\partial v}\right)_s} \tag{5-9}$$

声音的产生和传播过程满足绝热和可逆的特点，可视作等熵流动，满足式（5-8），此时，式（5-9）可以进一步推导如下：

$$\left. \begin{array}{l} c_s = \sqrt{\left(\frac{\partial p}{\partial \rho}\right)_s} = \sqrt{-v^2\left(\frac{\partial p}{\partial v}\right)_s} \\ pv^{\kappa} = C \Rightarrow \left(\frac{\partial p}{\partial v}\right)_s = -\kappa \frac{p}{v} \end{array} \right\} \Rightarrow c_s = \sqrt{\kappa pv} \tag{5-10}$$

式（5-10）是计算声速的普遍方程，对于理想气体，结合其状态方程（5-7），有

$$c_s = \sqrt{\kappa p v} = \sqrt{\kappa R_g T} \qquad (5-11)$$

式（5-11）仅适用于理想气体。由式（5-11）可知，理想气体的声速仅由温度决定，且随着温度的升高而增大，如：

国际民航组织采用的标准大气中，海平面空气温度为15℃，对应声速为

$$c_s = \sqrt{\kappa R_g T} = \sqrt{1.4 \times 287.1 \times (273.15 + 15)} = 340.4(\text{m/s}) = 1225(\text{km/h})$$

民航飞机经常飞行的12 000m高空，空气温度为−56.5℃，对应声速为

$$c_s = \sqrt{\kappa R_g T} = \sqrt{1.4 \times 287.1 \times (273.15 - 56.5)} = 295.1(\text{m/s}) = 1062(\text{km/h})$$

其他一些物质中的声速如下：蒸馏水（25℃）1497m/s；铜棒3750m/s；铝棒5000m/s；铁棒5200m/s。

4. 马赫数方程

马赫数因奥地利物理学家马赫而得名，定义为气体或物体的实际速度和当地声速的比值，用Ma或M表示，即

$$Ma = \frac{c}{c_s} \qquad (5-12)$$

要注意的是，式（5-12）分母中的声速是当地声速。一般地，被衡量的对象气体或物体的速度和温度、压力是变化的，在它速度为c的那个地方称为"当地"，根据当地的工质参数计算出的声速称"当地声速"，它不是一个常数。

一般把速度在$Ma=0.8$以下的称为亚声速，$Ma=0.8\sim1.2$称为跨声速，$Ma=1.2\sim5$的为超声速，$Ma=5.0$以上的为高超声速。民用飞机飞行速度多为亚声速或高亚声速，军用战斗机可以达到$Ma=3.0$或更高，最新高超声速飞机已达到$Ma=7.0$，航天器返回进入大气层时可以达到$Ma=25$以上。也有简单的分类，即$Ma=1.0$以下的称为亚声速，$Ma=1.0$以上的称为超声速。

人们在对高速流动的科学探索中，发现声速是一道极其重要的分水岭。在低于声速的流动中，其规律还是比较简单易理解的，但是在高于声速的流动中，出现了一些难以预测的现象。例如，二战后期飞机速度已经很快，在作俯冲动作时甚至已经可以接近声速，这时会出现飞机剧烈抖动甚至解体的现象，以至于各国空军强制性地命令飞行员不得进行高速俯冲的战术动作。

现在知道，当物体在空气中的运动速度低于$Ma=0.3$时，物体运动路径上的空气分子可以轻松自如地"闪开"，让出一条通道让物体通过；当物体运动速度大于$Ma=0.3$时，物体前面的空气分子已经不能轻松闪开，会受到一定程度的压缩，其压力和密度出现增大；当物体达到或者超过声速时，物体前方的分子已经来不及让开，直接被物体推挤成一堵空气墙，其压力、密度等参数急剧升高，成为"音障"。普通外形的飞机，如果运动速度达到声速，它就会一头撞在"音障"这堵墙上，自然免不了"机毁人亡"的结局，只有特殊设计的飞行器，才可以突破音障进行超声速飞行。

第二节　气体等熵流动的定性分析

气体高速流动过程中，基本上来不及和外界或管道壁面交换热量，当忽略其内外摩擦时，可以把气体的高速流动视为等熵流动。

一、等熵流动的基本规律

高速流动的气体适用稳定流动能量方程即式（5-5），若把流动中的 1kg 气体作为研究对象，它经历的是一个闭口系热力过程，可以适用闭口系能量方程。从稳定流动和闭口系两个角度研究的结论应该是等价的，故有

稳定流动
$$q = \Delta h + \frac{\Delta c^2}{2} \Bigg\}$$

闭口系
$$q = \Delta h - \int_1^2 v \mathrm{d}p$$

$$\Rightarrow \frac{\Delta c^2}{2} = -\int_1^2 v \mathrm{d}p \Rightarrow c \mathrm{d}c = -v \mathrm{d}p \tag{5-13}$$

式（5-13）可以根据气体流动的力学分析得到，有时也称为动量方程。

根据动量方程式（5-13）、声速方程式（5-10）以及马赫数的定义方程式（5-12），可以作如下推导：

$$c \mathrm{d}c = -v \mathrm{d}p \Rightarrow \frac{\mathrm{d}p}{p} = -\frac{\kappa c^2}{\kappa p v}\frac{\mathrm{d}c}{c} = -\kappa \frac{c^2}{c_s^2}\frac{\mathrm{d}c}{c} = -\kappa Ma^2 \frac{\mathrm{d}c}{c} \tag{5-14}$$

式（5-14）称为等熵流动的压力速度关系。从该式可知，等熵流动中，气体速度的增大必须依赖压力的降低。

由式（5-14），结合等熵流动的过程方程式（5-8），可以得到

$$\left. \begin{aligned} \frac{\mathrm{d}p}{p} &= -\kappa Ma^2 \frac{\mathrm{d}c}{c} \\ \frac{\mathrm{d}p}{p} + \kappa \frac{\mathrm{d}v}{v} &= 0 \end{aligned} \right\} \Rightarrow \frac{\mathrm{d}v}{v} = Ma^2 \frac{\mathrm{d}c}{c} \tag{5-15}$$

式（5-15）称为等熵流动的比体积速度关系。从该式可知，等熵流动中，气体速度的增大必须依赖比体积的增大，但是，当 $Ma<1$ 时，比体积增大的比率比速度增大的比率要小；当 $Ma=1$ 时，比体积增大的比率等于速度增大的比率；当 $Ma>1$ 时，比体积增大的比率要大于速度增大的比率。

根据式（5-15），结合等熵流动必然满足的质量方程，有

$$\left. \begin{aligned} \frac{\mathrm{d}v}{v} &= Ma^2 \frac{\mathrm{d}c}{c} \\ \frac{\mathrm{d}A}{A} + \frac{\mathrm{d}c}{c} - \frac{\mathrm{d}v}{v} &= 0 \end{aligned} \right\} \Rightarrow \frac{\mathrm{d}A}{A} = (Ma^2 - 1)\frac{\mathrm{d}c}{c} \tag{5-16}$$

式（5-16）称为等熵流动的面积速度关系。

二、喷管

喷管依赖气体压力的降低来获得速度的增大。喷管进口的气体速度总是比较低的，甚至是没有速度的，然后通过一个等熵流动过程，在喷管内压力降低、速度增大。根据等熵流动规律，流动过程中比体积是增大的，因此体积流量必然增大。喷管的截面和比体积变化规律必须满足式（5-15）和式（5-16），具体可分析如下：

1. 进口段（渐缩段）

$$Ma < 1 \Rightarrow \begin{cases} \dfrac{\mathrm{d}v}{v} = Ma^2 \dfrac{\mathrm{d}c}{c} < \dfrac{\mathrm{d}c}{c} \\ \dfrac{\mathrm{d}A}{A} = (Ma^2 - 1)\dfrac{\mathrm{d}c}{c} < 0 \end{cases}$$

喷管进口段的马赫数 $Ma<1$，其截面积是逐渐减小的，称为渐缩段。在渐缩段，比体积增加比较慢，速度增加比较快，因此流通面积渐渐缩小。体积流量可以看作是流通截面和流动速度的乘积，即一个圆柱体。因此，渐缩段体积流量的圆柱体截面慢慢变小而长度迅速拉长，即变得细长。

2. 喉部

$$Ma=1\Rightarrow\begin{cases}\dfrac{\mathrm{d}v}{v}=Ma^2\dfrac{\mathrm{d}c}{c}=\dfrac{\mathrm{d}c}{c}\\[3mm]\dfrac{\mathrm{d}A}{A}=(Ma^2-1)\dfrac{\mathrm{d}c}{c}=0\end{cases}$$

随着速度的增加，马赫数也上升（稍后证明），当马赫数 $Ma=1$ 时，喷管截面不再变化（气体继续流动需要的截面积会扩大，因此处的截面是最小的，故称此处为喷管的喉部）。在喉部，比体积增加的比率正好等于速度增加的比率，故流通面积不需要变化。

3. 出口段（渐扩段）

$$Ma>1\Rightarrow\begin{cases}\dfrac{\mathrm{d}v}{v}=Ma^2\dfrac{\mathrm{d}c}{c}>\dfrac{\mathrm{d}c}{c}\\[3mm]\dfrac{\mathrm{d}A}{A}=(Ma^2-1)\dfrac{\mathrm{d}c}{c}>0\end{cases}$$

速度增加至马赫数 $Ma>1$ 时，喷管转为渐渐扩大，形成渐扩段。在渐扩段，比体积增加很快，速度增加相对较慢，因此流通面积渐渐扩大，体积流量对应的圆柱体截面变大且长度也拉长。

综合上述的三种形状可知，气体从低速流经喷管至超声速时，需要一个渐缩-不变-渐扩的流道，称为缩放形喷管。

在喷管内，气体的压力一直下降，根据等熵的规律，其温度也下降，对应的声速下降，而速度一直上升，故马赫数 Ma 单向增大，各参数的变化趋势如图 5-2 所示。

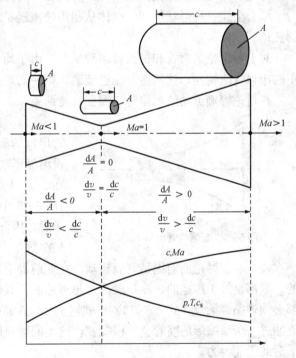

图 5-2　喷管的流动规律

三、扩压管

扩压管依赖气体速度的降低来获得压力的增加。扩压管进口的气体速度总是比较高的，甚至是超声速的，然后通过一个等熵流动过程，在扩压管内速度降低、压力增大，根据等熵流动规律，其比体积是变小的，因此体积流量必然也变小。喷管的截面和比体积变化规律必须满足式（5-15）和式（5-16），若进口气流速度为超声速，则扩压管具有以下特点：

（1）进口段（渐缩段）

$$Ma > 1 \Rightarrow \begin{cases} \dfrac{\mathrm{d}v}{v} = Ma^2 \dfrac{\mathrm{d}c}{c} < \dfrac{\mathrm{d}c}{c} < 0 \\[2mm] \dfrac{\mathrm{d}A}{A} = (Ma^2 - 1)\dfrac{\mathrm{d}c}{c} < 0 \end{cases}$$

可见，若扩压进口段的马赫数 $Ma > 1$，进口段的截面积是逐渐减小的。

（2）喉部

$$Ma = 1 \Rightarrow \begin{cases} \dfrac{\mathrm{d}v}{v} = Ma^2 \dfrac{\mathrm{d}c}{c} = \dfrac{\mathrm{d}c}{c} < 0 \\[2mm] \dfrac{\mathrm{d}A}{A} = (Ma^2 - 1)\dfrac{\mathrm{d}c}{c} = 0 \end{cases}$$

可见，当马赫数降低至 $Ma = 1$ 时，喷管截面不再变化，此处，比体积减小的比率正好等于速度减小的比率。

（3）出口段（渐扩段）

$$Ma < 1 \Rightarrow \begin{cases} \dfrac{\mathrm{d}v}{v} = Ma^2 \dfrac{\mathrm{d}c}{c} > \dfrac{\mathrm{d}c}{c} < 0 \\[2mm] \dfrac{\mathrm{d}A}{A} = (Ma^2 - 1)\dfrac{\mathrm{d}c}{c} > 0 \end{cases}$$

可见，当马赫数降低至 $Ma < 1$ 时，扩压管转为渐渐扩大。

综合上述三种形状可知，气体从超声速流经扩压管至低速时，需要一个渐缩-不变-渐扩的流道。

对上面讨论的喷管和扩压管两种情况，由于均为绝热可逆的等熵流动，因此若把图 5-2 中的出口气流转向，让其逆向流进流道，则一切规律也将反演，此时喷管就成了扩压管。

在讨论等熵流动的规律时，需要注意两条：

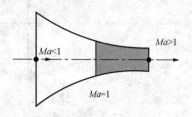

图 5-3　渐缩喷管出口 $Ma \leqslant 1$

（1）可以用反证法来分析问题，例如渐缩形喷管出口的流速能不能大于声速？如图 5-3 所示，假设渐缩形喷管出口达到 $Ma > 1$，则喷管内部就该存在 $Ma = 1$ 的点，而从 $Ma = 1$ 加速至 $Ma > 1$ 的喷管（图 5-3 中灰色段）必须是渐扩的，与渐缩的形状矛盾，因此渐缩形喷管出口的流速不能大于声速，最多等于声速。

（2）本节讨论的前提是等熵流动，在此前提下，如果是喷管，则渐缩段内流速是亚声速的，喉部是等于声速的，渐扩段内是超声速的，其他参数包括压力、截面积等参数的变化等都必须遵循等熵规律式（5-14）~式（5-16）。如果不满足等熵规律，例如"一个超声速气流冲进一个渐缩形的喷管会怎样呢？"，这类问题只能由流体力学或气体动力学来解决，热力学对此无能为力。

第三节　气体等熵流动的定量分析

气体等熵流动的定量分析有两方面的内容：

一是计算给定喷管在给定工况下的运行情况，这时喷管的几何参数是已知的，工况条件如进口气流速度、温度、压力和出口温度或压力也是已知的,需要计算的参数主要是出口流速和流量。

二是喷管几何参数未定,但喷管的运行参数如进口气流速度、温度、压力和出口处的压力已知,要求设计一个喷管,包括其形状、进口段、喉部和出口段的截面积以及出口段的长度,使喷管能以定熵方式从进口压力运行至出口压力。

一、滞止参数的计算

在进行喷管的设计和计算时,都需要用到速度为 0 时的气体参数。在工程实践中,例如:一架飞机以一定速度飞行时,相当于空气以一定速度迎面而来,其中大部分空气会绕过飞机,但机头正对的空气会一头撞停在机头上,其情形如图 5-4 所示,称一定流速的气体从速度 c_1 减速至 0 的过程为滞止过程。

对于滞止过程,由于其进行得很快,因此可以认为是绝热的,如果忽略其内部的摩擦,则可以认为是等熵的。若气体的初始参数为 (c_1, p_1, T_1, h_1),对滞止过程应用稳定流动能量方程,则有

$$h^* - h_1 + \frac{0 - c_1^2}{2} = 0 \Rightarrow h^* = h_1 + \frac{c_1^2}{2} \tag{5-17}$$

式中 h^*——滞止焓,有时也称为总焓。

对简单可压缩的工质,焓和热力学温度间存在 $\mathrm{d}h = c_p \mathrm{d}T$ 的关系,因此根据式(5-17)有

$$h^* - h_1 = \frac{c_1^2}{2} \Rightarrow c_p(T^* - T_1) = \frac{c_1^2}{2} \Rightarrow T^* = T_1 + \frac{c_1^2}{2c_p} \tag{5-18}$$

式中 T^*——滞止温度,有时也称为总温。

由于滞止过程是等熵过程,因此可由等熵关系求出滞止压力 $p*$,有时也称为总压,即

$$\frac{T^*}{T_1} = \left(\frac{p^*}{p_1}\right)^{\frac{\kappa-1}{\kappa}} \Rightarrow p^* = p_1 \left(\frac{T^*}{T_1}\right)^{\frac{\kappa}{\kappa-1}} \tag{5-19}$$

滞止过程在 p-v 图和 T-s 图上的表示如图 5-4 所示。

对于空气,如果速度为 50m/s,则动能为 1.25kJ/kg,滞止温度和初温的差值为 1.2℃,是一个很小的值,由此计算出的滞止压力和初压也相差无几。一般来讲,对速度小于 50m/s 的气流,可以认为初始参数就是滞止参数;对速度大于 50m/s 的气流,则需要计算滞止参数。等熵流动的计算,都是从滞止参数出发的,这是等熵流动分析的第一条原则。

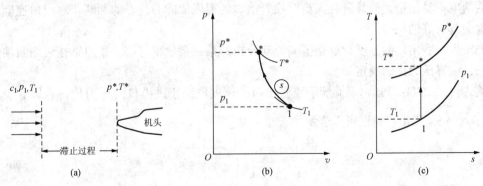

图 5-4 滞止过程及其 p-v、T-s 图
(a) 滞止过程;(b) p-v 图;(c) T-s 图

二、喷管出口流速的计算

当已知喷管的进口滞止参数和出口焓 h_2 时，根据稳定流动能量方程可以求得出口速度 c_2，即

$$-\Delta h = \frac{\Delta c^2}{2} \Rightarrow -(h_2 - h^*) = \frac{c_2^2 - 0}{2} \Rightarrow c_2 = \sqrt{2(h^* - h_2)} \qquad (5-20)$$

若喷管出口的工质压力为 p_2，则可以先行求得喷管的出口温度 T_2，即

$$T_2 = T^* \left(\frac{p_2}{p^*}\right)^{\frac{\kappa-1}{\kappa}} \qquad (5-21)$$

如果工质是理想气体，则用比定压热容公式和理想气体的状态方程，可以求得出口速度 c_2，即

$$c_2 = \sqrt{2(h^* - h_2)} \qquad (5-22a)$$

$$= \sqrt{2c_p(T^* - T_2)} \qquad (5-22b)$$

$$= \sqrt{2\frac{\kappa}{\kappa-1}R_g(T^* - T_2)} \qquad (5-22c)$$

$$= \sqrt{2\frac{\kappa}{\kappa-1}R_g T^* \left(1 - \frac{T_2}{T^*}\right)} \qquad (5-22d)$$

$$= \sqrt{2\frac{\kappa}{\kappa-1}R_g T^* \left[1 - \left(\frac{p_2}{p^*}\right)^{\frac{\kappa-1}{\kappa}}\right]} \qquad (5-22e)$$

$$= \sqrt{2\frac{\kappa}{\kappa-1}p^* v^* \left[1 - \left(\frac{p_2}{p^*}\right)^{\frac{\kappa-1}{\kappa}}\right]} \qquad (5-22f)$$

式（5-22a）和式（5-22b）是从能量方程出发的，具有普适性，式（5-22b）和式（5-22c）用到了理想气体比定压热容的计算公式，因此式（5-22c）～式（5-22e）都只适用于理想气体。但是，式（5-22f）可以从普适的动量方程（5-13）通过积分得到，因此它也有普适性，这一点需要特别注意。

对于理想气体，非常不建议用式（5-22f），建议先用式（5-21）求出出口温度，然后再用式（5-22b）求出出口速度。虽然在对喷管进行分析时一般都已知喷管的出口压力，用式（5-22f）可以直接得到出口速度，但是使用该式的计算量大，且易出错。对缺乏经验的研究人员而言，对式（5-22f）式的计算结果是否合理没有什么感觉，而用式（5-22b）计算的话简单不易出错，而且研究人员对喷管出口的温度值能有良好的判断，对出口速度的合理性也会有更好的把握。

先求出喷管出口的温度，这是等熵流动分析的第三条原则（第二条原则在后面归纳）。

三、临界压力比的确定

从式（5-22f）可知，等熵流动喷管出口的速度取决于进出口的压力比，若以 β 表示压力比，$\beta = \dfrac{p_2}{p^*}$，则出口速度可以表示为

$$c_2 = \sqrt{2\frac{\kappa}{\kappa-1}p^* v^* (1 - \beta^{\frac{\kappa-1}{\kappa}})} \qquad (5-23)$$

如果研究对象是一个渐缩喷管，则其出口能达到的最大速度等于当地声速，即 $c_2 = c_s$ 或 $Ma = 1$（上节中用反证法证明了渐缩形喷管出口的流速不能大于声速，最多等于声速）。

通常称喷管中速度等于当地声速的状态为临界状态，用下标 c（critical）表示，此时有

$$\sqrt{2\frac{\kappa}{\kappa-1}p^*v^*\left[1-\left(\frac{p_c}{p^*}\right)^{\frac{\kappa-1}{\kappa}}\right]}=\sqrt{\kappa p_c v_c} \qquad (5-24)$$

利用等熵过程中压力和比体积的关系，经过推导，可以得到此时出口压力和滞止压力的比（称为临界压力比）β_c 为

$$\beta_c=\frac{p_c}{p^*}=\left(\frac{2}{\kappa+1}\right)^{\frac{\kappa}{\kappa-1}} \qquad (5-25)$$

可以看出，临界压力比只和等熵过程的绝热指数有关：

若工质为单原子的理想气体，$\kappa=1.667$，$\beta_c=0.487$；

若工质为双原子的理想气体，$\kappa=1.4$，$\beta_c=0.528$；

若工质为过热的水蒸气，$\kappa=1.3$，$\beta_c=0.546$。

可见，要想让气体达到声速，只需将喷管出口的压力降到进口压力的一半左右，这是不难做到的。例如，人们甩动长鞭时鞭梢造成的空气运动速度即可达到声速，甚至在打一个响指时，手指也能使空气达到了声速。

如果工质是理想气体，可以用简单的过程推导得到临界压力比的表达式，即

$$\left.\begin{aligned} c_2&=\sqrt{2\frac{\kappa}{\kappa-1}R_g(T^*-T_c)}\\ c_s&=\sqrt{\kappa R_g T_c}\\ \Rightarrow 2\frac{\kappa}{\kappa-1}R_g(T^*-T_c)&=\kappa R_g T_c\\ \Rightarrow \frac{T_c}{T^*}&=\frac{2}{\kappa+1}\\ \Rightarrow \frac{p_c}{p^*}&=\left(\frac{T_c}{T^*}\right)^{\frac{\kappa}{\kappa-1}}=\left(\frac{2}{\kappa+1}\right)^{\frac{\kappa}{\kappa-1}} \end{aligned}\right\} \qquad (5-26)$$

在求出临界压力比后，可以求得喷管出口的最大速度即该地的声速，即

$$\begin{aligned} c_2=c_s&=\sqrt{2\frac{\kappa}{\kappa-1}p^*v^*\left[1-\left(\frac{2}{\kappa+1}\right)^{\frac{\kappa}{\kappa-1}\cdot\frac{\kappa-1}{\kappa}}\right]}\\ &=\sqrt{2\frac{\kappa}{\kappa+1}p^*v^*}\\ &=\sqrt{\frac{2}{\kappa+1}}c_s^* \end{aligned} \qquad (5-27)$$

可见，喷管达到临界状态时的出口声速低于滞止状态对应的声速，对于双原子的空气，其比值为

$$c_2=c_s=\sqrt{\frac{2}{1.4+1}}c_s^*=0.913c_s^*$$

四、喷管出口压力的确定

从式（5-23）可知，喷管出口的速度随着压力比 β 的降低而增大，当 $\beta=1$ 时，对应喷管进出口的压力相等，计算得到的出口速度为 0；当压力比下降至 $\beta=0$，即喷管出口处为真空时，由式（5-23）可得到出口速度的最大值为

$$c_{2,\max} = \sqrt{2\frac{\kappa}{\kappa-1}p^* v^*} = \sqrt{\frac{2}{\kappa-1}}\sqrt{\kappa p^* v^*} = \sqrt{\frac{2}{\kappa-1}}c_s^* \qquad (5\text{-}28)$$

对于空气，由式（5-28）计算得到的结果为

$$c_{2,\max} = \sqrt{\frac{2}{1.4-1}}c_s^* = 2.236c_s^*$$

这样对渐缩喷管就出现了一个难以理解的矛盾：降低喷管出口的压力至真空时，其出口速度为 $2.236c_s^*$，而从等熵规律推出的渐缩喷管出口最大只能达到 $0.913c_s^*$。

为此，必须引入背压的概念。背压指的是喷管出口远方的环境压力，如图 5-5 （a）所示，若渐缩喷管的出口与一个压力为 p_b 的容器相连，则 p_b 为喷管运行的背压。

前面在计算喷管出口速度时所用的出口压力 p_2 指的是喷管出口截面上的气体压力，它和背压的大小密切相关。如图 5-5 （a）所示，当容器内的压力即背压 p_b 从等于进口滞止压力开始缓慢下降时，喷管出口速度逐渐变大，直至渐缩喷管的出口速度达到最大值即当地声速，此时背压 p_b、喷管出口压力 p_2 都降到等于临界压力。因此，对渐缩喷管，当 $p_b \geqslant p_c$ 时，$p_2 = p_b$。

若继续降低容器内的压力即背压 p_b 时，喷管出口的压力仍将维持 p_2。由于喷管出口处的压力和喷管远方的压力之间存在压差，因此气体仍将膨胀加速，称为管外膨胀，但这时气体的膨胀加速不再受管壁的约束，且会和容器内其他的气体发生卷吸混合，是一个不可逆的过程。

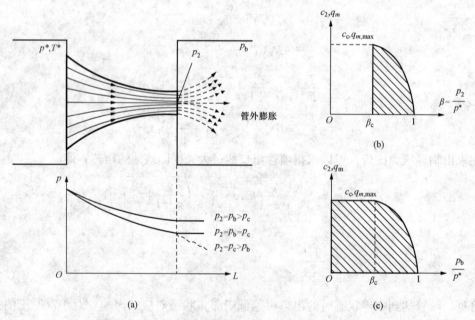

图 5-5　渐缩喷管流动和背压、出口压力的关系
（a）渐缩喷管流动和背压；（b）流速、流量与出口压力；（c）流速、流量与背压

总之，对渐缩喷管有：$p_2 = \max(p_b, p_c)$。

图 5-5 （a）表示了渐缩喷管背压 p_b、出口压力 p_2 和临界压力 p_c 的关系。图 5-5 （b）总结了出口压力比和出口速度间的关系，表明渐缩喷管的出口压力比只能运行在 β_c 至 1 的区间。但背压与滞止压力的比值可以运行在 $0\sim1$ 的区间，只是当该压力比小于 β_c 时，出口

速度一直维持在出口声速不再变化，如图 5-5（c）所示。

对于缩放喷管，其背压 p_b、出口压力 p_2 和临界压力 p_c 的关系非常复杂，无法用热力学的知识进行分析。

本节只讨论缩放喷管的等熵流动，此时喷管的背压一定低于临界压力，喷管的出口压力一定等于背压。根据等熵流动的规律式（5-14）~式（5-16），喷管出口一定是超声速的，喷管的喉部正好达到临界状态。这种情况下，缩放喷管的参数可根据等熵流动规律计算。除了这种情况，其他情况的流动特性都应该由流体力学来解决。

根据背压 p_b 和临界压力 p_c 的关系确定出口压力 p_2，是等熵流动定量分析的第二条原则。

五、喷管流量的计算

在确定了渐缩喷管出口的压力后，喷管的流量如下计算：

$$\left.\begin{array}{l} c_2 = f(p^*, T^*, p_2) \\ v_2 = v^*\left(\dfrac{p_2}{p^*}\right)^{-\frac{1}{\kappa}} \\ A_2 \text{ 已知} \end{array}\right\} \Rightarrow q_m = \frac{A_2 c_2}{v_2} \tag{5-29}$$

如果是理想气体，在用式（5-21）求出喷管出口的温度后，流量可以用下式计算：

$$\left.\begin{array}{l} c_2 = \sqrt{2c_p(T^* - T_2)} \\ v_2 = \dfrac{R_g T_2}{p_2} \\ A_2 \text{ 已知} \end{array}\right\} \Rightarrow q_m = \frac{A_2 c_2}{v_2} \tag{5-30}$$

这里体现了在等熵流动定量分析的第四条原则，即分步计算，把大问题分解成为小问题处理；同时体现了第五个原则，即合理性检查原则，例如用式（5-30）计算出来的喷管出口速度一般在几百米/秒，出口处的比体积为 $0.1 \sim 10 \text{m}^3/\text{kg}$。与此对比，把式（5-29）归并成一个公式，其形式为

$$q_m = A_2 \sqrt{\frac{2\kappa}{\kappa-1}\frac{p^*}{v^*}\left[\left(\frac{p_2}{p^*}\right)^{\frac{2}{\kappa}} - \left(\frac{p_2}{p^*}\right)^{\frac{\kappa+1}{\kappa}}\right]} \tag{5-31}$$

这个公式，规模庞大，计算复杂，且计算结果是否正确很难判断。

对渐缩喷管，随着出口压力比 β 的降低，出口流量逐渐增大，其规律和速度随出口压力变化的规律类似。当出口压力比 β 降至临界压力比时，渐缩喷管的流量达到最大值，此时

$$\left.\begin{array}{l} c_2 = \sqrt{2\dfrac{\kappa}{\kappa+1}p^* v^*} \\ v_2 = v^*\left(\dfrac{2}{\kappa+1}\right)^{-\frac{1}{\kappa-1}} \end{array}\right\}$$

$$\Rightarrow q_m = \frac{A_2 c_2}{v_2} = A_2 \sqrt{2\frac{\kappa}{\kappa+1}\left(\frac{2}{\kappa+1}\right)^{\frac{2}{\kappa-1}}\frac{p^*}{v^*}} = A_2 \sqrt{\kappa\left(\frac{2}{\kappa+1}\right)^{\frac{\kappa+1}{\kappa-1}}\frac{p^*}{v^*}} \tag{5-32}$$

可以看出，式（5-32）抽象复杂，因此，仍建议用临界参数代入式（5-29）或式（5-30）来计算喷管的最大流量。当然，最大流量的计算也可用对式（5-31）求导的方法，其结果和上述分析结果完全一致。

对于本节设定的缩放喷管的计算情形，其喉部正好达到临界状态，可以用喉部参数进行

流量的计算。

六、喷管的设计

喷管的工作效果是借助压力的下降获得速度的提高，在工程中，压力差的获得是需要付出代价的，可以由压缩机压缩气体获得进口高压，或者由抽气机抽出出口气体获得低压。从经济性角度出发，人们总是希望喷管能尽可能地用足压力差，因此在设计喷管时总是首选等熵流动的形式。

喷管设计的核心同样是等熵流动的定量分析，同样需要贯彻五大原则。

第一，一切从滞止出发：

喷管设计时其进口参数是已知的，如果进口气体的速度超过 50m/s，则需要考虑其初速度的动能，计算出滞止参数，作为计算的原始参数。

第二，分析背压 p_b、临界压力 p_c 和出口压力 p_2 关系：

对喷管设计而言，出口压力和背压间永远有 $p_2 = p_b$。而为了用足压力差，喷管的形状和进口滞止压力 p^* 及出口背压 p_b 间的关系为：若 $p_b \geqslant p_c = \beta_c p^*$，则选择渐缩形喷管；若 $p_b < p_c = \beta_c p^*$，则选择缩放形喷管。

第三，以温度作为计算的中间变量：

对渐缩形喷管，通过计算出口温度，可以获得出口速度和比体积；对缩放形喷管，另需要计算喉部温度以获得该处的临界速度和比体积。

第四，分步计算，由流量获得喷管几何参数：

设计喷管的另一个目标是要让一定流量的工质流过喷管，因此有一个喷管流通截面的计算，以圆形喷管为例：对渐缩形喷管，需要计算进口和出口的截面积及直径；对缩放形喷管，需要计算进口、喉部和出口的截面积及直径，出口段的长度。

如果已知条件中有进口速度的值，则进口直径是可以计算的，否则不需要计算。对于渐缩形喷管及缩放形喷管的渐缩段，一般采用光滑过渡即可，不需要计算长度，因为气体会被渐缩的形状强行约束，不致散开。缩放喷管的喉部正好是临界状态的，可以据此计算喉部的直径。缩放形喷管的渐放段需要根据一个张角 α 来确定长度 L，如图 5-6 所示，张角 α 一般为 $8° \sim 12°$，其大小由流体力学的分析得到，角度太大的话，气流和管壁间会出现脱离现象。

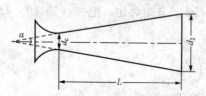

图 5-6　缩放喷管的几何参数

根据图 5-6，缩放形喷管的渐放段 L 可用下式计算：

$$L = \frac{d_2 - d_c}{2\tan\dfrac{\alpha}{2}} \tag{5-33}$$

第五，合理性检查，上述计算过程的参数都有一个合理的范围，需要随时检查以确定计算的正确性。

第四节　气体不可逆流动过程

气体的等熵流动有两个要求：流动过程中和外界没有热量交换以及气体内部或气体与管

壁之间的摩擦可以忽略。通常气体高速流动时没有热量交换这一条是可以满足的，即使流通管道的保温不是特别好，高速气体也来不及和管壁有太多的热交换，但是正因为速度很快，气体和管壁之间的摩擦是一个不可忽略的因素，此时，流动就不可逆了。

对于不可逆的流动，本节要讨论三种情况。

一、有摩擦的喷管

喷管内气体和管壁之间的摩擦会造成气体流速的下降，研究该问题通常采用在等熵流动结果上进行修正的方法。

如图 5-7（a）所示，喷管进口的参数为（p^*，T^*），如果是等熵流动，出口的流速为 c_2，由于有摩擦的存在，出口速度将下降至 c_2'，为了衡量速度下降的幅度，定义了速度系数 φ，即

$$\varphi = \frac{c_2'}{c_2} \tag{5-34}$$

通常 φ 的值为 $0.92 \sim 0.98$，它和喷管内工质的性质、喷管的尺寸、喷管的粗糙程度以及运行压力等参数有关，为经验数据，通常由试验确定，对渐缩喷管取较小的值，对缩放形喷取较大的值。

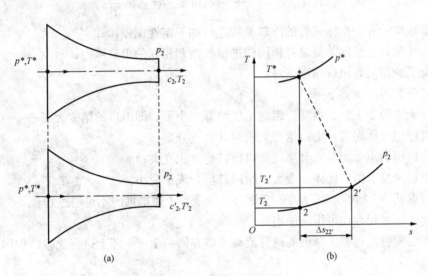

图 5-7　有摩擦的喷管流动

(a) 有摩擦的喷管；(b) T-s 图

由于 φ 的存在，在喷管内气体能够转换成动能的焓降也变小了，定义了一个参数 η_N 来描述焓降变小的程度，称喷管效率，即

$$\eta_N = \frac{\frac{1}{2}c_{2'}^2}{\frac{1}{2}c_2^2} = \varphi^2 \tag{5-35}$$

由此可以计算得到有摩擦情况下的喷管出口的焓，即

$$\left. \begin{array}{l} \dfrac{c_2^2}{2} = h^* - h_2 \\[2mm] \dfrac{c_{2'}^2}{2} = h^* - h_{2'} \end{array} \right\} \Rightarrow \eta_N = \varphi^2 = \frac{\frac{1}{2}c_{2'}^2}{\frac{1}{2}c_2^2} = \frac{h^* - h_{2'}}{h^* - h_2} \Rightarrow h_{2'} = h^* - \eta_N(h^* - h_2) \tag{5-36}$$

如果工质为理想气体，则其出口温度、比体积和流量为

$$\left.\begin{aligned}
T_{2'} &= \frac{h_{2'}}{c_p} = \frac{h^* - \eta_{\mathrm{N}}(h^* - h_2)}{c_p} \\
v_{2'} &= \frac{R_{\mathrm{g}} T_{2'}}{p_2} \\
q'_m &= \frac{A_2 c_{2'}}{v_{2'}}
\end{aligned}\right\} \tag{5-37}$$

如果工质为理想气体，则该流动的熵增为

$$\Delta s_{*2'} = c_p \ln \frac{T_{2'}}{T^*} - R_{\mathrm{g}} \ln \frac{p_2}{p^*} \tag{5-38}$$

当气体为等熵流动时有

$$0 = \Delta s_{*2} = c_p \ln \frac{T_2}{T^*} - R_{\mathrm{g}} \ln \frac{p_2}{p^*} \Rightarrow R_{\mathrm{g}} \ln \frac{p_2}{p^*} = c_p \ln \frac{T_2}{T^*} \tag{5-39}$$

因此式（5-38）也可以表示为

$$\Delta s_{*2'} = c_p \ln \frac{T_{2'}}{T^*} - c_p \ln \frac{T_2}{T^*} = c_p \ln \frac{T_{2'}}{T_2} \tag{5-40}$$

对有摩擦喷管和无摩擦喷管的出口参数进行如下定性比较：

（1）两种喷管比较的前提是有相同的进口参数和相同的出口压力；

（2）有了摩擦后，出口速度下降；

（3）喷管获得的动能下降；

（4）动能来源于工质的焓降，因此工质焓降变小了，即出口的焓变大了；

（5）对理想气体而言，出口焓变大表明其温度升高；

（6）出口压力不变而温度升高，所以出口比体积变大；

（7）出口速度下降、比体积变大，所以其质量流量变小；

（8）根据式（5-40），有摩擦的喷管内发生了一个熵增加的不可逆过程；

（9）因此该过程存在可用能的损失。

有摩擦的喷管流动和无摩擦的喷管流动可以在同一个 T-s 图上进行比较，如图 5-7（b）所示。

二、进口有节流的喷管

工程上使用喷管的机器中，通常在喷管的进口安装一个阀门，通过阀门的开关或开度调节，实现对喷管运行工况的调节。

从热力学第一定律的角度看，节流过程对工质的焓是没有变化的，但因为节流是一个熵增加的过程，因此若用热力学第二定律分析，这个过程会带来做功能力的损失。下面可以通过进口有节流的喷管来分析这一损失。

如图 5-8（a）所示，管道内工质保持恒定的参数，压力为 p_0，温度为 T_0，喷管通过一个阀门与管道连接，阀门开启时，喷管可以取得工质并将之转换成动能，由于阀门节流的存在，喷管前的参数为（p^*，T^*），喷管出口压力为 p_2。

图 5-8（b）的 T-s 图表示出了节流前后喷管工作情况的对比。为简单计，以理想气体为例，如果没有节流，喷管将从压力 p_0 降至压力 p_2，其工况过程为 01，现在喷管工作始点右移至 * 点，工况线为 *2 线，可以看出 *2 线的长度比 01 线的长度缩短了，说明节流后喷管

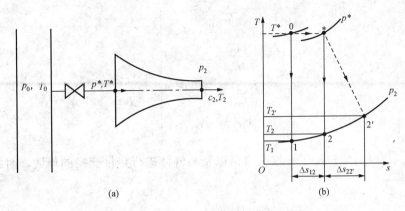

图 5-8 进口节流的喷管流动

(a) 进口节流的喷管；(b) T-s 图

能够实现的焓降变小了，工作终点的速度下降，温度上升，比体积变大，质量流量就小，总的动能（即可以转换成技术功的总量）变小，如果喷管对应一台机械，则这一台机械的输出功率就下降了。

如果喷管内的摩擦不能忽略，则实际工况为 $^*2'$ 线，喷管的工作情况还将变差。

需要指出的是，在工程实践中有一些设备的进口需要保持一部分的节流损失。例如，带动发电机的汽轮机实际上是一个通过喷管转换获得动能进而获得机械能的设备，通常电网中有很多台汽轮发电机组，其中部分机组的汽轮机进口会保持适度的节流，在事故工况下（例如某一台汽轮发电机组突然跳闸停机了），节流机组可以通过开大阀门来迅速地增加它的输出，以快速应对事故造成的影响。当然，进口有节流的机组数目不必太多，毕竟节流会带来长期的损失。

三、非喷管流动

在工程实践中还有一种常见的流动情况，例如，一个压力为 p_1，温度为 T_1 的大容器，通过一根长长的管道向另一个容器输送工质，测量得到另一容器压力为 p_2，温度为 T_2，由于管道很长，并且管道通常处于环境中，因此管道和外界的热量交换不能忽略。这种情况下管道内的流动肯定不是等熵流动（因为这根管道不可能满足等熵流动的定性条件，如变截面等）。

但不管流动是不是可逆，质量方程和能量方程总是可以用的，如果是理想气体，状态方程肯定也是满足的，但和等熵有关的方程，如过程方程式（5-8），以及等熵流动定量分析中的结论都不适用了。

如图 5-9 所示，假设这一管道内的工质为理想气体，每千克理想气体从温度为 T_0 的环境中吸收热量为 q（从测量的角度讲，只能得到工质和外界交换的总热量，此时定量分析本问题需要用到迭代，故此处假设已知每千克理想气体的吸热量），则联合使用质量方程、能量方程和理想气体状态方程，可以求出该流动的两个速度 c_1、c_2 和一个流量 q_m，即

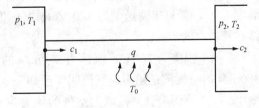

图 5-9 非喷管流动

$$q = h_2 - h_1 + \frac{c_2^2 - c_1^2}{2}$$

$$v_1 = \frac{R_g T_1}{p_1}$$

$$v_2 = \frac{R_g T_2}{p_2}$$

$$q_m = \frac{A_1 c_1}{v_1} = \frac{A_2 c_2}{v_2}$$

$$\Rightarrow \begin{cases} c_1 \\ c_2 \\ q_m \end{cases}$$

(5-41)

图 5-9 的研究对象包括了一根据管道以及与气体进行热量交换的环境，因此系统的熵增为

$$\Delta s_{12} = c_p \ln \frac{T_2}{T_1} - R_g \ln \frac{p_2}{p_1}$$

$$\Delta s_0 = -\frac{q}{T_0}$$

$$\Rightarrow \begin{cases} \Delta s_{sys} = \Delta s_{12} + \Delta s_0 \\ \Delta S_{sys} = q_m \Delta s_{sys} \end{cases}$$

(5-42)

则该流动导致可用能的损失为

$$\Delta E = T_0 \Delta S_{sys}$$

(5-43)

习　题

本章习题若非特别指明，都视气体为定比热容的理想气体，参数可查附录 1。

5-1　掌握下列基本概念：一元流动、声速、马赫数、喷管、扩压管、滞止参数、压力比、临界压力比、速度系数、喷管效率。

5-2　辨析下列概念：

（1）一元流动的质量方程只能用于可逆流动。

（2）一元流动的能量方程只能用于可逆流动。

（3）声音在空气中的传播速度是一个定值。

（4）马赫数是当地速度相对于 20℃ 空气声速的倍数。

（5）定熵流动时，渐缩喷管内部不会出现临界点。

（6）定熵流动时，要达到超声速，必须采用缩放形喷管。

（7）对定熵流动，喷管出口的流量随背压的降低单向增加。

（8）对定熵流动，喷管出口的压力永远等于背压。

（9）气体在有摩擦的喷管中的流动是一个不可逆流动。

（10）气体在进入喷管前经历一个节流过程，将使气体在喷管中的焓降变小。

5-3　西气东输的管道外径为 1016mm，壁厚为 26.2mm，内部天然气的压力为 10MPa，温度 20℃，若每年输送量为 120 亿 m³（标准状态下，即 101 325Pa，0℃ 时的体积），求气体在管道内的流速。

5-4　温度为 750℃、流速为 550m/s 的空气流是超声速气流吗？温度为 20℃、流速为 380m/s 的空气流是超声速气流吗？已知 750℃ 空气 $\gamma = 1.335$，20℃ 空气 $\gamma = 1.40$。

5-5　测得喷管某截面上空气的压力为 0.3MPa，温度为 700K，流速为 600m/s，求滞止温度和滞止压力，并判断该测点在喷管的渐缩段还是渐放段。

5-6 欲使压力为 0.1MPa、温度为 300K 的空气流经扩压管后压力提高至 0.2MPa，空气的初速至少应为多少？

5-7 空气流入一个渐缩喷管前的压力为 0.6MPa、温度为 25℃、初速可以忽略，经喷管后压力降为 0.45MPa，喷管的出口截面积为 300mm²。求出口截面上的压力、温度、流速和流量。

5-8 同上题，若空气经喷管压力降为 0.1MPa，求出口截面上的压力、温度、流速和流量。

5-9 已知渐缩喷管进口处空气的滞止温度为 300℃，空气在出口处的实际流速为 350m/s，求：

(1) 喷管达到最大流速时的出口温度和可能的最大流速；

(2) 此时工况和最大流速时的出口温度之比、出口比体积之比；

(3) 该喷管的实际流量达到了最大流量的百分数。

5-10 空气进入渐缩喷管时的初速为 200m/s，初压为 1.0MPa，初温为 400℃。求喷管达到最大流量时出口截面上的流速、压力和温度。

5-11 设计一圆形喷管，工质为空气，要求流量为 3kg/s，进口截面压力为 1MPa、温度为 500K，流速为 250m/s，出口压力为 0.1MPa，试确定如下参数：

(1) 滞止参数；

(2) 喷管管形；

(3) 进口截面上的工质比体积、截面面积和直径；

(4) 出口截面上的工质温度、压力、比体积，以及出口截面的面积和直径；

(5) 喉部截面上的工质温度、压力、比体积，以及喉部截面的面积和直径；

(6) 喷管的长度。

5-12 一个空气罐经一段管路后，通过渐缩喷管流出至环境，罐内空气压力保持 0.17MPa，温度为 350K，环境压力为 0.1MPa，求：

(1) 完全理想情况下喷管出口空气流速；

(2) 若喷管存在摩擦，使其速度系数降到 0.95，求此时的出口速度；

(3) 现在管路上安装了一阀门，使喷管入口处的空气压力由于阀门节流降至 0.15MPa，求此时的出口速度；

(4) 在同一个 T-s 图表示上述三种情况。

5-13 一直径为 76mm 的水平管道置于温度为 300K 的环境中，空气稳定地流经该管道，测得管内某一截面 A 上空气的压力和温度分别为 0.2MPa 和 100℃，在另一截面 B 上的压力和温度分别为 0.1MPa 和 70℃，且在 AB 这段管长上测得空气有 10kJ/kg 的散热，求：

(1) 空气在两截面处的流速；

(2) 管内空气的质量流量；

(3) 该流动过程中工质和环境的熵变以及系统的总熵变；

(4) 每千克工质的可用能损失和系统总的可用能损失。

5-14 两种大型火箭发动机均采用圆形缩放喷管，且流动为等熵流动，A 型喷管进口压力为 7MPa，B 型喷管进口压力为 24.5MPa，假设两型喷管的最小截面积相同，工质为同一种理想气体 [$\gamma=1.3$，$R_g=461.5$ J/（kg·K）]，进口温度均为 3000℃，且出口均为

0.1MPa 的大气环境，求：

（1）最小截面处的压力分别为多少；

（2）最小截面处的温度和速度；

（3）若两型喷管的最小截面积相等，则它们的流量之比为多少；

（4）出口处的温度分别为多少；

（5）出口处的流速分别为多少；

（6）两型喷管的总技术功之比为多少。

第六章 气体的压缩过程

工程上经常需要用到高压的气体，例如，大型合成氨工艺中，参与反应的氢气和氮气的压力需要提高到 15MPa 以上；用于发电的燃气轮机的运行压力在 1MPa 左右；把天然气从很远的西部输送到东部的管道中，气体压力达到 10～12MPa。使气体压力提高的过程一般是通过压缩机械实现的。

第一节 气体压缩过程的一般分析

压缩机械消耗外界的功率，通过某一过程使气体的压力升高，在这一过程中，气体的参数不会随着时间的变化而变化，而只随着地点的变化而变化，是一个典型的稳定流动，满足稳定流动能量方程，压缩过程见图 6-1。气体在进入和离开压缩机械时的速度都不会太大，进出口的高度也不会相差太多，其宏观动能和宏观位能都可以忽略，因此对气体的压缩过程来说，有

$$q = \Delta h + \frac{\Delta c^2}{2} + g\Delta z + w_{sh}$$

$$\Rightarrow q = \Delta h + w_{sh}$$

$$\Rightarrow w_C = -w_{sh} = -(q - \Delta h) \tag{6-1}$$

图 6-1 气体压缩
过程是稳定流动

由于压缩机械都是耗功的机械，按稳定流动能量方程计算出的轴功应该是负值，因此习惯上用一个数量为正的参数 w_C 来代表压缩机械的耗功，其值是稳定流量能量方程计算出的轴功的相反数。

从进入并离开压缩机械的工质的角度看，气体经过的压缩过程是一个闭口系过程，应该满足闭口系方程，即

$$q = \Delta h - \int v dp \tag{6-2}$$

对比式（6-1）和式（6-2），可知，压缩机每压缩 1kg 的气体，需要消耗的功量为

$$w_C = -(q - \Delta h) = \int v dp \tag{6-3}$$

压缩机压缩 q_m 气体需要消耗的总功为

$$W_C = q_m w_C = q_m \int v dp \tag{6-4}$$

式（6-3）和式（6-4）是计算压缩机械耗功的一般公式。在分析压缩过程时，一般都把气体看做是理想气体，因此，当知道气体经历的过程特点时，可以利用理想气体的性质和上述两个公式对压缩过程进行全面分析。

压缩机消耗的外界功量，一方面用于提升气体的能量，另一方面，部分耗功会转换成热量向外界放出，这部分热量的温度不高，有时可以用于供暖等方面，其值为

$$q = \Delta h + w_{sh} = \Delta h - w_C \tag{6-5}$$

如果压缩机压缩气体的过程进行得非常快，且压缩机未采取良好的冷却措施，则气体经历的是一个绝热过程。若认为该压缩过程中没有摩擦等不可逆因素，则其耗功为

$$w_{C,s} = \Delta h = h_2 - h_1 = c_p(T_2 - T_1) \tag{6-6}$$

采用绝热压缩过程的机械如航空发动机和发电用燃气轮机，首先把气体加速至一个高速，然后通过一个扩压过程使气体升压，由于气体速度快，流量大，气体和外界交换的热量总量很少，平均到1kg气体上的热量几乎可以忽略，但这些机械中气体高速流动的内摩擦比较大，因此压缩过程是一个不可逆过程，其耗功为

$$w'_{C,s} = \Delta h' = h'_2 - h_1 = c_p(T'_2 - T_1) \tag{6-7}$$

为衡量这种压缩过程中不可逆性的影响，引入了压缩机效率这个参数，它是可逆压缩耗功和不可逆压缩耗功的比值，对采用绝热压缩的机械，则称为绝热压缩效率。压缩机效率和绝热压缩效率的定义如下：

$$\eta_C = \frac{w_C}{w'_C}, \quad \eta_{C,s} = \frac{w_{C,s}}{w'_{C,s}} \tag{6-8}$$

注意：对耗功机械的效率定义中，理想情况的耗功出现在分子上，实际耗功出现在分母上，这样计算出的效率小于1，符合人们对效率的习惯。同时强调一点，压缩机效率中两个耗功比较的始终点是相同的进口参数和相同的出口压力，对出口的温度不能作要求。

第二节 单级活塞式压缩机

当要求压缩的气体压力比较高、流量不很大时，一般采用活塞式压缩机。活塞式压缩机有单级和多级之分，本节以单级活塞式压缩机为例对气体压缩过程进行分析。

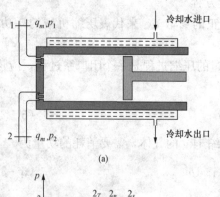
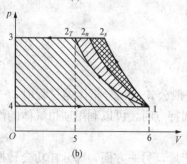

图6-2 单级活塞式压缩机
(a) 工作过程；(b) p-V图

一、单级活塞式压缩机的工作过程

单级活塞式压缩机的结构如图6-2所示，这是一个气缸－活塞系统，活塞一般由电动机通过曲轴机构作往复运动，气缸底部有两个开孔，通过丁字阀和外界或出口管道连通。两个丁字阀的安装方向是不同的，图中上面的进口丁字阀可以使气体由外向内单向流动，使本开孔成为进气门，而下面的出口丁字阀使气体只能由内向外流动，使本开孔成为排气门。

从安全和经济的角度出发，活塞式压缩机的缸体都是有冷却的，如图中所示，缸体外的水套有冷却水进口和出口，通过冷水进-热水出的方式，把压缩过程中的热量带走。

单级活塞式压缩机的工作可分为三个过程。

1. 进气过程

活塞从气缸底部开始向右侧运动时，气缸内气体的压力会略低于外界大气压，因此外界压力为p_1的气体可以顶开上面的进口丁字阀而进入气缸，直至气缸运动到最右侧的死点。在能量分析时，站在活塞的角

度，可以假想气缸内的气体压力略高于活塞右侧的气体压力，气缸内气体推动活塞向右运动，因此这一过程是气缸内气体做功、外界（即活塞）得到功的过程。进气过程中气缸内气体的压力保持在 p_1，其体积从 0 增大至 V_1，如图 6-2 中的 41 过程。

2. 升压过程

活塞运动到最右边后，将被曲轴带动往左运动，气缸内气体的压力升高，使上面的进口丁字阀关闭；出口丁字阀右侧的压力仍低于左侧压力，该丁字阀保持关闭，因此可以把气缸内的气体看做是与外界隔绝的封闭气体。随着活塞的左移，气缸内气体压力越来越高，直至达到出口管内的压力 p_2，升压过程如图 6-2 中的 12 所示（2 点可以是 2_T、2_n 和 2_s 中的任何一个）。

3. 排气过程

当活塞继续左行，使气缸内气体的压力稍高于出口管内压力 p_2 后，出口丁字阀被顶开，气缸内的气体被活塞推出而进入排气管，直至活塞运动到最左边的气缸底部，气体被排尽，如图 6-2 中的 23 过程所示。

站在活塞的角度，可以看出，在 41 过程中，活塞从最左边被推到最右边，是一个获得功的过程，其功量为 p-V 图中过程线 41 下的面积 A_{4160}；升压过程中活塞需要耗功，耗功量为过程线 12 下的面积 A_{1256}；排气过程中活塞的耗功为过程线 23 下的面积 A_{2305}。考虑得功和耗功后，三个面积相加，可得到压缩机在一个进气-升压-排气周期中的耗功量，正好为升压过程线左边的面积 A_{1234}，即

$$W_C = -A_{4160} + A_{1256} + A_{2305} = A_{1234} = \int_1^2 V \mathrm{d}p \tag{6-9}$$

单级活塞式压缩机的进出口气流参数都是周期性波动的，但在离进出口阀门有一定距离的截面 1 和截面 2 处，受管道容积的缓冲作用，此处参数已经基本保持不变了，因此可以把截面 1 和截面 2 间的系统看做是稳定流动，可以用式（6-3）和式（6-4）来计算压缩机的耗功，其结果与式（6-9）一致。

二、单级活塞式压缩机的能量分析

1. 三种工作方式

如果活塞式压缩机水套内冷却水的流量非常大，则气体在压缩过程中产生的热量马上可以被冷却水带走，因此其温度可以维持在进口温度（一般和冷却水的进水温度一样，都是环境温度），此时气体经历一个等温压缩。如果冷却水流量很小甚至没有冷却水，则压缩过程中气体产生的热量只能通过缸壁自然散热的方式散出，其散热量很小，几乎可以忽略，此时可以认为气体经历一个绝热压缩过程。如果冷却水流量不大不小，则气体压缩过程是一个介于等温和绝热之间的过程，即多变过程。

如图 6-3 所示，在 p-v 图上，三种压缩方式的表示为

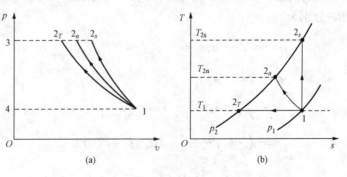

图 6-3　单级活塞式压缩机三种压缩方式

(a) p-v 图；(b) T-s 图

12_T、12_n 和 12_s，注意图中的横坐标为比体积 v，进气过程和排气过程中气体的总体积在变化，但比体积是不变的，因此 p-v 图中的吸气过程 41 在 p-v 图中只对应点 1，排气过程 23 只对应点 2。

2. 参数计算

压缩机工作的目标是把一定初压的气体升压至预定的终压，常定义一个参数即升压比 π 来衡量压缩机的工作目标，即

$$\pi = \frac{p_2}{p_1} \tag{6-10}$$

假设三种压缩方式都是理想化的，没有不可逆性因素，则可以把压缩过程视为可逆过程，压缩终点的温度（参考理想气体的等温过程、等熵过程和多变过程）分别为

$$\left.\begin{aligned}
T_{2,T} &= T_1 \\
T_{2,n} &= T_1\left(\frac{p_2}{p_1}\right)^{\frac{n-1}{n}} = T_1\pi^{\frac{n-1}{n}} \\
T_{2,s} &= T_1\left(\frac{p_2}{p_1}\right)^{\frac{\gamma-1}{\gamma}} = T_1\pi^{\frac{\gamma-1}{\gamma}}
\end{aligned}\right\} \tag{6-11}$$

从图 6-3 中 T-s 图也可以看出，三种压缩方式下气体离开气缸的温度是不一样的，等温压缩的终点温度最低，而绝热压缩终点温度最高，多变压缩终点温度居中。

三种压缩方式下每千克气体在进气-升压-排气周期中的耗功仍是过程线左边的面积，其量可以用式（6-3）进行计算，分别为

$$\left.\begin{aligned}
w_{c,T} &= \int_1^2 v\mathrm{d}p = \int_1^2 pv\,\frac{\mathrm{d}p}{p} = \int_1^2 R_g T_1\,\frac{\mathrm{d}p}{p} = R_g T_1\ln\frac{p_2}{p_1} = R_g T_1\ln\pi > 0 \\
w_{c,n} &= \frac{n}{n-1}R_g(T_2-T_1) = \frac{n}{n-1}R_g T_1\left[\left(\frac{p_2}{p_1}\right)^{\frac{n-1}{n}}-1\right] = \frac{n}{n-1}R_g T_1(\pi^{\frac{n-1}{n}}-1) > 0 \\
w_{c,s} &= \frac{\gamma}{\gamma-1}R_g(T_2-T_1) = \frac{\gamma}{\gamma-1}R_g T_1\left[\left(\frac{p_2}{p_1}\right)^{\frac{\gamma-1}{\gamma}}-1\right] = \frac{\gamma}{\gamma-1}R_g T_1(\pi^{\frac{\gamma-1}{\gamma}}-1) > 0
\end{aligned}\right\} \tag{6-12}$$

式（6-12）计算的结果都是正值，因为该式中的功已明确为耗功。从图 6-3 中 p-v 图也可以看出，三种压缩方式下等温压缩的耗功最少，绝热压缩的耗功最多，多变压缩耗功居中。

三种压缩方式下每千克气体在进气-升压-排气周期中的热量可以用式（6-5）进行计算，分别为

$$\left.\begin{aligned}
q_T &= \Delta h - w_{c,T} = -w_{c,T} = -R_g T_1\ln\frac{p_2}{p_1} = -R_g T_1\ln\pi < 0 \\
q_n &= \Delta h - w_{c,n} \\
&= \frac{\gamma}{\gamma-1}R_g(T_2-T_1) - \frac{n}{n-1}R_g(T_2-T_1) \\
&= \left(\frac{\gamma}{\gamma-1} - \frac{n}{n-1}\right)R_g(T_2-T_1) \\
&= \frac{n-\gamma}{n-1}\frac{1}{\gamma-1}R_g(T_2-T_1) < 0 \\
q_s &= 0
\end{aligned}\right\} \tag{6-13}$$

式（6-13）计算得到的等温压缩和多变压缩的热量为负值，说明气体在压缩过程中是放出热量的，放出的热量由水套中的冷却水带走。

3. 讨论

对单级活塞式压缩机的特性做如下讨论：

（1）压缩机的工作目标是其出口压力 p_2，终点温度、耗功和放热量三者都随着升压比 π 即终点压力的提高而增大。

（2）终点温度是影响压缩机工作的一个安全性指标，采用多变压缩或绝热压缩方式时，若出口压力 p_2 很高，则终点温度也会很高。例如，用绝热方式把（0.1MPa、300K）的空气压缩至 1MPa 时，终点温度为 579K，这一温度对气缸-活塞系统中的润滑油油质已经会产生较大的影响，因此，单级活塞式压缩机的升压比有一定的限制。

（3）想象一下，把 1kg 的气体从初压 p_1 最快最有效地升压至终压 p_2，首选的方式应该是绝热方式，这种方式下，不仅气体体积缩小会升高压力，气体温度的升高也有利于压力的提高，因此绝热方式应该是一种最省功的压缩方式，但定量分析的结果是该方式的耗功最多，等温压缩方式才是最省功的压缩方式。这一矛盾该如何解释呢？

来看一下单级活塞式压缩机工作周期中的三个过程，对三种压缩方式而言，进气过程中活塞得到的功是相同的，升压过程中活塞消耗的功是过程线垂直投影的面积，其值是绝热压缩最少，等温压缩最多而多变压缩居中。所以，单就升压这一步过程，确实选择绝热方式是最好的。

压缩机的工作目标不仅是把气体的压力提高，还需要把高压的气体送出至排气管内，这时就能发现，绝热压缩的升压进行得太快了，其终点的气体体积很大，把这个大胖子送出门要费很多功；等温压缩终点的气体体积很小，把这个身材苗条运动灵活的瘦子送出门就容易多了。综合而言，绝热压缩升压耗功最少而排出耗功极大，等温压缩升压耗功稍大而排出耗功很小，合成后等温方式最省功而绝热方式最耗功。

如同吃饭，一碗饭送到三人面前，这是进气过程，三人没有差别，绝热同学三下两下就把饭吃下了，似乎很快很省时，但却要花最多的时间去消化去吸收，等温同学细嚼慢咽，最后一个吃完，但消化吸收却很快，最终的结果，拿冠军的是踏踏实实的等温同学，而非狼吞虎咽的绝热同学。

（4）如果以 $n=1.25$ 的多变方式把（0.1MPa、300K）的空气压缩至 0.7MPa，其终点温度、压缩耗功和过程中的热量和熵的变化量如下：

$$T_2 = T_1\left(\frac{p_2}{p_1}\right)^{\frac{n-1}{n}} = 300\left(\frac{0.7}{0.1}\right)^{\frac{1.25-1}{1.25}} = 442.7(\text{K})$$

$$\Delta h = \frac{\gamma}{\gamma-1}R_g(T_2-T_1) = \frac{1.4}{1.4-1}\times 0.2871\times(442.7-300) = 143.4(\text{kJ/kg})$$

$$w_c = \frac{n}{n-1}R_g(T_2-T_1) = \frac{1.25}{1.25-1}\times 0.2871\times(442.7-300) = 204.8(\text{kJ/kg})$$

$$q = \Delta h - w_{c,n} = 143.4 - 204.8 = -61.4(\text{kJ/kg})$$

(6-14)

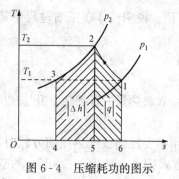

图 6-4　压缩耗功的图示

其中热量为负值说明压缩过程中气体要对外放热，而功量已经明确为耗功。

在 T-s 图中，过程线下的面积可以表示热量的大小，相同温度范围内等压线下的面积可以表示焓的大小，对压缩机而言，图 6-4 中 A_{1256} 表示热量，即 61.4kJ/kg，面积 A_{2345} 表示工质的焓升，即 143.4kJ/kg；面积 A_{123456} 表示压缩的耗功，即 204.8kJ/kg。注意这种表示方式仅对压缩过程有用，不具备普遍性。

第三节　活塞式压缩机的余隙容积

上节分析单级活塞式压缩机的工作情况时，认为排气过程能够把压缩至目标压力的气体全部排出气缸，因此进气过程结束时气缸内全部为从外界进入的新鲜气体。实际上，活塞运动的最左点是不能和气缸的底部相遇的，原因有很多，例如图 6-5 中进排气的丁字阀有突出于气缸底部的一部分，使活塞至气缸底之间有一个死区容积。定义这一死区容积为余隙容积 V_c，活塞从左至右运动所扫过的气缸容积为活塞排量 V_h，定义余隙容积 V_c 和活塞排量 V_h 之比为余隙容积比，用 C 表示，即

$$C = \frac{V_c}{V_h} \tag{6-15}$$

余隙容积比的大小取决于制造工艺，一般为 3%~8%。

由于余隙容积 V_c 的存在，活塞从最左死点向右运动的开始，残留在气缸内的高压气体压力开始下降，其值比 p_2 低而比 p_1 高，结果进排气两个丁字阀都处于关闭状态，直至活塞运动至 4 点，残留气体压力比 p_1 略低时，进气丁字阀打开，新鲜气体开始进入气缸，直至活塞运动至最右点。所以，能够进入气缸的新鲜气体量为 $V_1 - V_4$。

排气过程中，活塞运动至最左点时，有 V_3 容积的高压气体残留在气缸内，这部分气体在活塞右行的过程中膨胀至 V_4。

可见，由于余隙容积（对应残留气体）的存在，活塞每次运动过程吸入的新鲜气体容积将减少，定义新鲜气体容积

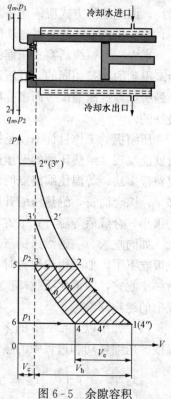

图 6-5　余隙容积

和活塞排量之间的比值为压缩机的容积效率，以 η_V 表示。假设气体的压缩过程 12 和膨胀过程 34 的多变指数都为 n，由于残留气体的影响，压缩机的容积效率 η_V 为

$$\left. \begin{aligned} \eta_V &= \frac{V_e}{V_h} = \frac{V_h + V_c - V_4}{V_h} = 1 - \frac{V_4 - V_c}{V_h} = 1 - \frac{V_c}{V_h}\left(\frac{V_4}{V_c} - 1\right) = 1 - C\left(\frac{V_4}{V_c} - 1\right) \\ \frac{V_4}{V_c} &= \frac{V_4}{V_3} = \left(\frac{p_2}{p_1}\right)^{\frac{1}{n}} = \pi^{\frac{1}{n}} \\ \Rightarrow \eta_V &= 1 - C(\pi^{\frac{1}{n}} - 1) \end{aligned} \right\}$$

$$\tag{6-16}$$

由式（6-16）可知，活塞式压缩机的结构特性参数即余隙容积比越大，容积效率就越低。在压缩机结构一定的前提下，压缩机的运行参数即升压比 π 越大，容积效率就越低，直至容积效率降至 0，此时的极限升压比为

$$\eta_V = 1 - C(\pi^{\frac{1}{n}} - 1) = 0 \Rightarrow C(\pi^{\frac{1}{n}} - 1) = 1 \Rightarrow \pi - \left(1 + \frac{1}{C}\right)^n \tag{6-17}$$

对于多变指数 $n=1.25$、余隙容积比为 5% 的压缩机，由式（6-17）计算出的极限升压比在 45 左右。

根据图 6-5，当升压比变大时，升压过程的终点会沿 2-2'-2″ 线上移，即活塞需要把气体向左压缩至更小的容积才能达到 p_2，但活塞运动到左死点即 3-3'-3″ 线时就停止压缩，并转向成向右运动，残留气体的膨胀线沿 34-3'4'-3″4″ 右移，最后与 12″ 线重合，此时活塞好不容易把气体压缩至出口压力 p_2，却已经没有任何行程可以排出气体。

分析有余隙容积的压缩机的耗功时，可以把它看成两台没有余隙容积的机械，其中一台是压缩机，通过压缩过程 12 把容积 V_1 的气体升压并排出，另一台是膨胀机，通过气体的膨胀过程 34 回收功（相当于压缩过程 43 的逆过程）。注意到图 6-5 为 p-V 图，2 点和 3 点、1 点和 4 点的温度是相同的，假设气体的压缩过程 12 和膨胀过程 34 的多变指数都为 n，则两台假想机器的功量和压缩机的耗功为

$$\left.\begin{array}{l} W_{C,1} = q_{m1} w_{C,n} = \dfrac{p_1 V_1}{R_g T_1} \dfrac{n}{n-1} R_g T_1(\pi^{\frac{n-1}{n}} - 1) = \dfrac{n}{n-1} p_1 V_1(\pi^{\frac{n-1}{n}} - 1) \\[3mm] W_{C,2} = q_{m3} w_{C,n} = \dfrac{p_1 V_4}{R_g T_1} \dfrac{n}{n-1} R_g T_1(\pi^{\frac{n-1}{n}} - 1) = \dfrac{n}{n-1} p_1 V_4(\pi^{\frac{n-1}{n}} - 1) \\[3mm] W_C = W_{C,1} - W_{C,2} = \dfrac{n}{n-1} p_1(V_1 - V_4)(\pi^{\frac{n-1}{n}} - 1) \end{array}\right\} \tag{6-18}$$

考虑到压缩机工作时的实际工质流量后，有余隙容积的压缩机单位工质的耗功为

$$\left.\begin{array}{l} q_m = q_{m1} - q_{m3} = \dfrac{p_1}{R_g T_1}(V_1 - V_4) \\[3mm] w_{C,n} = \dfrac{W_C}{q_m} = \dfrac{n}{n-1} R_g T_1(\pi^{\frac{n-1}{n}} - 1) \end{array}\right\} \tag{6-19}$$

即压缩机压缩 1kg 工质的耗功没有发生变化。

有了余隙容积后，压缩机每一周期吸入并排出的工质量减小了，所以压缩机的工作总量变小了，因此余隙容积对压缩机而言仍是一个不利的因素。

第四节 多级活塞式压缩机

如果压缩机排出的工质压力 p_2 要求很高，例如达到兆帕级，此时，尽管采用良好的冷却，压缩机出口的工质温度仍然会超过润滑油安全工作的允许范围，因此，需要采用合理的方法来获得高压的工质。常用的方法是采用多级压缩机，并在压缩机间采取级间冷却。

一、多级活塞式压缩机的工作过程

如图 6-6 所示，来自环境的工质进入第一级压缩机的参数为 (p_1, T_1)，排气参数为 (p_2, T_2)，一般情况下，若非采取等温压缩，T_2 总是高于 T_1。工质在离开一级压缩机后进入到中间冷却器中，被冷却至环境温度，但该过程可以视作压力不变，因此中间冷却器进出口参数为 $p_3 =$

p_2、$T_3 = T_1$，工质在第二级压缩机中被压缩至（p_4，T_4），成为满足工作目标的工质。

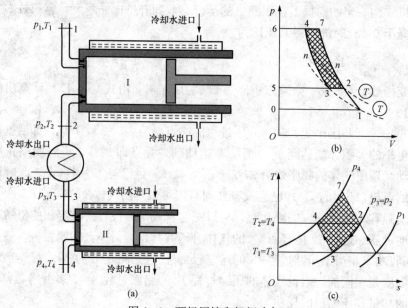

图 6-6 两级压缩和级间冷却

(a) 工作过程；(b) p-V 图；(c) T-s 图

二、多级活塞式压缩机的能量分析

如果认为两级压缩机都以指数为 n 的多变过程运行，考虑到 $p_3 = p_2$，$T_3 = T_1$，则 Ⅰ、Ⅱ 压缩机的出口温度、耗功，以及压缩机的总耗功为

$$
\left.
\begin{aligned}
T_2 &= T_1 \left(\frac{p_2}{p_1} \right)^{\frac{n-1}{n}} \\
T_4 &= T_3 \left(\frac{p_4}{p_3} \right)^{\frac{n-1}{n}} = T_1 \left(\frac{p_4}{p_2} \right)^{\frac{n-1}{n}} \\
w_{C1} &= \frac{n}{n-1} R_g (T_2 - T_1) = \frac{n}{n-1} R_g T_1 \left[\left(\frac{p_2}{p_1} \right)^{\frac{n-1}{n}} - 1 \right] \\
w_{C2} &= \frac{n}{n-1} R_g (T_4 - T_3) = \frac{n}{n-1} R_g T_1 \left[\left(\frac{p_4}{p_2} \right)^{\frac{n-1}{n}} - 1 \right] \\
w_C &= w_{C1} + w_{C2} = \frac{n}{n-1} R_g T_1 \left[\left(\frac{p_2}{p_1} \right)^{\frac{n-1}{n}} + \left(\frac{p_4}{p_2} \right)^{\frac{n-1}{n}} - 2 \right]
\end{aligned}
\right\}
\tag{6-20}
$$

从式（6-20）可知，压缩机的总耗功不仅与出口压力目标 p_4 有关，还与压缩机的中间压力 p_2 有关，可以证明，总耗功相对于中间压力 p_2 有最小值，此时

$$
\left.
\begin{aligned}
&\frac{\mathrm{d} w_C}{\mathrm{d} p_2} = 0 \\
\Rightarrow\ & \frac{\mathrm{d}}{\mathrm{d} p_2} \left[\left(\frac{p_2}{p_1} \right)^{\frac{n-1}{n}} + \left(\frac{p_4}{p_2} \right)^{\frac{n-1}{n}} \right] = 0 \\
\Rightarrow\ & p_2 = \sqrt{p_1 p_4} \\
\Rightarrow\ & \pi_1 = \pi_2 = \frac{p_2}{p_1} = \frac{p_4}{p_2} = \left(\frac{p_4}{p_1} \right)^{\frac{1}{2}}
\end{aligned}
\right\}
\tag{6-21}
$$

即Ⅰ、Ⅱ压缩机的升压比相等，其值为总升压比的 2 级几何平均。此时Ⅰ、Ⅱ压缩机的出口温度和耗功正好相等，其值和压缩机的总耗功为

$$
\left.
\begin{aligned}
T_2 &= T_4 = T_1\left(\frac{p_4}{p_1}\right)^{\frac{1}{2}\cdot\frac{n-1}{n}} \\
w_{C1} &= w_{C2} = \frac{n}{n-1}R_g T_1\left[\left(\frac{p_4}{p_1}\right)^{\frac{1}{2}\cdot\frac{n-1}{n}} - 1\right] \\
w_C &= w_{C1} + w_{C2} = 2\frac{n}{n-1}R_g T_1\left[\left(\frac{p_4}{p_1}\right)^{\frac{1}{2}\cdot\frac{n-1}{n}} - 1\right]
\end{aligned}
\right\}
\tag{6-22}
$$

作为一个推论，当压缩机有 Z 级时，总耗功最小时各压缩机的升压比相等，其值为总升压比的 Z 级几何平均，此时各压缩机的出口温度和耗功均相等，即

$$
\left.
\begin{aligned}
\pi_{opt} &= \left(\frac{p_Z}{p_1}\right)^{\frac{1}{Z}} \\
T_2 &= T_4 = \cdots = T_1\left(\frac{p_Z}{p_1}\right)^{\frac{1}{Z}\cdot\frac{n-1}{n}} \\
w_{C1} &= w_{C2} = \cdots = \frac{n}{n-1}R_g T_1\left[\left(\frac{p_Z}{p_1}\right)^{\frac{1}{Z}\cdot\frac{n-1}{n}} - 1\right] \\
w_C &= Z\frac{n}{n-1}R_g T_1\left[\left(\frac{p_Z}{p_1}\right)^{\frac{1}{Z}\cdot\frac{n-1}{n}} - 1\right]
\end{aligned}
\right\}
\tag{6-23}
$$

两级压缩中间冷却器中工质放出的热量可以用稳定流量能量方程计算，即

$$
q_{23} = \Delta h_{23} = c_p(T_3 - T_2) = c_p(T_1 - T_2) < 0 \tag{6-24}
$$

负值说明工质是放热的。

在图 6-6 中表示了最佳压缩比时的情况，在 p-v 图中两条过程线 12 和 34 线左边的面积正好相等，且 1 点和 3 点、2 点和 4 点在一条等温线上；在 T-s 图中，更清楚地表示出了 $T_3 = T_1$，$T_4 = T_2$。

三、讨论

（1）如果压缩机不分级，而是用一个压缩机直接把气体从压力 p_1 升至 p_4，或者虽然采用了两级压缩，但在级间不冷却，即第一级出口气体直接进入第二级进口，这两种情况的过程线均为 127。由于 p-v 图上耗功量为过程线左边的投影面积，所以可以看出，127 过程的耗功量比 12-34 两级压缩的耗功多，多出的值可用面积 A_{2347} 表示。

由于采用了级间冷却，第二级过程线从 27 左移至了 34，使耗功减小 A_{2347}，似乎气体在级间冷却器中放出的热量和耗功的减少量之间有相等关系。

站在工质的角度上，工质在级间冷却器中放出了热量，自身能量应该是减少的。从能量守恒角度讲，这一减小值能在第二级压缩机得到补偿才更合理。实际上，从图形面积看第二级压缩机的耗功减少了，或者说气体在第二级压缩机中的得功变少了。所以，气体在级间冷却器中减少了一次能量，在第二级压缩机中不仅未得到补偿，反而又少拿了能量，"吃了两次亏"，这两次能量亏损，没有必然的相等关系。

（2）工质在级间冷却器中的放热来自哪里，对第二压缩机又有何影响呢？

很简单，式（6-24）说明，工质在级间冷却器中的放热来自自身焓的减小。

由于工质的温度下降，焓减小，所以工质在进入第二级压缩时的比体积变小了，总体积

也变小了，因此本来气体可以把第二级压缩机的活塞顶到 2 点，但是冷却后的气体只能把活塞顶到 3 点，所以活塞在进气过程中得到的功变小了。可见，工质放出了热量使它能对第二级活塞作的进气功变小，能量守恒关系是存在且成立的。

（3）为什么第二级压缩机还能省功？

注意，现在进入第二级压缩机的气体体积变小了，经过升压过程后，达到排气压力 p_4 时气体的比体积比较小，所以第二级压缩机需要付出的排出功也小。综合第二级压缩机三个过程中的功量，进气过程得功变小，升压过程耗功不变，排气过程耗功大大减小，最终效果是第二级压缩机省功了！若无级间冷却，第二级压缩机工质进口和出口的比体积都比较大，结果其耗功反而变大。

（4）采用两级压缩和级间冷却时，第二级压缩机进气容积是很小的，因此其机械尺寸也可以做得比较小，由于小压缩机的余隙容积比可以做得比较小，因此第二台压缩机的容积效率比较高。

习　题

本章习题若非特别指明，都视气体为定比热的理想气体，参数可查附录 1。

6-1　掌握下列基本概念：压缩机效率、绝热压缩效率、余隙容积、余隙容积比、最佳升压比。

6-2　辨析下列概念：

（1）活塞式压缩机的工作过程是周期性的，不能用稳定流动能量方程分析。

（2）活塞式压缩机的耗功用于提高气体的热力学能和对外放出热量。

（3）单级活塞式压缩机采用绝热压缩方式最省功。

（4）单级活塞式压缩机采用等温压缩方式最省功。

（5）余隙容积越大，单位工质的压缩耗功就越大。

（6）余隙容积的存在降低了活塞式压缩机的气体产量。

（7）从安全角度分析，若为等温压缩，则不必采用多级压缩。

（8）多级活塞式压缩机最省功时，中间压力为进出口压力的算术平均值。

（9）多级活塞式压缩机最省功时，各级压缩机的出口温度相等。

（10）多级活塞式压缩机最省功时，各级压缩机的耗功相等。

6-3　空气在压缩机中被绝热压缩，压缩前空气的参数为 0.1MPa、25℃；压缩后空气的参数为 0.6MPa、240℃，求：

（1）可逆时压缩机压缩 1kg 空气所耗的功；

（2）该压缩机压缩 1kg 空气所耗的功；

（3）该压缩机的效率。

6-4　单级活塞式压缩机需要把空气从 0.1MPa、27℃压缩至 0.7MPa，试计算等温压缩、$n=1.2$ 的多变压缩和绝热压缩三种方式下压缩机的各项，即压缩终温、起点和终点比体积、吸入功、升压功、排出功、总功，结果用表格表示。

6-5　某压缩机，进口自压力为 0.1MPa 的环境吸入 3600m³/h 的空气压缩至 0.7MPa 排出，夏季工作时，进口温度为 37℃，冬季工作时，进口温度为 -13℃，设压缩过程的多变指数为 1.25，求：

（1）两个季节压缩机出口的温度分别为多少；

（2）两个季节压缩机的流量分别为多少（kg/s）；

（3）两个季节压缩机的单位质量的耗功分别为多少（kJ/kg）；

（4）两个季节压缩机的总耗功分别为多少（kW）。

6-6　燃气轮机循环中采用的空气压缩机，其流量为 600kg/s，空气进入压缩机的温度为 15℃，压力为 0.1MPa，压缩过程为绝热可逆压缩，压缩终点的压力为 1MPa，求该压缩机需要消耗的功率。

6-7　一台单级活塞式压缩机，余隙容积比为 0.06，空气进入压缩机的温度为 32℃，压力为 0.1MPa，压缩过程的多变指数为 1.25，试求：

（1）压缩机能够达到的极限压力和此时的温度；

（2）出口压力为 0.5MPa 时的容积效率和出口温度；

（3）出口压力为 1.0MPa 时的容积效率和出口温度。

6-8　采用中间冷却的两级活塞式压缩机。进入压缩机的空气状态为 0.1MPa、20℃，压缩后的压力为 6MPa，压缩机的多变指数为 1.3，以 1kg 工质为例，求：

（1）压缩机应该采取什么样的压力分配方法；

（2）此时每级压缩机出口空气温度和耗功；

（3）每级压缩机在水套中放出的热量和中间冷却器中空气的放热量。

6-9　某大型燃气轮采用 18 级叶轮式压缩机，进入压缩机的空气状态为 0.1MPa、20℃，压缩后的压力为 1.54MPa，压缩过程为绝热，求：

（1）最省功状态下，压缩机应该采取什么样的压力分配方法；

（2）此时压缩机每级的耗功和总耗功；

（3）实际上该压缩机没有级间冷却，求此时压缩机的总耗功。

6-10　天然气输气管道上需要配置大型压缩机，其进口参数为 5.64MPa、13.4℃，出口压力为 10.1MPa，设天然气成分为甲烷，流量为 60 亿 m³/年（标准状态下），压缩过程为绝热，求：

（1）天然气的质量流量（kg/s）；

（2）压缩 1kg 天然气需要的耗功；

（3）压缩机所需的功率。

第七章 气体动力循环

动力循环是工质以某种方式获得热能，通过一个循环将之部分转变为功向外输出。根据动力循环中所使用工质的不同，可以把动力循环分为气体动力循环和蒸汽动力循环两种。

气体动力循环中，汽油机、柴油机和燃气轮机使用气体（如天然气）或液体燃料（如汽油、柴油），当燃料燃烧时，燃料成分发生变化生成烟气，化学能直接释放给烟气，使烟气的温度迅速升高。一般燃烧过程非常迅猛，在百分之一秒左右就能完成，更像是一种爆炸，烟气在爆炸过程中几乎"立刻"获得热量。燃料燃烧后产生的烟气，其主要成分是氮气（助燃空气中的不可燃部分）、二氧化碳（由燃料中碳成分转换而来）、水蒸气（由燃料中氢成分转换而来）、氧气（助燃空气中过量供应空气的多余部分）以及其他一些微量成分，烟气的温度都比较高，此时水蒸气也表现出理想气体的性质，因此可以把烟气看成为理想气体。由于燃料的能量密度（单位质量的燃料能够放出的热量）高，对应的机械可以做得小巧轻便一点，因此汽车、火车、飞机、轮船等交通工具都采用气体动力循环。

气体动力循环也可以利用其他能量，如太阳能辐射能转换而来的热能，或者某些工业过程中的废热，此时，工质通过一个吸热过程获得能量，获得能量的速度比较缓慢，自然功量输出也不会很快，但在某些场合有其特殊的应用，典型的如斯特林机。

第一节 汽油机循环

汽油机是汽油发动机的简称，是以汽油作为燃料的发动机。由于汽油机转速高，结构简单，质量轻，造价低廉，运转平稳，使用维修方便，所以在汽车上，特别是小型汽车上大量使用。

汽油机的工质循环首先由法国一位工程师于1862年提出的，1876年德国工程师尼古拉斯·奥托利用这个原理发明了发动机，故把这种循环命名为奥托循环（Otto 循环）。

一、汽油机循环的工作过程

汽油机的主体部分是一个活塞气缸系统，由于运行中的温度和压力都比较高，所以活塞气缸做得比较笨重。气缸底部有两个丁字阀，一个和进气管相连，用于控制空气进入气缸，另一个和排气管相连，用于控制燃烧生成的烟气排出气缸。和压缩机不同的是，进气丁字阀和排气丁字阀都是受控的，其开关由汽油机的控制系统通过一套连杆凸轮机构决定。活塞通过连杆和一个大质量的飞轮相连，以飞轮的惯性实现活塞连续和稳定地运行。

图 7-1 所示为四冲程汽油机，图中两条水平虚线是活塞能够运动的极限位置，上虚线对应活塞的上死点，下虚线对应活塞的下死点。冲程是指活塞在两个极限位置间移动一次，有从上到下或从下到上两种可能的方向。四冲程的汽油机，顾名思义，工质完成一个循环需要四个冲程，或活塞来回运动两个周期，或曲轴转动两圈。

汽油机的工作过程如下：

（1）进气冲程 AB：活塞从上死点向下运动，进气阀在外界控制下主动打开，汽油由喷

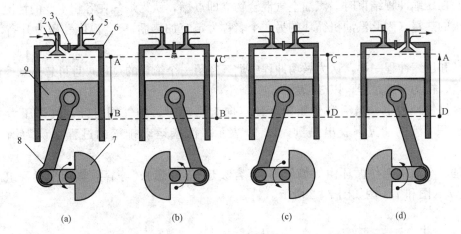

图 7-1 四冲程汽油机循环

(a) 吸气冲程; (b) 压缩冲程; (c) 做功冲程; (d) 排气冲程

1—进气管; 2—进气阀; 3—火花塞; 4—排气阀; 5—排气管;

6—气缸; 7—飞轮; 8—曲轴; 9—活塞

油嘴雾化后和空气混合进入气缸。由于气缸质量和活塞的质量比较大，温度比较高，因此混合物在进气冲程中可以吸收热量，至进气结束时，其温度已经升高到 370~400K，压力为 0.075~0.09MPa（因活塞的抽吸作用而低于大气压）。

（2）压缩冲程 BC：活塞从下死点向上运动，进气阀和排气阀均关闭，汽油和空气的混合物被压缩，压力会增加到 0.6~1.2MPa，温度可达 600~700K，但汽油机的设计参数保证此时的温度不至于引起汽油着火。

（3）做功冲程 CD：活塞运动到接近上死点的一瞬间，火花塞主动打火，电火花点燃汽油和空气的混合物，使之发生一个剧烈迅猛的燃烧，汽油空气混合物的成分发生变化，成为烟气，同时压力和温度迅速升高，最大压力可达 3~5MPa，相应的温度则高达 2200~2800K。高温高压的烟气推动活塞向下运动，通过连杆使飞轮旋转并输出机械能，同时烟气温度和压力均下降，在此行程终了时，压力降至 0.3~0.5MPa，温度为 1300~1600K。

（4）排气冲程 DA：活塞从下死点向上运动，排气阀主动打开，降温降压后的烟气依赖自身压力由排气管排出。在此冲程中，气缸内压力稍微高于大气压力，为 0.105~0.115MPa。当活塞到达上死点附近时，排气行程结束，此时的废气温度为 900~1200K。至此，飞轮转动两圈，活塞上下运动两次共四个冲程，完成一个循环。

汽油机（包括柴油机和燃气机）中燃料的燃烧是在气缸内进行的，因此把这一类动力机械称为内燃机。在汽油机循环中，气缸内的工质成分发生了变化，但在进行热力学分析时，通常把其成分固定为烟气，燃料燃烧时释放的化学能以"能量炸弹"的方式直接被烟气吸收。

为分析问题简化，根据汽油机的工作特点，做如下简化：

（1）进气冲程 AB 中烟气的温度、压力和比体积等参数不变，保持状态 1。

（2）压缩冲程中烟气经历一个绝热的过程，且可忽略摩擦散热等耗散因素，视为等熵过程，以 12 表示。

（3）在压缩冲程结束时，汽油空气混合物立即点燃，认为烟气在容积不变的情况下吸收燃烧放出的热量（因此汽油机循环的另一个名称为定容加热循环），温度和压力升高，以 23 表示。

（4）和压缩冲程一样，认为做功冲程中烟气经历一个绝热的过程，且可忽略摩擦散热等耗散因素，视为等熵过程，以 34 表示。

（5）排气冲程中，当活塞开始由下死点向上运动时，排气阀打开，气体压力立刻降低，在容积不变的情况下放出热量，以 41 表示。活塞运动排气的过程中认为烟气参数不变。

于是，汽油机工作循环由等熵压缩-等容吸热-等熵膨胀-等容放热四个过程组成，其 p-V图、p-v 图和 T-s 图如图 7-2 所示。

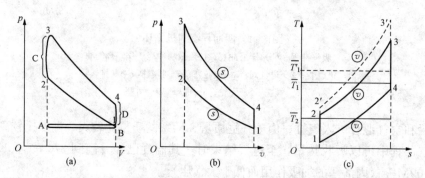

图 7-2   四冲程汽油机循环的 p-V、p-v 图和 T-s 图
(a) p-V 图；(b) p-v 图；(c) T-s 图

二、汽油机循环的能量分析

汽油工作周期中，与外界有物质交换的是吸气冲程 AB 和排气冲程 DA，根据 p-V 图，若认为两个冲程中工质的压力相同，则此两个过程中的能量项都是可以相互抵消的。除此，汽油机循环的其他过程中都没有和外界进行物质交换，是一个闭口系，可以用闭口系的方法进行能量分析。

根据 p-V 图和 T-s 图，汽油机工质的吸热过程 23 是等容过程，吸热量为

$$q_1 = c_V(T_3 - T_2) \tag{7-1}$$

工质的放热过程 41 也是等容过程，放热量（注意，指明为放热）为

$$q_2 = c_V(T_4 - T_1) > 0 \tag{7-2}$$

若定义压缩过程中起点和终点比体积的比值为压缩比 ε，根据等熵过程 12 和 34 的特点，有

$$\varepsilon = \frac{v_1}{v_2}$$

$$\left. \begin{array}{l} \dfrac{T_2}{T_1} = \left(\dfrac{v_2}{v_1}\right)^{1-\gamma} = \varepsilon^{\gamma-1} \\[2mm] \dfrac{T_3}{T_4} = \left(\dfrac{v_3}{v_4}\right)^{1-\gamma} = \left(\dfrac{v_2}{v_1}\right)^{1-\gamma} = \varepsilon^{\gamma-1} \end{array} \right\} \Rightarrow \dfrac{T_2}{T_1} = \dfrac{T_3}{T_4} \Rightarrow \dfrac{T_4}{T_1} = \dfrac{T_3}{T_2} \tag{7-3}$$

因此，汽油机循环的效率为

$$\eta_{t,V} = \frac{w_0}{q_1} = 1 - \frac{q_2}{q_1} = 1 - \frac{T_4 - T_1}{T_3 - T_2} = 1 - \frac{T_1\left(\frac{T_4}{T_1} - 1\right)}{T_2\left(\frac{T_3}{T_2} - 1\right)} \tag{7-4}$$

$$= 1 - \frac{T_1}{T_2} = 1 - \frac{1}{\varepsilon^{\gamma-1}}$$

汽油机循环的净功量为

$$w_0 = q_0 = q_1 - q_2 = c_V[(T_3 - T_2) - (T_4 - T_1)] \tag{7-5}$$

三、讨论

（1）根据式（7-3），对汽油机循环，压缩终点的温度 T_2 受压缩比 ε 决定，ε 越大，T_2 也越高，因此点燃后的燃烧速度也越快。但 ε 太高时，会使 T_2 超过汽油空气混合物的燃点，于是不需火花塞电火花的作用，混合物自己就会爆燃，气缸内温度和压力急剧升高，所形成的压力波以声速推进，撞击燃烧室壁发出尖锐的敲缸声，引起发动机过热、功率下降、燃油消耗量增加等不良后果，甚至造成气门烧毁、轴瓦破裂、火花塞绝缘体被击穿等机件损坏。因此一般把压缩比限定为 8～10。

（2）根据式（7-4），汽油机的效率随压缩比 ε 的增大而增大，当 $\varepsilon=8$ 时，效率为 56.5%；当 $\varepsilon=9$ 时，效率为 58.5%；当 $\varepsilon=10$ 时，效率为 60.2%。

如果在图 7-2 的 T-s 图上引入吸热过程的平均温度和放热过程的平均温度，则可以把汽油机的定容加热循环等价为卡诺循环加以分析。当压缩比 ε 增大时，吸热过程线 23 上移至 2′3′，对应平均吸热温度升高，而平均放热温度不变，因此其循环效率上升。

（3）汽油机工作时，工质最低温度为进气温度 T_1，进气来自环境，并在进气冲程终点升温至 370～400K；工质最高温度为吸热终点温度 T_3，这一温度受气缸活塞的材料承受能力限制，一般为 2200～2800K，在这两个温度的限制下，每千克工质的做功量为

$$\begin{aligned}w_0 = q_0 &= q_1 - q_2 \\ &= c_V[(T_3 - T_2) - (T_4 - T_1)] \\ &= c_V\left[(T_3 - T_1\varepsilon^{\gamma-1}) - \left(\frac{T_3}{\varepsilon^{\gamma-1}} - T_1\right)\right] \\ &= c_V\left[T_3\left(1 - \frac{1}{\varepsilon^{\gamma-1}}\right) + T_1(1 - \varepsilon^{\gamma-1})\right]\end{aligned} \tag{7-6}$$

即做功量由 ε 决定。对式（7-6）求导，并取两个温度的常见值，认为烟气的绝热指数为 1.4，可以求得做功量最大时的压缩比为

$$\varepsilon = \left(\frac{T_3}{T_1}\right)^{\frac{1}{2}\cdot\frac{1}{\gamma-1}} = \left(\frac{2500}{400}\right)^{\frac{1}{2}\cdot\frac{1}{1.4-1}} = 9.88 \tag{7-7}$$

可见，汽油机选择 8～10 的压缩比时，做功量也是接近最大的。

第二节　柴油机循环

汽油机在工作时，压缩终点的温度不能太高，否则会引起汽油机的爆燃，若压缩的工质中没有汽油等燃料，则压缩比可以增大一点，这样效率会更高。按照此思路，德国发明家鲁道夫·狄塞尔于 1892 年发明了柴油发动机。

一、柴油机循环的工作过程

在结构上，柴油机和汽油机相差无几，只不过它没有火花塞，但柴油是用高压油泵加压后直接喷入气缸的，因此，多了一个燃油喷嘴。

工作原理上，柴油机在进气冲程中吸入的仅是空气，没有燃料成分，因此其压缩冲程的压缩比可以比汽油机大很多，一般为 16～22，压缩终点的温度可以达到 750～1000K，压力达 3.5～4.5MPa。这一温度已经超过了柴油的自燃点，若此时把燃料柴油喷入气缸，柴油将立刻自燃（也称为压燃），以爆炸的形式释放能量，生成高温高压的烟气，并猛烈膨胀，推动活塞下行做功，燃烧产生的温度可达 2000～2500K，压力可达 6～9MPa。在做功冲程的终点，排气阀打开，烟气排出气缸。

狄塞尔发明的柴油机，柴油是在到达压缩终点时喷入气缸的，在柴油被压燃时，活塞已经开始下行，燃烧过程中烟气的压力基本保持不变，因此人们把这一循环称为定压加热循环（或称为狄塞尔循环，Diesel 循环），其 $p\text{-}v$ 图和 $T\text{-}s$ 图如图 7-3 所示。

大功率的柴油机，例如用于驱动大型船舶的低速柴油机，在压缩冲程快结束时提前喷入柴油，这部分柴油会在活塞到达上死点的瞬间压燃，其放热几乎是在等容下完成，稍后继续喷入的柴油在活塞开始下行时压燃，其放热认为是在等压下进行的，这种等容-等压混合加热的柴油机循环称混合加热循环（也称萨巴德循环，Sabathe 循环），其 $p\text{-}v$ 图和 $T\text{-}s$ 图如图 7-4 所示。

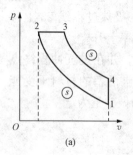 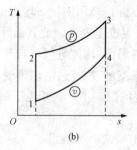

图 7-3　定压加热循环 $p\text{-}v$ 图和 $T\text{-}s$ 图
(a) $p\text{-}v$ 图；(b) $T\text{-}s$ 图

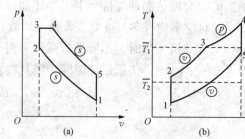

图 7-4　混合加热循环 $p\text{-}v$ 图和 $T\text{-}s$ 图
(a) $p\text{-}v$ 图；(b) $T\text{-}s$ 图

二、柴油机循环的能量分析

定压加热循环可以视作混合加热循环的一个特例，此处仅分析混合加热循环的能量特性，其吸热量为

$$q_1 = c_V(T_3 - T_2) + c_p(T_4 - T_3) \tag{7-8}$$

放热量（注意，指明为放热）为

$$q_2 = c_V(T_5 - T_1) > 0 \tag{7-9}$$

定义压缩过程 12 中比体积增大的倍数为压缩比 ε，等容加热过程 23 压力升高的倍数为等容升压比 λ，等压加热过程 34 中比体积增大的倍数为等压预胀比 ρ，即

$$\varepsilon = \frac{v_1}{v_2}, \quad \lambda = \frac{p_3}{p_2}, \quad \rho = \frac{v_4}{v_3} \tag{7-10}$$

根据定熵过程 12 的特点，有

$$\frac{T_2}{T_1} = \left(\frac{v_1}{v_2}\right)^{\gamma-1} = \varepsilon^{\gamma-1} \tag{7-11}$$

根据等容过程 23 的特点，有

$$\frac{T_3}{T_2} = \frac{p_3}{p_2} = \lambda \tag{7-12}$$

根据等压过程 34 的特点，有

$$\frac{T_4}{T_3} = \frac{v_4}{v_3} = \rho \tag{7-13}$$

由图 7-4 中 $T\text{-}s$ 图可知，过程 234 和过程 15 的熵变相同，考虑到 23 过程为等容过程，34 过程为等压过程，因此其熵变都仅与温度有关，故有

$$\left.\begin{array}{l} \Delta s_{15} = \Delta s_{23} + \Delta s_{34} \\[6pt] c_V \ln \dfrac{T_5}{T_1} = c_V \ln \dfrac{T_3}{T_2} + c_p \ln \dfrac{T_4}{T_3} \\[6pt] \ln \dfrac{T_5}{T_1} = \ln \dfrac{T_3}{T_2} + \gamma \ln \dfrac{T_4}{T_3} \\[6pt] \dfrac{T_5}{T_1} = \dfrac{T_3}{T_2}\left(\dfrac{T_4}{T_3}\right)^{\gamma} = \lambda \rho^{\gamma} \end{array}\right\} \tag{7-14}$$

于是，混合加热循环的效率为

$$\begin{aligned} \eta_{t,vp} &= 1 - \frac{q_2}{q_1} = 1 - \frac{c_V(T_5 - T_1)}{c_V(T_3 - T_2) + c_p(T_4 - T_3)} \\[8pt] &= 1 - \frac{(T_5 - T_1)}{(T_3 - T_2) + \gamma(T_4 - T_3)} \\[8pt] &= 1 - \frac{\dfrac{T_5}{T_1} - 1}{\dfrac{T_2}{T_1}\left(\dfrac{T_3}{T_2} - 1\right) + \gamma \dfrac{T_3}{T_2}\dfrac{T_2}{T_1}\left(\dfrac{T_4}{T_3} - 1\right)} \\[8pt] &= 1 - \frac{\lambda \rho^{\gamma} - 1}{\varepsilon^{\gamma-1}\left[(\lambda - 1) + \gamma\lambda(\rho - 1)\right]} \end{aligned} \tag{7-15}$$

混合加热循环的净功量为

$$w_0 = q_0 = q_1 - q_2 = c_V(T_3 - T_2) + c_p(T_4 - T_3) - c_V(T_5 - T_1) \tag{7-16}$$

当式（7-16）中等容升压比 $\lambda = 1$ 时，混合加热过程成为定压加热过程，其效率为

$$\eta_{t,p} = 1 - \frac{1}{\varepsilon^{\gamma-1}} \frac{\rho^{\gamma} - 1}{\gamma(\rho - 1)} \tag{7-17}$$

其净功量为

$$w_0 = q_0 = q_1 - q_2 = c_p(T_3 - T_2) - c_V(T_4 - T_1) \tag{7-18}$$

三、讨论

（1）根据式（7-17）和图 7-5（a）可知，对定压加热循环，当压缩比 ε 增大时，其效率也是增大的。因为压缩比 ε 增大时，吸热过程线 23 上移至 $2'3'$，对应平均吸热温度升高，而平均放热温度不变，因此其循环效率上升。

（2）根据式（7-17）和图 7-5（b）可知，对定压加热循环，当等压预胀比 ρ 增大时效率反而下降，这是因为等容线比等压线陡，ρ 增大时吸热线比较平缓地延长至 $3'$，而放热线比较迅速地延长至 $4'$，因此平均放热温度比平均吸热温度增加得快，根据卡诺循环效率的特点，热效率反而降低。

（3）混合加热循环热效率的特性和定容加热循环、定压加热循环的特性类似，即压缩比 ε 和等容升压比 λ 增大时效率提高。这是因为随着压缩比 ε 和等容升压比 λ 的增大，循环的吸热平均温度提高，而平均放热温度保持不变，所以循环热效率提高。

（4）混合加热循环等压预胀比 ρ 增大时，相应等容升压比 λ 将变小，因此这时混合加热循环更像定压加热循环。由于等容线比等压线陡，ρ 增大、λ 变小意味着加大了等压加热份额，造成了平均吸热温度升高不如平均放热温度升高得快，所以热效率反而降低。

（5）等容加热、等压加热和混合加热三种循环，工作时工质的最低温度都受限于环境温度，最高温度均受限于材料的允许温度，在这两个温度的限制下，三种循环在同一个 p-v 图和 T-s 图上的表示如图 7-6。根据图 7-6，T-s 图过程线下的面积是过程中的热量，循环所围的面积即循环的净热（等于循环的净功），因此，在相同的最低温度和最高温度限制下，三种循环的吸热、放热和效率之间的大小关系如下：

$$\left.\begin{array}{l} q_{1,p} > q_{1,vp} > q_{1,v} \\ q_{2,p} = q_{2,vp} = q_{2,v} \\ w_{0,p} > w_{0,vp} > w_{0,v} \\ \eta_{t,p} > \eta_{t,vp} > \eta_{t,v} \end{array}\right\} \qquad (7-19)$$

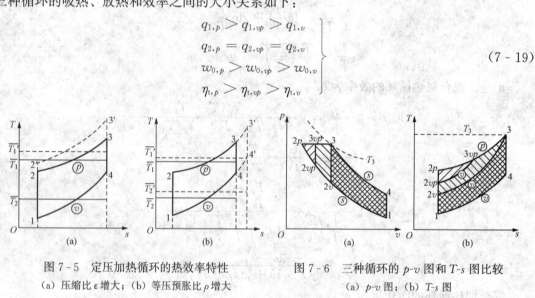

图 7-5　定压加热循环的热效率特性　　　　图 7-6　三种循环的 p-v 图和 T-s 图比较
（a）压缩比 ε 增大；（b）等压预胀比 ρ 增大　　　　（a）p-v 图；（b）T-s 图

第三节　燃气轮机循环

汽油机和柴油机在工作时，活塞是往复运动的，需要通过一套曲柄连杆才能将直线往复运动转变成旋转运动，进而驱动发电机、车轮或螺旋桨等设备。由于直线往复运动是正向-停止-逆向-停止-正向的过程，速度变化带来的惯性力很大，对设备的强度要求很高，因此，汽油机工作时其转速一般不超过 6000r/min，而柴油机仅在 2500～3000r/min（现代设计的轿车用高速柴油机有达到 5000r/min 的）。同时，工质参数在各个冲程中变化很大，对应设备运行状态的改变也很剧烈，有时进气，有时排气，有时做功，有时耗功。这种周期性剧变的工况将产生很大的噪声和振动，影响设备运行的安全性和人们工作与生活的舒适性（人们在车里能听到发动机的"突突突"的声音，有时还能感觉车体的振动均源于此）。

与之对比，燃气轮机以连续流动的气体为工质带动叶轮高速旋转，将燃料的能量转变为功量向外输出。它首先运转平衡，其次能以很高的速度旋转（最高每分钟超过十万转），因此可以达到很高的能量输出密度，比较适合用作军舰、飞机的动力装置。

一、燃气轮机循环的工作过程

燃气轮机有两个不同范围的概念，狭义的概念仅指利用高温高压的燃气产生旋转运动向外输出功量的设备，有时也称为燃气透平（turbine 的音译）；广义的燃气轮机概念应用更多一些，它包括了向外输出功量的燃气透平、为燃气透平提供高压空气的压气机和产生燃气的燃烧室等，这些设备由一根轴串联，在视觉上是一个完整的整体。本书所用的燃气轮机是广义的概念，狭义的概念用燃气透平。

燃气轮机的结构如图 7-7 所示，主要由压气机、燃烧室和燃气透平三大部分构成，其工作过程如下：

（1）等熵压缩过程 12：空气自环境被压气机吸入，通过多级叶轮式压气机，被压缩至高压力，这一过程中压气机是耗功的，如果忽略压缩过程中的散热和摩擦，可以认为是等熵压缩过程。

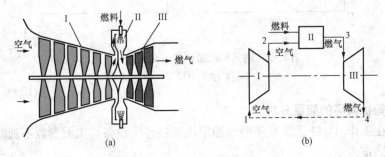

图 7-7　燃气轮机结构示意
（a）结构图；（b）工作过程
Ⅰ—压气机；Ⅱ—燃烧室；Ⅲ—燃气透平

对大型的以发电为主的 250MW 级燃气轮机，压气机的级数可高达 17～26 级，出口压力达到 1.7MPa 以上，压气机的工质流量为 600kg/s 左右，因此压气机的耗功非常大，要占到燃气透平输出功率的 1/3 左右。

（2）等压吸热过程 23：高压空气进入燃烧室，气体或液体燃料在此与空气混合点燃，通过燃烧放热生成高温的燃气，如果忽略过程中的阻力，可以认为该过程是等压吸热过程。

燃气温度将直接决定燃气轮机循环的效率，因此总是尽可能地在材料承受能力允许的前提下提高燃气温度，目前世界最先进燃气轮透平的进口燃气温度已达到 1500℃。

（3）等熵膨胀过程 34：高温高压的燃气进入燃气透平，降压膨胀，推动透平叶轮旋转，向外输出功量，直至压力下降至环境压力相等。若忽略摩擦和散热，可认为本过程为等熵过程。

一套净功率为 250MW 的燃气轮机，燃气透平共有三级或四级叶轮，第一级叶轮上有 96个叶片，每个叶片输出功率达 1000kW，售价达到百万元。燃气透平叶轮叶片工作在高温高压和高速下，工作参数非常恶劣，它的制造和运行水平体现了一个国家的工业水平。目前在这方面居于领先地位的是美国、德国和日本，而我国仅处于起步阶段。

（4）等压放热过程 41：做完功的燃气被排入环境，在大气压力下温度降低，放出热量，是一个等压过程。

在燃烧室中，燃料和空气通过化学反应生成燃气，热力学分析时认为循环中工质不发生化学变化，在燃烧室中工质吸收热量、在大气环境中工质放出热量后，又被压气机吸入加压，从而完成一个循环。燃气轮机工作时的 $p\text{-}v$ 图和 $T\text{-}s$ 图如图 7-8 所示。以这样的四个过程工作的循环，称为燃气轮机循环，也称为布雷顿循环（Brayton 循环）。注意，一般情况下，燃气轮机四个状态的温度为 $T_3 > T_4 > T_2 > T_1$。

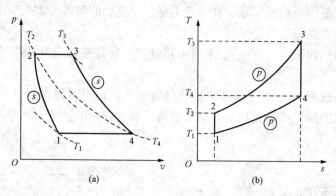

图 7-8　燃气轮机循环的 $p\text{-}v$ 图和 $T\text{-}s$ 图
(a) $p\text{-}v$ 图；(b) $T\text{-}s$ 图

二、燃气轮机循环的能量分析

燃气轮机在工作时，工质连续不断地稳定地流经各个设备，工质参数不随时间变化而变化，是典型的稳定流动。

燃气轮机循环中工质的吸热过程为等压过程 23，其吸热量为

$$q_1 = c_p(T_3 - T_2) \tag{7-20}$$

放热过程为等压过程 41，放热量（注意，指明为放热）为

$$q_2 = c_p(T_4 - T_1) > 0 \tag{7-21}$$

压缩机的耗功（指明耗功）为

$$w_C = h_2 - h_1 = c_p(T_2 - T_1) \tag{7-22}$$

燃气透平的做功为

$$w_T = h_3 - h_4 = c_p(T_3 - T_4) \tag{7-23}$$

循环的净功量即净热量为

$$\begin{aligned} w_0 = q_0 = q_1 - q_2 &= w_T - w_C \\ &= c_p(T_3 - T_2) - c_p(T_4 - T_1) \\ &= c_p(T_3 - T_4) - c_p(T_2 - T_1) \end{aligned} \tag{7-24}$$

沿用压缩机出口和进口压力之比即升压比 π 的定义，根据定熵过程 12 和 34 的特点，有

$$\pi = \frac{p_2}{p_1}$$

$$\left. \begin{aligned} \frac{T_2}{T_1} = \left(\frac{p_2}{p_1}\right)^{\frac{\gamma-1}{\gamma}} = \pi^{\frac{\gamma-1}{\gamma}} \\ \frac{T_3}{T_4} = \left(\frac{p_3}{p_4}\right)^{\frac{\gamma-1}{\gamma}} = \left(\frac{p_2}{p_1}\right)^{\frac{\gamma-1}{\gamma}} = \pi^{\frac{\gamma-1}{\gamma}} \end{aligned} \right\} \Rightarrow \frac{T_2}{T_1} = \frac{T_3}{T_4} \Rightarrow \frac{T_4}{T_1} = \frac{T_3}{T_2} \tag{7-25}$$

因此，燃气轮机循环的效率为

$$\eta_t = 1 - \frac{q_2}{q_1} = 1 - \frac{T_4 - T_1}{T_3 - T_2} = 1 - \frac{T_1\left(\frac{T_4}{T_1} - 1\right)}{T_2\left(\frac{T_3}{T_2} - 1\right)} = 1 - \frac{T_1}{T_2} = 1 - \frac{1}{\pi^{\frac{\gamma-1}{\gamma}}} \qquad (7\text{-}26)$$

三、讨论

（1）根据式（7-26）和图 7-9 可知，对燃气轮机循环，当升压比 π 增大时，吸热过程线 23 上移至 $2'3'$，对应平均吸热温度升高，而平均放热温度不变，因此其循环效率是增大的。吸热线上移后循环。循环所围的面积增大，说明燃气轮机循环的净功量随升压比 π 增大而增大。

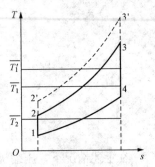

图 7-9 燃气轮机
循环热效率特性

（2）燃气轮机工作时，工质最低温度为进气温度 T_1，进气来自环境；工质最高温度为吸热终点温度 T_3，这一温度受燃气透平第一级叶片耐温能力的限制，目前最高在 1500℃ 这一水平，常定义升温比 $\tau = T_3 / T_1$ 来衡量燃气轮机工作的温升情况。在这两个温度的限制下，利用式（7-25）中的温度关系，燃气轮机每千克工质的做功量为

$$\begin{aligned}
w_0 &= c_p(T_3 - T_2) - c_p(T_4 - T_1) \\
&= c_p\left[\left(T_3 - T_1\pi^{\frac{\gamma-1}{\gamma}}\right) - \left(\frac{T_3}{\pi^{\frac{\gamma-1}{\gamma}}} - T_1\right)\right] \\
&= c_p\left[T_3\left(1 - \frac{1}{\pi^{\frac{\gamma-1}{\gamma}}}\right) + T_1\left(1 - \pi^{\frac{\gamma-1}{\gamma}}\right)\right]
\end{aligned} \qquad (7\text{-}27)$$

可见，做功量由升压比 π 决定。

对式（7-27）求导，可以求得做功量最大时的升压比 π 为

$$\begin{aligned}
&\frac{\partial w_0}{\partial \pi} = 0 \\
&\Rightarrow \frac{\partial}{\partial \pi}\left[T_3\left(1 - \frac{1}{\pi^{\frac{\gamma-1}{\gamma}}}\right) + T_1\left(1 - \pi^{\frac{\gamma-1}{\gamma}}\right)\right] = 0 \\
&\Rightarrow \pi_{\text{opt}} = \left(\frac{T_3}{T_1}\right)^{\frac{1}{2}\cdot\frac{\gamma}{\gamma-1}}
\end{aligned} \qquad (7\text{-}28)$$

此时点 2、4 的温度和净功量为

$$\left.\begin{aligned}
T_2 &= T_1\pi_{\text{opt}}^{\frac{\gamma-1}{\gamma}} = \sqrt{T_1 T_3} \\
T_4 &= \frac{T_3}{\pi_{\text{opt}}^{\frac{\gamma-1}{\gamma}}} = \sqrt{T_1 T_3} \\
w_0 &= c_p(T_3 - T_2) - c_p(T_4 - T_1) \\
&= c_p(T_3 - 2\sqrt{T_1 T_3} + T_1) \\
&= c_p(\sqrt{T_3} - \sqrt{T_1})^2
\end{aligned}\right\} \Rightarrow T_2 = T_4 \qquad (7\text{-}29)$$

对进气温度 $T_1 = 300\text{K}$、最高温度 $T_3 = 1700\text{K}$ 的燃气轮机，计算结果如下：

$$T_2 = T_4 = \sqrt{T_1 T_3} = \sqrt{300 \times 1700} = 714K$$
$$q_1 = c_p(T_3 - T_2) = c_p(1700 - 714) = 986c_p$$
$$q_2 = c_p(T_4 - T_1) = c_p(714 - 300) = 414c_p$$
$$w_C = c_p(T_2 - T_1) = c_p(714 - 300) = 414c_p$$
$$w_T = c_p(T_3 - T_4) = c_p(1700 - 714) = 986c_p$$
$$w_0 = w_T - w_C = 572c_p$$
$$\frac{w_C}{w_T} = \frac{414c_p}{986c_p} = 42\%$$
$$\eta_t = 1 - \frac{q_2}{q_1} = 1 - \frac{414c_p}{986c_p} = 58\%$$

$$(7-30)$$

在上述情况下，压缩机的耗功占到燃气透平做功的 42%，是一个很大的比例。

四、带回热的燃气轮机循环

一般情况下，燃气在透平中做功后的温度 T_4 要高于空气进入燃烧室的温度 T_2，如果能够让 T_4 温度的燃气和 T_2 温度的空气"握握手"，则燃气可以把它的一部分能量转移至空气，这显然是一种有利于提高能量利用效率的一种方法，称为回热。带回热的燃气轮机循环如图 7-10 所示。

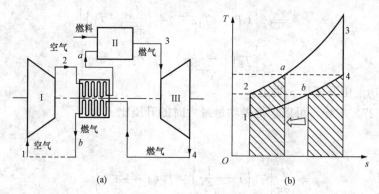

图 7-10 带回热的燃气轮机循环
(a) 工作过程；(b) T-s 图

带回热的燃气轮机的工作过程如下：空气在压缩机中被压缩升压后，先进入一个称为回热器的设备，在这里接受燃气放出的热量后，温度升高，然后进入燃烧室，与燃料反应生成高温燃气后，进入燃气透平膨胀做功，排放的燃气先进入回热器中加热压缩机出口的空气，温度降低后再排入大气。回热器中空气和燃气的流动方向是逆向的，即空气先和低温的燃气接触，再出口和高温的燃气接触，这种换热方式的效率比较高，空气可以加热到的最高温度是燃气进入时的温度，而燃气离开回热器时，可以降到和空气进入温度相等的低温，这种换热方式有个专门的名称叫"逆流换热"。

从 T-s 图可以看出，空气从温度 T_2 升高至温度 T_a，燃气从 T_4 温度降温至 T_b，当 $T_a = T_4$、$T_b = T_2$ 时，空气的吸热和燃气的放热可以正好相等，即

$$q_{2a} = q_{4b} = c_p(T_a - T_2) = c_p(T_4 - T_b)$$

$$(7-31)$$

采用回热后，工质在燃烧室中的吸热温升变小，因此需要的燃料量减小，工质在大气中放热温降变小，因此放热量也变小，做功过程 34 和耗功过程 12 未发生变化，因此净功量不

变,综合吸热和净功量,可知循环的效率一定提高,即

$$
\left.
\begin{aligned}
q_1 &= c_p(T_3 - T_a) = c_p(T_3 - T_4) \\
q_2 &= c_p(T_b - T_1) = c_p(T_2 - T_1) \\
\eta_{t,RG} &= 1 - \frac{q_2}{q_1} = 1 - \frac{T_2 - T_1}{T_3 - T_4} = 1 - \frac{T_1}{T_4}\cdot\frac{\dfrac{T_2}{T_1} - 1}{\dfrac{T_3}{T_4} - 1} = 1 - \frac{T_1}{T_4}
\end{aligned}
\right\}
\tag{7-32}
$$

比较燃气轮机无回热的效率式(7-26)和有回热的效率式(7-32),可以看出,只有 $T_4 > T_2$ 时采用回热才会提高循环的效率。

第四节 斯特林机循环

汽油机、柴油机和燃气轮机中,工质的吸热来自燃料的化学能,燃料以类似爆炸的方式释放能量(因这种迅速燃烧的过程发生在设备内部,因此把这类机械称为内燃机),工质获得热能的速度非常快,因此其做功的速度也非常快,单位机械质量的功率很大,是现代社会中主要的动力机械。此类机械需要使用高质量的液体或气体燃料,能量成本较大,而且运行过程中会带来较大的污染;从效率的角度看,汽油机、柴油机和燃气轮机的运行效率都低于工质最高温度和环境温度下的卡诺循环效率,这些缺点迫使人们去寻找低成本无污染的替代手段。

有别于依靠燃料在发动机内部燃烧获得动力的内燃机,外燃机将燃料燃烧的过程放在活塞气缸系统外的燃烧室内进行,燃料连续燃烧产生的高温热能以传热的方式传给封闭工质,至于高温热能由何种燃料产生,外燃机是不关心的,因为这不会影响到工质在活塞气缸内的循环过程,因此,外燃机可以使用劣质的燃料,或者使用工业流程中的废热。现在还有通过聚焦太阳辐射能产生高温热能、通过传热驱动外燃机的研究和实践,并且在技术上已经没有太大的困难,但经济性上不具竞争力,因此应用受到很大的限制。如果太阳能驱动的外燃机技术和经济上均成熟,则人类社会将步入由太阳能提供能源的清洁社会。

活塞式燃气发动机是一种典型的外燃机,由英国物理学家斯特林于 1816 年发明,因此也称为斯特林发动机,其工质的工作循环则称为斯特林机循环。

一、斯特林机循环的工作过程

以斯特林循环工作的发动机有两百多种变形,下面是一种典型的双活塞式斯特林发动机,由以下部分组成:加热气缸-活塞、冷却气缸-活塞、加热器、蓄热器和冷却器。加热活塞和冷却活塞通过特殊设计的曲柄连杆机构连接起来,它们之间有确定的运动约束关系,蓄热器由很薄的金属组成网状结构,可以迅速地吸热和放热。各设备的作用结合斯特林机的工作过程叙述如下:

(1)等温压缩、外部放热过程12:如图7-11所示,过程开始时加热活塞在上死点,冷却活塞在下死点,工质温度较低,比体积较小。过程中加热活塞保持不动,冷却活塞从下死点向上运动,气体被压缩,冷却器通过冷却水,压缩过程中工质放出的热量被冷却器带走散至环境,工质在此过程中保持低温等温状态。过程终点时冷却活塞在气缸中间位置。

(2)等容转移、回热吸热过程23:过程中,加热活塞从上死点向下运动、冷却活塞从气缸中间位置向上运动,两者保持运动同步,所以封闭在两个活塞间的工质体积和比体积都比较小且保持不变;但气体从冷却气缸转移到了加热气缸内。在转移的过程中,气体流经蓄热

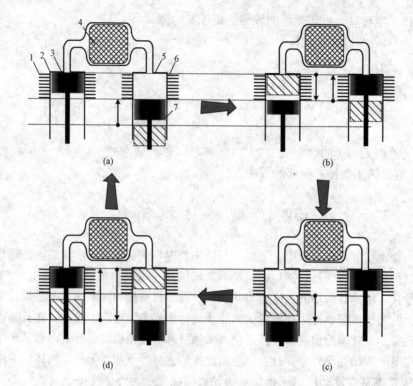

图 7-11　斯特林机循环

(a) 等温压缩过程；(b) 等容吸热过程；(c) 等温膨胀过程；(d) 等容放热过程

1—加热器；2—加热气缸；3—加热活塞；4—蓄热器；

5—冷却气缸；6—冷却器；7—冷却活塞

器，从蓄热器中吸收热量，温度升高至最高温度，热量来源于 41 过程中的工质放热，而不是由外界提供，过程终点时冷却活塞到达上死点，加热活塞在气缸中间位置。

（3）等温膨胀、外部吸热过程 34：冷却活塞停在上死点不动，加热活塞从气缸中间位置向下运动，工质从加热器中吸收热量，热量来源于外燃室中燃料的放热，或工业余热，或太阳辐射聚集的热量，过程中工质温度保持最高值。因吸热，工质体积膨胀，比体积到达最大，推动加热活塞向下运动并对外输出功量。过程终点时加热活塞到达气缸下死点。

（4）等容转移、回热放热过程 41：此过程中，加热活塞从下死点向上运动、冷却活塞从气缸上死点向下运动，两者保持运动同步，所以封闭在两个活塞间的工质体积保持不变，但气体从加热气缸转移到了冷却气缸内，在转移的过程中，气体流经蓄热器，向蓄热器放出热量（热量将用于等容吸热过程 23 中工质吸热）。过程终点时加热活塞到达上死点，冷却活塞到达下死点，这个状态也是等温压缩过程的起点。

斯特林机循环的 p-v 图和 T-s 图如图7-12所示。

二、斯特林机循环的能量分析

斯特林机循环中工质从外界吸热的过程发生在等温膨胀过程 34 中，吸热量为

$$q_1 = \Delta u + w = w = \int_3^4 p\mathrm{d}v = R_g T_3 \ln \frac{v_4}{v_3} \tag{7-33}$$

向外界的放热发生在等温放热过程 12 中，放热量（注意，指明为放热）为

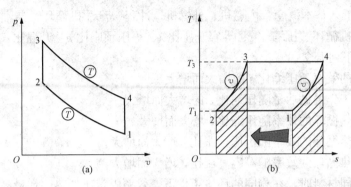

图 7-12 斯特林机循环 p-v 图和 T-s 图

(a) p-v 图；(b) T-s 图

$$-q_2 = \Delta u + w = w = \int_1^2 p\mathrm{d}v = R_g T_1 \ln \frac{v_2}{v_1}$$

$$q_2 = R_g T_1 \ln \frac{v_1}{v_2} \tag{7-34}$$

等容过程 23 中工质需要吸热，而等容过程 41 中工质放热，其值分别为

$$\left.\begin{array}{l} q_{23} = c_V(T_3 - T_2) > 0 \\ q_{41} = c_V(T_4 - T_1) > 0 \\ T_3 = T_4, T_2 = T_1 \end{array}\right\} \Rightarrow q_{23} = q_{41} \tag{7-35}$$

说明 23 过程中工质的吸热恰好能由 41 过程的工质的放热提供。

整个循环的效率为

$$\eta_t = 1 - \frac{q_2}{q_1} = 1 - \frac{R_g T_1 \ln \dfrac{v_1}{v_2}}{R_g T_3 \ln \dfrac{v_4}{v_3}} = 1 - \frac{T_1}{T_3} \tag{7-36}$$

可见，斯特林机循环的效率可以达到同温度范围内卡诺循环的效率。

斯特林机循环效率上的优越性鼓励人们努力去实现这一循环。同时，该循环可以从任何方式产生的热源中吸热并做功，对能源的种类没有什么限制，因此在民用领域，斯特林机越来越受到人们的关注。

使用传统的液体或气体燃料时，汽油机、柴油机周期性的工作方式会带来很大的振动和噪声，燃气轮机在工作时仍离不开高温高压部件，如果在军用设备如潜艇上使用这类设备（潜艇上一般选用柴油机），振动、噪声、高温红外特征会严重影响它的隐蔽性。如果使用斯特林机，燃料可以连续稳定地在低压下燃烧生成高温烟气，斯特林机从烟气中吸热并输出功量，驱动潜艇运动及艇上发电机运转，潜艇的安静性将非常好。特别地，应用"不依赖空气推进装置 AIP"技术，以斯特林机作推进动力的常规潜艇可以在水下潜航多日，隐蔽性能大幅度提高。可以想象，一艘无声无息不知藏于何处又全副武装的潜艇，会是一件多么可怕的武器！

习　题

本章习题若非特别指明，都视气体为定比热容的理想气体，参数可查附录 1。

7-1　掌握下列基本概念：内燃机、外燃机、冲程、汽油机循环、柴油机循环、燃气轮机循环、斯特林机循环、压缩比 ε、等容升压比 λ、等压预胀比 ρ、升温比 τ。

7-2　辨析下列概念：

（1）汽油机的效率随压缩比 ε 的增大而增大。

（2）汽油机工作的做功量随压缩比 ε 的增大而增大。

（3）定压加热循环的效率随压缩比 ε 增大而增大。

（4）定压加热循环的效率随等压预胀比 ρ 增大而增大。

（5）混合加热循环的效率随等容升压比 λ 增大而增大。

（6）使用相同材料时，在相同的环境条件下，效率以定压加热循环最高。

（7）使用相同材料时，在相同的环境条件下，做功以定压加热循环最大。

（8）燃气轮机循环的效率随升压比 π 的增大而增大。

（9）燃气轮机循环的净功量随升压比 π 的增大而增大。

（10）燃气轮机工作过程中压气机的耗功可以忽略。

（11）燃气轮机采用回热一定会提高效率。

（12）斯特林机循环的效率可以达到同温度范围内卡诺循环的效率。

7-3　假设汽油机以空气为工质，进气参数为 0.1MPa、50℃，压缩比为 6，每一循环中加入的热量为 750kJ/kg，求循环中各点的温度、压力、循环的净功和理论热效率。

7-4　某一款代表着当今世界最高技术的汽油发动机，其循环压缩比最高达到了 16.3，假设工质为空气，进气参数为 0.1MPa、50℃，求：

（1）压缩冲程结束时工质的温度和压力；

（2）若汽油的着火温度为 427℃，则压缩终点汽油会着火吗？

（3）该汽油机以一些特殊的设计保证其能正常运行，求此时能达到的循环效率。

7-5　定压加热循环以烟气为工质，压缩比为 15，预胀比为 2，若工质的绝热指数为 1.33，求理论热效率；若预胀比为 2.4，求此时理论热效率以及热效率的相对变化值。

7-6　混合加热循环以空气为工质，进气压力为 0.1MPa，进气温度为 300K，压缩比为 16，最高压力为 6.8MPa，最高温度为 1980K。求循环中各点的温度、压力、循环净功和理论热效率。

7-7　某大型燃气轮机装置，流量为 600kg/s，升压比为 12，升温比为 4，进口工质温度为 22℃，求各点的温度，压缩机和燃气透平的功率和净功率，吸热量、放热量及循环热效率。（假设工质为空气）

7-8　某燃气轮机以空气为工质，进气参数为 0.1MPa、30℃，升压比为 18，最高点温度为 1500℃，求：

（1）压缩终点和做功终点的温度；

（2）每千克工质的吸热量、做功量、耗功量和循环效率；

（3）工程上为提高燃气轮机的工作性能，采用了某种措施使进口温度下降至 15℃，最高点温度维持 1500℃不变，求此时压缩终点的温度、吸热量、做功量、耗功量和循环效率；

（4）若燃气轮机进口的体积流量不变，则此时质量流量是原来的多少倍？总功量是原来的多少倍？

7-9　某燃气轮机以空气为工质，进气参数为 0.1MPa、20℃，升压比为 10，最高点温度为1100℃，求：

　　（1）压缩终点和做功终点的温度；

　　（2）每 kg 工质的吸热量、做功量、耗功量和循环效率；

　　（3）现在循环过程中加装回热装置，求此时吸热量、放热量和循环效率；

　　（4）此时该燃气轮机的功量是原来的多少倍？

　　7-10　采用太阳能聚集加热方式的斯特林机循环，焦点温度可达 1200℃，环境温度为 40℃，求该循环的效率。若入射的太阳辐射能为 800W/m²，聚焦收集热量的效率为 40%，则一台面积为 100m²（指正对太阳光的面积）的斯特林机功率为多少？

第八章 水和水蒸气的性质及其动力循环

气体动力循环选用的工质是空气、烟气等理想气体，它们简单易得，成本极低，但是由于它们的比热比较小，一定温度变化对应的热量比较小，所以想要获得较大的做功总量，工质的质量流量就必须很大，同时由于气体密度较小，因此体积流量很大，在循环中迫使工质流动需要消耗的功量也较大，设备的投资相应也增大。

如果选用液体或液体汽化形成的蒸汽作工质，则汽化过程对应的热量比气体温度变化对应的吸热或放热要大得多，且液体的密度大，体积流量小，使工质循环的耗功比气体循环小得多。因此，在需要大功率输出的动力装置中，通常更倾向选择液体及其蒸汽作为工质，典型的如动力工程中的水及水蒸气，以及制冷和低温工程中的氟里昂等。

第一节 实际气体的状态方程

氢气、氧气、氮气等气体，在常温常压下，分子间距通常达到分子直径的 10 倍左右，分子之间的作用力非常微弱，且分子间发生的碰撞通常都是弹性碰撞，因此可以作如下三条理想化的处理，即

(1) 分子无大小；

(2) 分子间无作用力；

(3) 分子间的碰撞是弹性碰撞。

如果气体满足这三条性质，则称其为理想气体，且其必然满足理想气体状态方程：

$$pv = R_g T \tag{8-1}$$

一、范德瓦尔方程

从 17 世纪开始，人们开始对气体的状态变化规律进行研究，玻义耳、查理和盖·吕萨克发现了气体的三大定律，并且由此总结出了理想气体状态方程，它们在常温常压下对氢气、氧气、氮气等气体的适用性很好。但不久人们通过各种实验发现，低温和高密度状态的气体以及刚刚由液态气化生成的气体和理想气体状态方程之间的误差越来越大。是什么原因导致理想气体状态方程失效了呢？

很容易想到，如果理想气体方程失效的话，说明理想气体的三条处理对上述气体不太满足了。例如，常温下二氧化碳分子间作用力可能很大，不能忽略；高压下氧气密度变大，分子间距变小，分子本身的体积相对其活动空间不能忽略了；刚汽化的分子浑身"湿漉漉"的，两个分子一碰，说不定粘在一起了，不分开了，再认为它们之间的碰撞是弹性碰撞也说不过去了。

荷兰物理学家范德瓦尔认为，如果针对上述不合理之处，作相应的修补和改造，应该可以把理想气体状态方程的应用范围拓展到更多的工质和更大的参数范围。1873 年他以此为题完成了博士论文，该论文立即使他名列一流物理学家之列，并使他获得了 1910 年的诺贝尔物理学奖。

范德瓦尔对理想气体方程的改造基于以下理由：

第一，既然气体在某些状态下分子间距比较小，说明分子体积相对还是比较大的，分子的体积将使分子能够活动的空间变小，以 1kg 气体来讲，原来存在于 $v\text{m}^3$ 的容器中，就认为它的活动范围是 $v\text{m}^3$，但实际上 1kg 分子自己要占掉 $b\text{m}^3$ 的空间，则分子能够活动的范围只有 $v-b$ 了，按这样的思路，理想气体状态方程应该改写成：

$$p(v-b) = R_g T \tag{8-2}$$

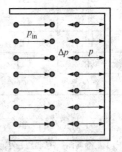

图 8-1　气体的真实
压力和测量压力

举例说，1000 个座位的图书馆中只有一位学生（他还经常无规律地在 1000 个座位中换着坐）时，你完全可以无视这位同学的存在，认为自己可以在 1000 个座位中随便选座和换座，但如果有 200 位同学在 1000 个座位中动来动去，则你能自由选座的范围只有 $1000-200=800$ 座了，你再也不能忽略已经存在的 200 人了。

第二，理想气体状态方程中的压力 p 是怎样产生的？分子运动论的解释是：气体分子对容器壁面或压力测试仪表的连续不断的打击力就是压力，如图 8-1 所示，不断运动的气体分子从左向右撞向容器壁面（或撞向压力测量仪表）的力即测量压力 p。由于分子之间存在着引力，向右撞向器壁的分子会被它左边的分子吸引，使撞击力减小 Δp。于是，分子之间真实的由撞击引起的压力（图 8-1 中 p_{in}），应是测量压力和减小压力之和，即 $p_{in}=p+\Delta p$。减小的压力 Δp，和撞击壁面的分子数成正比，也和吸引撞击的分子数成正比，若比例系数为 a，则有

$$\Delta p \propto n^2 \propto \rho^2 \propto \frac{1}{v^2}$$

$$\Rightarrow \Delta p = \frac{a}{v^2}$$

$$\Rightarrow p_{in} = p + \Delta p = p + \frac{a}{v^2} \tag{8-3}$$

范德瓦尔用气体的真实内部压力 p_{in} 代替理想气体状态方程中的测量压力 p，结合对气体活动空间减小的考虑，改造理想气体状态方程，得到了著名的以他名字命名的范德瓦尔方程，即

$$\left(p+\frac{a}{v^2}\right)(v-b) = R_g T \tag{8-4}$$

式（8-4）中的常数 a 和 b 称为范德瓦尔常数，其中，a 是反映不同气体分子间引力大小的特性常数，b 是反映不同气体分子体积大小的特性常数，约为分子本身体积的 4 倍，两个常数的大小与温度都没有关系。常用气体的范德瓦尔常数见表 8-1。

范德瓦尔修正后得到的方程不仅适用于更广参数的气体，它还能适用液体。液态水的比体积 v 为 $0.001\text{m}^3/\text{kg}$ 左右，所以 a/v^2 这一项大得惊人，达 1700MPa 级别，因此，当压力从 1MPa 加大到 10MPa 时，$(p+a/v^2)$ 仅改变千分之五，体积的改变量仅为十万分之三，因此水通常表现出不可压缩性。但标准状态下氧气比体积 v 为 $0.7\text{m}^3/\text{kg}$，它的 a/v^2 仅为 275Pa，压力从 1MPa 加大到 2MPa 时，体积就会缩小至原来的一半。

表 8-1   常用气体和液体的范德瓦尔常数

物质	分子	a $\dfrac{\text{m}^6 \cdot \text{Pa}}{\text{kg}^2}$	b m^3/kg	物质	分子	a $\dfrac{\text{m}^6 \cdot \text{Pa}}{\text{kg}^2}$	b m^3/kg
氦	He	215.97	0.005 936	氨	NH_3	1466.83	0.002 195
氩	Ar	82.268	0.000 805	水	H_2O	1705.5	0.001 692
氢	H_2	6098.3	0.013 196	甲烷	CH_4	894.9	0.002 684
氮	N_2	456.37	0.003 61	乙烷	C_2H_6	615.96	0.002 161
氧	O_2	134.91	0.000 995	丙烷	C_3H_8	483.05	0.002 053
一氧化碳	CO	187.81	0.001 411	异丁烷	C_4H_{10}	394.12	0.002 000
二氧化碳	CO_2	188.91	0.000 974	R134a	$C_2H_2F_4$	96.576	0.000 938

对于氢气、氧气、氮气等气体，常温常压下比体积都比较大，因此 a/v^2 和 b 这两项都可以忽略，范德瓦尔方程就简化为理想气体状态方程。

二、范德瓦尔方程的理论解

理想气体状态方程和范德瓦尔方程都是对工质（p，v，T）三个参数间关系的约束方程，都可以在状态图上表示。但范德瓦尔方程在 p-v 图上的曲线显然要比理想气体方程复杂得多。

对范德瓦尔方程进行如下变形：

$$\left(p+\frac{a}{v^2}\right)(v-b)=R_g T$$

$$\Rightarrow (pv^2+a)(v-b)=R_g T v^2$$

$$\Rightarrow pv^3-(pb+R_g T)v^2+av-ab=0$$

$$\Rightarrow v^3-\left(b+\frac{R_g T}{p}\right)v^2+\frac{a}{p}v-\frac{ab}{p}=0 \tag{8-5}$$

式（8-5）是一个比体积 v 的三次方程，对某种工质而言，其系数中有 a、b、R_g 三个常量和 p、T 两个变量，从数学角度分析可以知道，比体积 v 的三次方程的解依赖于其系数的大小，具体而言，存在三种情形：

（1）比体积 v 有一个实根，另外两个根是虚根，方程如 $(v-v_1)(v^2+mv+n)=0$，其中二次方程没有实数解；

（2）比体积 v 有三个相等实根，方程如 $(v-v_C)^3=0$；

（3）比体积 v 有三个实根，它们可能互不相等，方程如 $(v-v_1)(v-v_2)(v-v_3)=0$，或者其中两个相等，方程如 $(v-v_1)(v-v_2)^2=0$。

根据式（8-5），当固定温度 T 在某一值时，得到一个压力 p 和比体积 v 的关系式，这个关系式可以在 p-v 图上表示，以二氧化碳为例，其结果如图 8-2 所示。

当温度 $T=T_1$ 很高时，范德瓦尔方程的 p-v 曲线形状和理想气体状态方程的 p-v 曲线形状极其类似，或者说这时范德瓦尔方程可以简化成理想气体状态方程，这时一个压力和一个比体积对应，即范德瓦尔方程只有一个实数解，为情形（1）。

当温度下降至 $T=T_2$ 时，范德瓦尔方程的 p-v 曲线开始偏离理想气体状态方程，但其解的本质仍和 $T=T_1$ 时一样，只有一个实数解，为情形（1）。

当温度下降至 $T=T_C$ 时，范德瓦尔方程的 p-v 曲线仍是情形（1）。但是有一个极其特殊的解，对应在 C 点，此时范德瓦尔方程可变形为 $(v-v_C)^3=0$，即三个相等实根的情形（2），这一点称为临界点，对应的温度称为临界温度 T_C，压力称为临界压力 p_C，比体积称为临界比体积 v_C。

当温度继续降低至 T_3 时，p-v 曲线为 i-j-k-1，这时，在很高或很低的压力时，一个压力和一个比体积对应，如 i 点或 1 点，但有时一个压力可以对应 2 个或 3 个比体积，例如在 j、k 对应的等压线就和曲线有三个交点。

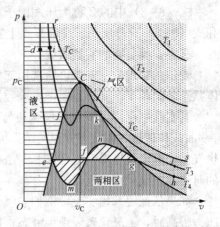

图 8 - 2　二氧化碳的 p-V 图

如果温度继续降低至 T_4，则曲线形状和 T_3 温度下类似，为 d-e-m-f-n-g-h。

范德瓦尔方程可以用来描述液体，那么，p-v 图上液体在什么地方呢？

以 T_4 对应的 p-v 曲线为例，在 e-m-f-n-g 段，如果选取水平线 e-f-g，使它能把曲线中 $\backsim$ 形的面积分成两个相等的部分，则 e 点对应二氧化碳的液态，而 g 点对应二氧化碳的气态（本书直接引用结论，不作证明）。同样，j 点是液态，k 点是气态。液态相连的线由 ej 一直延伸到临界点 C，气态相连的线由 g-k 延伸至 C，因此临界点 C 应该是一种既表现为液态、又表现为气态的奇怪状态，或者说这一点上液态和气态没有任何差别。

在比临界点 C 压力还要高的区域，区分液态和气态的分界线是临界温度线 T_C，其左边为液态，右边为气态。

因此，由范德瓦尔方程解出的工质的液态在图中为临界温度 T_C（rC 段）和液态线 C-j-e 左边的区域。当温度高于临界温度 T_C 时，没有任何液态存在。

气体状态为临界温度线 T_C（rC 段）和气态线 C-k-g 右边的区域。图中由临界温度线 Cs 段和气态线 C-k-g 所围的部分标示为"气区"，因为这一温度下物质可以存在液态，而 T_C 线以上的部分标示为气区，因为高于此温度时物质不存在液态。

范德瓦尔方程出现三个相等实根的点就是数学上所说的三次曲线拐点，此时，方程式（8 - 5）有

$$\left.\begin{array}{l} pv^3-(pb+R_gT)v^2+av-ab=0 \\ \left(\dfrac{\partial p}{\partial v}\right)_T=0 \Rightarrow 3pv^2-2(pb+R_gT)v+a=0 \\ \left(\dfrac{\partial^2 p}{\partial v^2}\right)_T=0 \Rightarrow 6pv-2(pb+R_gT)=0 \end{array}\right\} \Rightarrow \left\{\begin{array}{l} p_C=\dfrac{a}{27b^2} \\ v_C=3b \\ T_C=\dfrac{8a}{27R_gb} \end{array}\right. \tag{8-6}$$

对于临界点上的压力、温度和比体积，三者间有

$$\frac{p_Cv_C}{T_C}=\frac{\dfrac{a}{27b^2}\times 3b}{\dfrac{8a}{27R_gb}}=\frac{3}{8}R_g \Rightarrow Z_C=\frac{p_Cv_C}{R_gT_C}=\frac{3}{8} \tag{8-7}$$

而对于理想气体，显然有

$$Z=\frac{pv}{R_gT}=1 \tag{8-8}$$

式（8-8）中的 Z 称为压缩因子，而式（8-7）中的 Z_C 称为临界压缩因子。式（8-7）和式（8-8）充分反映了在临界点上实际气体（$Z=3/8$）和理想气体（$Z=1$）之间的差距。

三、安德鲁斯的实验曲线

爱尔兰物理学家安德鲁斯选用二氧化碳为研究对象，通过加压和降温，使之在气体和液体状态之间相变。安德鲁斯把实验数据表示在一个 $p-v$ 图上，如图 8-2 所示。

若实验中保持二氧化碳的温度很高，例如温度为 T_1 时，其压力和比体积间的关系即 $p-v$ 曲线和理想气体状态方程的结果极其类似，为一条对称双曲线，此时二氧化碳表现为理想气体；温度慢慢降低至 T_2 时，$p-v$ 曲线开始发生扭曲和变形，和理想气体状态方程描述的对称双曲线越来越远。

如果从低温开始实验，例如二氧化碳温度保持为 T_4 时，得到的 $p-v$ 曲线是一根折线：压力很高时，二氧化碳表现为液态；慢慢降低压力，液态二氧化碳稍稍膨胀，比体积扩大；压力降至 e 点时，液态二氧化碳开始汽化，比体积迅速增大，直至液体全部变成气体状态至 g 点，e 到 g 的过程中，压力保持不变；继续降低压力，气体继续膨胀，比体积继续增大，整条曲线为 d-e-f-g-h。

在温度稍高的情况下重复实验，就会发现液体开始汽化的比体积要变大一些，而汽化结束的比体积要变小一些，如图中温度 T_3 所对应的曲线。

当压力升高至 p_c 时，出现了液体向气体"一瞬间"完成转换的情况。安德鲁斯对该压力下的汽化过程作出了理论上的解释，建立了物质的临界点、临界温度和临界压强的概念。安德鲁斯得出结论说，气态和液态并不是能被绝对加以区别的状态，而是连续性地联系着。安德鲁斯关于临界点的发现，有力地促进了气液相变的理论研究。常用气体和液体的临界参数见表 8-2。

安德鲁斯对二氧化碳的实验结果发表于 1869 年，四年后范德瓦尔发表了他的理论，人们马上发现理论结果和实验曲线相当符合，范德瓦尔方程迅速为人们所接受。特别是安德鲁斯实验中发现的临界点，和范德瓦尔方程计算出来的三次方程的拐点能够比较完美地重合，理论和实验互相证明了正确性。

当然，在液态向气态转换的两相区，理论曲线为一条"∽"形曲线，而实验中发现汽化过程是一条水平线，两者间差别还是比较大的。后来人们在实验中发现，范德瓦尔方程解出的 em 段是可以存在的，是一种该沸腾而未沸腾的"过热液体"；gn 也是可以存在的，是一种该凝结而未凝结的"过冷蒸汽"。至于 mn 段，则永远不可能存在，原因很简单，有哪种物质越压缩（压力 p 变大）越膨胀（比体积 v 变大）呢！

表 8-2　　　　　　　　　　　　　　常用气体和液体的临界参数

物质	分子式	摩尔质量 M(g/mol)	临界温度 T_C(K)	临界压力 p_C(MPa)	临界比体积 v_C(m³/kg)	临界压缩因子 Z_C
氦	He	39.948	150.8	4.874	0.001 875	0.291
氢	H_2	2.016	33.2	1.297	0.032 24	0.305
氮	N_2	28.013	126.2	3.394	0.003 195	0.289
氧	O_2	31.999	154.6	5.046	0.002 294	0.288
一氧化碳	CO	28.010	132.9	3.496	0.003 324	0.295
二氧化碳	CO_2	44.010	304.2	7.376	0.002 136	0.274

续表

物质	分子式	摩尔质量 M(g/mol)	临界温度 T_C(K)	临界压力 p_C(MPa)	临界比体积 v_C(m³/kg)	临界压缩 因子 Z_C
氨	NH₃	17.031	405.6	11.277	0.004 257	0.242
水	H₂O	18.016	647.096	22.064	0.003 106	0.229
甲烷	CH₄	16.043	190.6	4.600	0.006 171	0.287
丙烷	C₃H₈	44.097	369.8	4.246	0.004 063	0.280
异丁烷	C₄H₁₀	58.124	408.1	3.648	0.004 525	0.283
R134a	C₂H₂F₄	102.032	374.3	4.064	0.001 97	0.262

第二节　水和水蒸气的性质

水和水蒸气是工程中常用的一种工质，因为它容易获得，价格便宜，没有毒性，并且在动力装置中的热物理性质也比较好。水在常温常压下表现为液态，但在工程上还需要用到它的气体，即水蒸气。

一、水蒸气的定压发生过程

水从液态变化到气体状态的过程，最常见的是在保持压力不变的情况下完成的。

如图 8-3 所示，某容器内有一可自由滑动的活塞，在活塞以下的空间内装有一定量的水（水的容积只有容器容积的 1% 左右），活塞上置一重物，通过改变重物的质量可使水承受不同的压力，但只要活塞和重物的质量不变，水所受的压力就不变。水开始置于环境温度下，受外来热源的加热，其温度、比体积等参数和状态会发生一定的变化。

图 8-3（a）中，液态的水受热，温度开始上升，体积因为热胀冷缩的原因有一点增大，但增加的幅度很小；当温度上升到一定的值时，容器内的水开始出现剧烈的汽化现象，即沸腾现象，如图 8-3（b）；随着汽化的进行，容器内的液态水变少，蒸汽变多，且蒸汽的体积比液态水的体积有非常明显的增大，因此活塞将被明显地抬升，如图 8-3（c）所示；当液态的水全部汽化后，活塞将被抬升至如图 8-3（d）所示的位置。

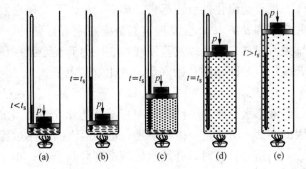

图 8-3　水蒸气的定压发生过程

实验发现，在压力维持不变的情况下，从（b）到（d）的过程中水和蒸汽的温度也保持不变。继续加热，则蒸汽的体积将继续膨胀，温度也将继续上升。

分析汽化过程中的典型状态，即容器中既有液态水又有蒸汽的状态，此时，液态水中运动得比较快的一些分子有可能挣脱液面对它的束缚，跑到液面以上的空间中，成为一个蒸汽分子，这就是汽化过程。液态水的温度越高，运动快的分子比例也越多，能挣脱液面的分子数也就越多，因此汽化的速度取决于液体的温度。在蒸汽空间，有一些分子的运动方向正好是朝下的，因此它会一头扎进液面（液面不是一个弹性面，它不会把蒸汽分子弹回去的），成为液体的一部分，这就是凝结过程。显然，蒸汽空间内的分子数越多，即蒸汽的压力越大，能扎回液面的分子也越多，即凝结速度取决于蒸汽的压力。

当液体的汽化速度和蒸汽的凝结速度相等（或两个速度之间的差值非常小）时，则汽化和凝结过程处于平衡状态，称这种状态为饱和状态，此时的液体称为饱和液体，气体称为饱和蒸汽（对水而言，则为饱和水、饱和水蒸气）。

图 8-3 中的饱和水与饱和水蒸气处于同一个容器中，因此有相同的温度和压力，以下标 s 表示，而饱和水与饱和蒸汽的比体积、比热力学能、焓、熵是不同的，用上标′表示饱和水的参数，用″表示饱和蒸汽的状态，因此有

饱和水：p_s，t_s，v'，u'，h'，s'；

饱和蒸汽：p_s，t_s，v''，u''，h''，s''。

图 8-3（b）对应的是液态水马上要出现汽化的状态，因此它就是饱和水；而图 8-3（d）是汽化刚刚结束的状态，因此它是饱和蒸汽。习惯上把图 8-3（a）对应的状态称为未饱和水或过冷水，把图 8-3（e）对应的状态称为过热蒸汽，图 8-3（c）对应的又有饱和水又有饱和蒸汽的状态称为两相湿蒸汽，简称湿蒸汽状态。

二、水和水蒸气的 p-v 图、T-s 图

如果把 a-b-c-d-e 的五个状态表示在 p-v 图上，则如图 8-4（a）所示。

当压力有所升高时，实验发现，水的比体积会有极微小的变小（基本上水是不可压缩的），加热后，液态水温度升高，比体积有所增大；压力升高后水出现汽化的开始点推迟了，比体积增大了（热胀冷缩的时间延长了），即在 b' 点才开始汽化；但实验发现，液态汽化完成的结束点 d' 却提前了。整个过程见图 8-4（a）中的 a'-b'-c'-d'-e'。

压力继续升高时，从未饱和水至过热蒸汽的过程中，开始汽化的点继续推迟，结束汽化的点继续提前，见图 8-4（a）中的 a''-b''-c''-d''-e''。

把开始汽化的点连起来，即 b-b'-b''，可发现它们是向右上方延伸的，把结束汽化的点连起来，即 d-d'-d''，会发现它们是向左上方延伸的，即压力升高时，开始汽化越来越晚，但结束汽化越来越早。实验发现，它压力升高至某一值时，开始汽化的点和结束汽化的点将重合成一点，即刚刚开始汽化，汽化就结束了。

在 T-s 图上，如图 8-4（b）所示，从 a 到 b 的过程中，液态水吸热，熵增大；到达 b 后，液态水开始沸腾汽化，一直至液态水全部汽化成蒸汽状态 d，此过程中温度保持不变，因此在 T-s 图上是一条水平线；过热蒸汽的加热过程又是吸热升温且熵增加的过程。

当压力升高时，开始汽化的温度升高至 b'，由于汽化推迟，吸热时间延长，因此汽化始点的熵比低压下汽化始点的熵要大；但是压力升高后结束汽化的点提前至 d'，且由于结束汽化的点提前较多，因此 d' 的熵比低压下 d 点的熵要小。整个过程见图 8-4（b）中的 a'-b'-c'-d'-e'。

压力继续升高时，从未饱和水至过热蒸汽的过程中，开始汽化的点继续推迟，结束汽化的点继续提前，见图 8-4（b）中的 a''-b''-c''-d''-e''。

同样，开始汽化点的连线 b-b'-b'' 向右上方延伸，结束汽化点的连线 d-d'-d'' 向左上方延伸，即压力升高时，开始汽化越来越晚，但结束汽化越来越早，压力升高至某一值时，开始汽化的点和结束汽化的点将重合成一点，即刚刚开始汽化，汽化就结束。

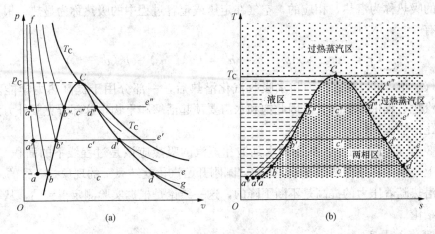

图 8-4　水蒸气的定压发生过程

(a) p-v 图；(b) T-s 图

水和水蒸气的 p-v 图和 T-s 图，有四个规律。

1. 一点

液态水开始汽化的点随压力的升高而推迟，但结束汽化的点随压力的升高而提前，直至到达某一压力时，液态水刚刚开始汽化，汽化就结束了。在这一点上，水的液态和气态性质表现完全一致，这一点就是水的临界点。

根据最新的国际水蒸气性质协会（IAPS）公布的数据（1997 年），水的临界点参数为

临界压力：$p_C = 22.064$　MPa；

临界温度：$T_C = 647.096$　K；

临界密度：$\rho_C = 322$　kg/m³。

2. 三线

三线即图 8-4 中由饱和水连成的线 b-b'-b''-C，由饱和蒸汽的连线 d-d'-d''-C 以及临界温度线 T_C。

3. 三区

在 p-v 图上，液态水、两相湿蒸汽和过热蒸汽的区域可以参考图 8-2 中二氧化碳的分区。

在 T-s 图上，液态水的区域为临界温度线 T_C 和饱和水连线 b-b'-b''-C 与纵轴围成的区域，两相湿蒸汽区为饱和水连线 b-b'-b''-C 和饱和蒸汽连线 d-d'-d'-C 下方的区域，过热蒸汽区为临界温度线 T_C 上方和饱和蒸汽连线 d-d'-d'-C 右上方的区域。再次强调，在高于临界温度线 T_C 的区域中，没有液态的水存在。

4. 五态

五态即未饱和水（过冷水）、饱和水、两相湿蒸汽、干饱和蒸汽和过热蒸汽五种状态。

三、水和水蒸气参数

1. 汽化潜热 r

1kg 饱和水在保持压力不变的条件下完全汽化成饱和蒸汽所需要吸收的热量称为汽化潜热，以符号 r 表示。由于定压下饱和水汽化吸热的效果没有表现为温度的变化，因此把这一

类过程中的吸热称为潜热，相应的，空气在定压或定容过程中的吸热称为显热。根据汽化潜热的定义有

$$r = \Delta h - \int v \mathrm{d}p = h'' - h' = (u'' - u') + p_s(v'' - v') \qquad (8-9)$$

从式（8-9）可以看出，饱和水吸收汽化潜热后，一部分用于提高热力学能，另一部分，由于汽化过程中体积变大，因此饱和水需要顶起活塞和重物，这部分克服外力消耗的功也是由汽化潜热提供的。

在图 8-4 的 T-s 图上，从饱和水到饱和蒸汽的吸热应该是过程线下的面积，很明显，在临界点上，水的汽化潜热等于 0，这和"刚刚开始汽化就结束"的现象是一致的。

汽化潜热随着压力的提高是不断下降的，这一结论是根据实验测定得到的，从图中不能得到这一结论。

2. 湿蒸汽的干度 x

两相湿蒸汽是饱和水和饱和蒸汽的混合物，两种组分的压力和温度完全相同，且压力与温度之间存在一一对应的关系，因此由温度和压力不能确定两相湿蒸汽的状态（也就是说，图 8-4 中由温度和压力只能确定 bd 线，但不能确定 c 的具体位置），这是和理想气体不同的。

要确定两相湿蒸汽的状态，还需要第三个参数，例如比体积，当压力或温度确定后，图 8-4 中 bd 线就确定了，而比体积确定后，c 也就确定了，即湿蒸汽的状态是唯一的。

在实际应用中，常用湿蒸汽的干度来确定湿蒸汽的状态。湿蒸汽的干度是指湿蒸汽中饱和蒸汽的含量，用符号 x 表示，即

$$x = \frac{m_v}{m_v + m_w} \qquad (8-10)$$

式中　m_v——饱和蒸汽的质量；

　　　m_w——饱和水的质量。

根据式（8-10），在 1kg 湿蒸汽中，饱和蒸汽的质量为 $x$kg，而饱和水的质量为 $1-x$kg，由此可以得到湿蒸汽的各参数为

$$\left. \begin{aligned} v &= xv'' + (1-x)v' = v' + x(v'' - v') \\ u &= xu'' + (1-x)u' = u' + x(u'' - u') \\ h &= xh'' + (1-x)h' = h' + x(h'' - h') \\ s &= xs'' + (1-x)s' = s' + x(s'' - s') \end{aligned} \right\} \qquad (8-11)$$

从式（8-11）可知，在压力确定的情况下，若湿蒸汽的比体积、比热力学能、焓或熵中的任何一个已知，则其干度也是确定的，因此其状态也确定了。

3. 水的三相点

水和水蒸气的参数中，压力、温度和比体积可以直接测量或经简单的测量计算确定，但比热力学能、焓和熵不能直接测定，只能通过一定的方法进行计算。在计算过程，需要确定一个参数基点，国际水蒸气性质协会（IAPS）规定以水的三相点为基点。

三相点是封闭在某个容器中的纯净 H_2O 以液态、固态和气态共存的状态（见图 1-9）。在三相点，H_2O 的温度、压力以及液态水的比体积（三相的温度和压力是相同的，但三相的比体积各不相同）如下：

$$t_{tp} = 273.16K$$

$$p_{tp} = 611.73Pa$$

$$v'_{tp} = 0.001\,000\,2(m^3/kg) \tag{8-12}$$

国际水蒸气性质协会（IAPS）规定三相点下饱和水的热力学能和熵为 0，即

$$u'_{tp} = 0, \quad s'_{tp} = 0 \tag{8-13}$$

由此可以得到三相点下饱和水的焓为

$$h'_{tp} = u'_{tp} + p_{tp}v'_{tp} = 0 + 611.73 \times 0.001\,000\,2 \approx 0.6(J/kg) \tag{8-14}$$

式（8-14）中 0.6kJ/kg 的值相对于水和水蒸气的焓来讲是一个很小的值，因为常温常压下 1kg 的水升温 1K 需要的吸热达到 4.2kJ，也就是说，三相点下饱和水的焓只对应水升温 0.15K 需要的热量。

但是要注意的是，根据汽化潜热随压力变化的规律，三相点下蒸汽的压力很低，其汽化潜热是很大的，因此饱和蒸汽的焓是很大的，其值为 2501kJ/kg。

四、水和水蒸气参数工具

水和水蒸气的参数不像理想气体一样有简单的规律，在工程和科学研究中确定水和水蒸气的参数是比较困难的。

确定水和水蒸气的参数通常借助于表格和图。例如，以温度或压力为序，把水和水蒸气的饱和参数列成一维的表格；或者以温度和压力为两个变量，把水和水蒸气的比体积、焓和熵列成一张二维表格等。无论是一维的表格还是二维的表格，规模都非常庞大，而且能够查到的数据总是有限的，如果温度和压力不在表格的自变量中，还需要用到内插法，计算很复杂。表 8-3是以温度为序的水的饱和参数表示例，表 8-4 是以压力为序的水的饱和参数表示例。

表 8-3　　　　　水的饱和参数示例（以温度为序）

温度（℃）	压力（MPa）	比体积（m³/kg）		比焓（kJ/kg）		汽化潜热（kJ/kg）	比熵［kJ/(kg·K)］	
		液体	蒸汽	液体	蒸汽		液体	蒸汽
t	p	v'	v''	h'	h''	r	s'	s''
10	0.0012	0.001 000	106.309	42.02	2519.23	2477.21	0.1511	8.8998
50	0.0124	0.001 012	12.0279	209.34	2591.31	2381.97	0.7038	8.0749
100	0.1014	0.001 043	1.671 86	419.10	2675.57	2256.47	1.3070	7.3541
200	1.5547	0.001 157	0.127 22	852.39	2792.06	1939.67	2.3308	6.4303
250	3.9759	0.001 252	0.050 09	1085.69	2801.01	1715.33	2.7934	6.0722
300	8.5877	0.001 404	0.021 66	1344.77	2749.57	1404.80	3.2547	5.7058
370	21.043	0.002 222	0.004 95	1892.64	2333.50	440.86	4.1142	4.7996

表 8-4　　　　　水的饱和参数示例（以压力为序）

压力（MPa）	温度（℃）	比体积（m³/kg）		比焓（kJ/kg）		汽化潜热（kJ/kg）	比熵［kJ/(kg·K)］	
		液体	蒸汽	液体	蒸汽		液体	蒸汽
p	t	v'	v''	h'	h''	r	s'	s''
0.01	45.81	0.001 010	14.6706	191.81	2583.89	2392.07	0.6492	8.1489
0.1	99.61	0.001 043	1.694 02	417.44	2674.95	2257.51	1.3026	7.3588

续表

压力 （MPa）	温度 （℃）	比体积（m³/kg）		比焓（kJ/kg）		汽化潜热 （kJ/kg）	比熵［kJ/(kg·K)］	
		液体	蒸汽	液体	蒸汽		液体	蒸　汽
p	t	v'	v''	h'	h''	r	s'	s''
0.5	151.84	0.001 093	0.374 80	640.19	2748.11	2107.92	1.8606	6.8206
1	179.89	0.001 127	0.194 35	762.68	2777.12	2014.44	2.1384	6.5850
5	263.94	0.001 286	0.039 45	1154.50	2794.23	1639.73	2.9207	5.9737
10	311.00	0.001 453	0.018 03	1407.87	2725.47	1317.61	3.3603	5.6159
15	342.16	0.001 657	0.010 34	1610.15	2610.86	1000.71	3.6844	5.3108
20	365.75	0.002 039	0.005 86	1827.10	2411.39	584.29	4.0154	4.9299
22	373.71	0.002 750	0.003 58	2021.92	2164.18	142.27	4.3109	4.5308

　　未饱和水或过热蒸汽状态的确定需要温度和压力两个参数，因此，它们的参数表是一个二维的表格，见表 8-5 中的示例。

表 8-5　　　　　　　　　　　未饱和水和过热蒸汽的参数示例

p		0.1MPa			0.2MPa		
t		v	h	s	v	h	s
℃		m³/kg	kJ/(kg·K)	kJ/(kg·K)	m³/kg	kJ/k	kJ/(kg·K)
0		0.001 000	0.06	−0.000 15	0.001 000	0.16	−0.000 14
10		0.001 000	42.12	0.151 08	0.001 000	42.21	0.151 07
20		0.001 002	84.01	0.296 48	0.001 002	84.11	0.296 46
30		0.001 004	125.83	0.436 76	0.001 004	125.92	0.436 73
40		0.001 008	167.62	0.572 39	0.001 008	167.71	0.572 35
50		0.001 012	209.41	0.703 75	0.001 012	209.50	0.703 71

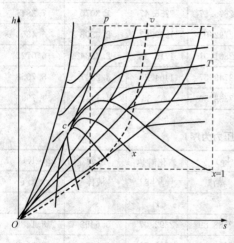

图 8-5　水蒸气的焓-熵图

　　通过查表格的方法可以较精确地获得水和水蒸气参数，但是这种方法工作量大、速度慢，因此，人们制作了焓-熵图，也叫莫里尔图，它以焓 h 为纵坐标，以熵 s 为横坐标，用于快速获得水和水蒸气的参数并分析过程中的能量特性。

　　如果工质为理想气体，则 $h=c_p T$，所以只需要把理想气体 T-s 图的纵坐标乘以比定压热容 c_p，T-s 图就变成了 h-s 图。水和水蒸气的焓和温度没有理想气体那样的简单关系，但是定性上两者仍有相似之处，即水和水蒸气的 T-s 图和 h-s 图在定性上仍是类似的。图 8-5 即为水和水蒸气的 h-s 图全貌，工程中常用的水和水蒸气为虚线框中的部分。

　　随着计算机的普及，人们编制了各种程序，用于计算水和水蒸气的参数，这些程序具有良好的精度和极快的计算速度，以及友好的人机界面，而且可以整合进在线测量和自动控制等工业系统中，正越来越多地在工程和科研中应用。

随着手持式电子工具的发展和普及，现在人们又开发了基于手机等设备的水和水蒸气参数计算工具，无论是较旧的模拟手机，或使用 Android 系统的智能手机，还是苹果的 IOS 操作系统，都可以运行这一类工具，快速精确地获得水和水蒸气的参数。

基于以上理由，本书不再提供水和水蒸气的参数表，也不再提供焓-熵图。

第三节　水和水蒸气的过程

水和水蒸气作为工程中常用的工质，经常要经历各种各样的过程，本节分析在这些过程中水和水蒸气的能量特性。

水和水蒸气在定量角度看和理想气体有很大的差别，但是定性上看，它和理想气体还是有相似之处的，因此在用 $p\text{-}v$ 图和 $T\text{-}s$ 图分析水和水蒸气的过程时，理想气体成立的一些趋势性结论大多数是可用的。

水和水蒸气过程的起点和终点参数包括温度 T、压力 p、比体积 v、比热力学能 u、焓 h 和熵 s，如果是湿蒸汽的话，还有干度 x，这些参数可以根据过程的特点由参数计算工具确定，过程中的功、技术功和热量的大小需要根据热力学定律计算确定。

一、等容过程

如果把一定量的 H_2O 封闭在某一刚性容器中，对其进行加热或冷却，则水和水蒸气将经历一个等容过程，如图 8-6 所示。等容过程的起点一般由温度和压力确定，如果是两相湿蒸汽，则其起点由温度或压力，以及湿蒸汽的干度确定；过程的终点通常由可测量的温度或压力确定，结合比体积值就可以确定终点的其他参数。

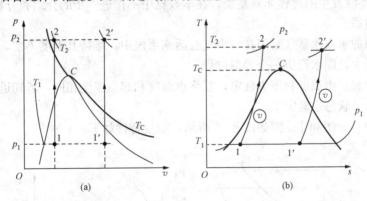

图 8-6　等容过程的 $p\text{-}v$ 图和 $T\text{-}s$ 图
(a) $p\text{-}v$ 图；(b) $T\text{-}s$ 图

从图中可以看出，若从两相湿蒸汽状态 1 开始对其进行加热的话，水和水蒸气的压力将升高，并且两相湿蒸汽将越过饱和水线进入液态区，继续加热的话将越过临界温度线变成过热蒸汽，此时压力将大于临界压力 22.064MPa，这是一个很大的压力，已非普通的容器所能承受，因此，对水和水蒸气进行"闷烧"即定容加热是很危险的。如果从两相蒸汽状态 $1'$ 出发，则等容加热会使其最后成为过热蒸汽 $2'$。在 $T\text{-}s$ 图上，等容线是一条比较陡的线，这一点和理想气体的等容线有类似之处。

等容过程中的能量特性如下：

$$\left.\begin{aligned} w &= \int p\mathrm{d}v = 0 \\ w_t &= -\int v\mathrm{d}p = v(p_1 - p_2) \\ q &= \Delta u + w = \Delta u = u_2 - u_1 \end{aligned}\right\} \tag{8-15}$$

二、等压过程

水和水蒸气的等压过程是很常见的过程，前面分析过的水蒸气的定压发生过程就是一个典型的等压过程。在工业中，水和水蒸气在管道内流动，当忽略流动阻力的时候，也是一个等压过程。

等压过程的起点通常由温度和压力确定，对湿蒸汽而言，需要已知其干度；等压过程的终点一般是温度，当终点压力和温度已知时，其他参数可由参数计算工具确定。

等压过程的 p-v 图和 T-s 图如图 8-7 所示，能量特性如下：

$$\left.\begin{aligned} w &= \int p\mathrm{d}v = p(v_2 - v_1) \\ w_t &= -\int v\mathrm{d}p = 0 \\ q &= \Delta h + w_t = \Delta h = h_2 - h_1 \end{aligned}\right\} \tag{8-16}$$

当水和水蒸气的等压过程压力低于临界压力 22.064MPa 时，其汽化过程中的温度保持不变，因此在 T-s 图中出现了一段等温的水平折线，如图 8-7（b）中的过程线 12 所示；而当等压过程的压力高于临界压力时，其汽化过程不再出现两相区内的等温阶段，而是直接越过临界温度 T_C 并由液态变为汽态，如图 8-7（b）中的 1'2' 所示。实际上，超临界压力下越过临界温度 T_C 时发生的过程非常复杂，在本教材中不作进一步的介绍和分析。

三、等温过程

把一定容积的水或水蒸气封闭在一个气缸活塞系统中，维持其温度不变，如果气缸运动使水的比体积增大，则水经历一个等温过程。

等温过程的起点由温度和压力确定，其终点温度和起点温度相同，若知道终点的比体积或压力，由终点的状态也确定了。

等温过程的 p-v 图和 T-s 图如图 8-8 所示，能量特性如下：

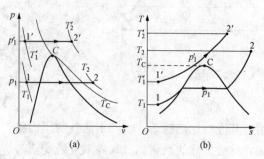

图 8-7　等压过程的 p-v 图和 T-s 图
(a) p-v 图；(b) T-s 图

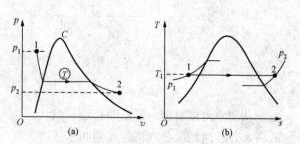

图 8-8　等温过程的 p-v 图和 T-s 图
(a) p-v 图；(b) T-s 图

$$\begin{cases} q = \int T \mathrm{d}s = T(s_2 - s_1) \\ q = \Delta u + w \end{cases}$$

$$\Rightarrow w = q - \Delta u = T(s_2 - s_1) - [(h_2 - p_2 v_2) - (h_1 - p_1 v_1)]$$

$$q = \Delta h + w_t$$

$$\Rightarrow w_t = q - \Delta h = T(s_2 - s_1) - (h_2 - h_1) \tag{8-17}$$

四、等熵过程

如果水和水蒸气在热力过程中有良好的保温，则其对外散热可以忽略，其经历的将是一个绝热过程；如果水和水蒸气在流动过程中的速度非常大，则它将来不及和外界进行换热，因此可以看作是绝热过程。当忽略绝热过程中的摩擦、辐射等不可逆因素时，这一过程就是一个等熵过程。

水和水蒸气在等熵过程中的起点通常由温度和压力确定，如果是湿蒸汽的话，需要已知干度；终点一般已知压力，并由等熵的特点确定其他参数如温度、比体积以及焓，或者湿蒸汽的干度等。

等熵过程的 $p\text{-}v$ 图和 $T\text{-}s$ 图如图 8-9 所示，能量特性如下：

$$q = \Delta u + w = \Delta h + w_t = 0$$

$$\Rightarrow \begin{cases} w = -\Delta u = (h_1 - p_1 v_1) - (h_2 - p_2 v_2) \\ w_t = -\Delta h = h_1 - h_2 \end{cases} \tag{8-18}$$

五、滞止过程

如果水蒸气发生一个高速流动过程，则根据一切从滞止出发的原则，需要根据等熵原理确定水蒸气的滞止参数。分析滞止过程时，一般都是已知起点的温度、压力和初速度，即 (p_1, T_1, c_1)，由此可以确定起点的焓 $h_1 = h(p_1, T_1)$ 和起点的熵 $s_1 = s(p_1, T_1)$。由于滞止点速度为 0，因此滞止点的焓为

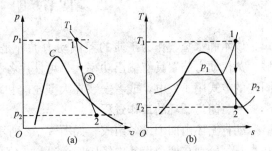

图 8-9 等熵过程的 $p\text{-}v$ 图和 $T\text{-}s$ 图
(a) $p\text{-}v$ 图；(b) $T\text{-}s$ 图

$$h^* = h_1 + \frac{c_1^2}{2} \tag{8-19}$$

于是，滞止点的其他参数可由滞止焓和熵确定，即

$$p^* = p(h^*, s_1), \quad T^* = T(h^*, s_1) \tag{8-20}$$

分析滞止过程一般用 $h\text{-}s$ 图，因为获得滞止参数的过程中需要用到焓的关系，其他参数如温度和压力由焓计算得到，滞止过程 $h\text{-}s$ 图如图 8-10 所示。

六、节流过程

如果水和水蒸气的流动过程中经过一个阀门，当阀门未全开时，水和水蒸气将经历一个节流过程。

对于两相湿蒸汽来说，根据温度和压力是不能确定状态的，还需要已知干度（或比体积、比热力学能、焓、熵等）。在工程中，测量干度的一种方法就是通过湿蒸汽的节流。

如图 8-11 所示，一根蒸汽管内流动着压力为 p_1、温度为 T_1 的湿蒸汽，在蒸汽管上安

装一支管，蒸汽经支管上的阀门节流后，压力降为 p_2，温度为 T_2，则在 h-s 图上可以看出，由于蒸汽节流前后的焓不变但熵增加，因此节流过程 12 是一水平向右的虚线（以虚线表示不可逆过程），终点 2 可能会落在过热蒸汽区，而过热蒸汽的状态是可以由温度和压力两个参数确定的，即 $h_2 = h(p_2, T_2)$，由此有

$$h_1 = h' + x(h'' - h') = h_2 \Rightarrow x = \frac{h_2 - h'}{h'' - h'} \tag{8-21}$$

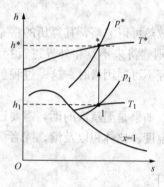

图 8-10 滞止过程的 h-s 图

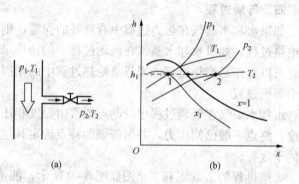

图 8-11 节流过程的 h-s 图
(a) 节流式干度计；(b) h-s 图

第四节 朗 肯 循 环

以水和水蒸气作为工质的蒸汽动力循环是一类重要的动力循环，广泛地应用于各个领域。蒸汽动力装置具有输出功率大、可使用各种燃料等优点，但是它体积巨大，所以一般以固定的方式用于发电，或者安装在大型轮船和军舰上用于推进。

一、朗肯循环的工作过程

朗肯循环由四个设备组成，如图 8-12 所示，分别为锅炉、汽轮机、凝汽器和水泵。水和水蒸气分别在四个设备中经历四个过程，完成整个循环。

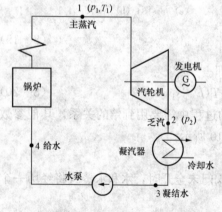

图 8-12 朗肯循环设备

进入锅炉的工质称为给水，状态点为 4，它的温度比较低，但压力很高。锅炉通过燃烧过程，把燃料中的化学能转换成烟气的热能，给水通过传热过程吸收烟气中的能量，状态和参数发生变化，离开锅炉时是温度很高的过热蒸汽，在忽略流动阻力时，可以认为给水到过热蒸汽的过程是等压的。

离开锅炉进入汽轮机的工质称为主蒸汽，是高温高压的过热蒸汽，状态点为 1。

在工程上，根据 1 点的压力大小，可以对朗肯循环进行分类，其中最重要的分类结果是，当主蒸汽压力在 16.7—18.3MPa 时，称亚临界压力朗肯循环，主蒸汽压力在 25.4MPa 时，称超临界压力朗肯循环。

在汽轮机中，主蒸汽通过喷管把热能转化成动能，并冲动汽轮机的叶片使之旋转，形成

汽轮机轴的动能，并可以带动发电机发电或带动螺旋桨旋转推动舰船。主蒸汽在汽轮机中的过程可以认为是一个温度和压力下降的等熵过程。

离开汽轮机进入凝汽器的蒸汽称为乏汽，状态点为 2，它的温度和压力都比较低，已经不具有做功能力。凝汽器通入冷却水或冷空气，把乏汽凝结成液态的水。当忽略乏汽在凝汽器中的流动阻力时，可以认为凝结过程是等压的。

离开凝汽器的工质称为凝结水，状态点为 3，它在水泵中被等熵压缩，压力大幅升高至给水的压力，温度一般升高不多。给水将进入锅炉，完成一个循环。

在朗肯循环中，工质的状态和参数都在发生变化，但确定一个朗肯循环只需要三个参数即可，这一特点可以结合朗肯循环的 $p\text{-}v$ 图和 $T\text{-}s$ 图加以说明，如图 8-13 所示。

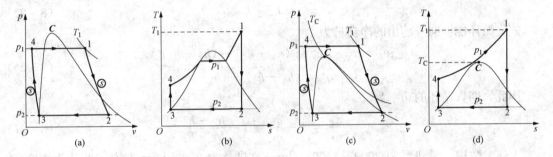

图 8-13　朗肯循环 $p\text{-}v$ 图和 $T\text{-}s$ 图
(a) 亚临界压力朗肯循环 $p\text{-}v$ 图；(b) 亚临界压力朗肯循环 $T\text{-}s$ 图；
(c) 亚临界压力朗肯循环 $p\text{-}v$ 图；(d) 超临界压力朗肯循环 $T\text{-}s$ 图

朗肯循环的起点确定为离开凝汽器的凝结水，在凝汽器中，乏汽在凝汽器压力 p_2 下凝结成液态，因此这里是一个气态和液态共存的两相湿蒸汽状态，其液态对应饱和水。由此，在 $p\text{-}v$ 图和 $T\text{-}s$ 图上可以定下凝结水的状态点 3，为 p_2 下的饱和水。

在水泵中，凝结水经等熵过程升压，目标压力为 p_1，在 $p\text{-}v$ 图和 $T\text{-}s$ 图上可以定下给水的状态点 4，即 3 点经等熵线与 p_1 等压线相交的交点。

在锅炉中给水被等压加热至高温，目标温度为 t_1（习惯上，朗肯循环中的温度都用℃而不用 K），在 $p\text{-}v$ 图和 $T\text{-}s$ 图上可以定下主蒸汽的状态点 1，即 4 点经等压线与 t_1 等温线相交的交点。

在汽轮机中主蒸汽经历等熵过程，压力降至凝汽器压力，在 $p\text{-}v$ 图和 $T\text{-}s$ 图上可以定下乏汽的状态点 2，即 1 点经等熵线与 p_2 等压线相交的交点。需要说明的是，一般乏汽的状态为两相湿蒸汽（$x > 0.85$）。

结合水和水蒸气的等压过程分析，对亚临界压力朗肯循环，在锅炉中发生的等压吸热汽化过程 41 将经过两相区，如图 8-13 (a) 和 (b) 所示，在 $T\text{-}s$ 图上，过程线出现水平的折线段；而对超临界压力朗肯循环，吸热汽化过程将直接越过临界温度线 Tc，如图 8-13 (c) (d) 所示。

从上面所述确定朗肯循环 $p\text{-}v$ 图和 $T\text{-}s$ 图方法可以得出结论：确定一个朗肯循环只需要三个参数，即主蒸汽的压力 p_1、温度 t_1 和凝汽器的压力 p_2。我国目前最先进的 1000MW 火电机组，主蒸汽的压力 p_1 已经达到 31MPa，温度 t_1 超过 600℃，凝汽器的压力 p_2 一般在 5kPa 左右。

二、朗肯循环的能量分析

朗肯循环中水和水蒸气的状态和参数都是不随时间变化而变化的，是一个典型的稳定流动，可以用稳定流动能量方程对它进行分析。循环中工质进出各个设备的流速不大（汽轮机中存在蒸汽的高速流动，但这是在设备内部），高度差也不大，因此可以忽略其动能和位能。

在锅炉中，工质吸热，从给水变成过热蒸汽，其吸热量为

$$q_1 = h_1 - h_4 \tag{8-22}$$

在汽轮机中，过热蒸汽等熵膨胀，热能转换成轴功，其做功量为

$$w_{\mathrm{T}} = h_1 - h_2 \tag{8-23}$$

在凝汽器中，工质放热，从乏汽变成饱和水，其放热量为

$$q_2 = h_2 - h_3 > 0 \tag{8-24}$$

在水泵中，工质被等熵压缩，从低压的凝结水变成给水，其耗功量为

$$w_{\mathrm{P}} = h_4 - h_3 \tag{8-25}$$

朗肯循环能够向外输出的净功量为

$$w_0 = w_{\mathrm{T}} - w_{\mathrm{P}} = (h_1 - h_2) - (h_4 - h_3)$$
$$= q_1 - q_2 = (h_1 - h_4) - (h_2 - h_3) \tag{8-26}$$

因此，朗肯循环的功率为

$$\eta_t = \frac{w_0}{q_1} = 1 - \frac{q_2}{q_1} = 1 - \frac{h_2 - h_3}{h_1 - h_4} \tag{8-27}$$

上述参数中，吸热量为 3000～3500kJ/kg，放热量为 2000kJ/kg 左右，做功为 1200～1800kJ/kg，水泵耗功量通常不到 30kJ/kg，相对做功量只有不到 2% 的比例（实际水泵的耗功比例略大一点，但也仅在 3% 左右），因此可把水泵的耗功量忽略不计。由此计算得到的朗肯循环的效率为 40%～45%。

在工程中还需要用到一个参数，用于衡量朗肯循环消耗工质的多少，即朗肯循环对外输出 1kWh（3600kJ）电能时需要消耗的蒸汽量，称汽耗率，用 d 表示，即

$$d = \frac{3600}{w_0} = \frac{3600}{q_1 - q_2} \quad \mathrm{kg/kWh} \tag{8-28}$$

很显然，当朗肯循环做功量为 1200～1800kJ/kg 时，对应的汽耗率为 3～2kg/kWh。

功量 w_0 和效率 η_t 是衡量朗肯循环经济性的两个重要的指标。除此以外，离开汽轮机的蒸汽干度 x_2（称排汽干度）是一个重要的安全性指标。若 x_2 太小，蒸汽中含水就较多，由于汽轮机最后一级叶片半径很大，它有很大的线速度，和湿蒸汽的相对速度也是很大的，因此，密度比较大的液滴以相对高速打击到叶片时，会产生很高的滞止压力，其值甚至能超过钢材的承受极限，造成设备的损害。工程上，从安全性角度出发，需要保证排汽干度 $x_2 > 0.85$。

需要注意的是，从能量损失的角度看，朗肯循环在凝汽器中被冷却水带走的热量数量是非常巨大的，通常能够达到对外输出电量的 1.5 倍左右，如果用热力学第一定律分析，则提高朗肯循环效率的方法应该是尽可能地减少这部分放热。实际上，从热力学第二定律可用能的角度分析，乏汽进入凝汽器时的温度已经相当低了（当凝汽压力为 5kPa 时，其温度只有 33℃），其可用能的比例相当低，乏汽在凝汽器内放出的热量基本都是废热，不具备做功能力，因此没有利用的价值。在锅炉内，燃料燃烧产生的高温烟气加热给水，使之成为过热蒸汽，用第一定律分析这一加热过程时，认为热量是没有任何损失的。用第二定律分析的结论则完全不同，烟气加热给水生成蒸汽的过程，是一个大温差不可逆传热（烟气温度在 1000℃ 以上，工质温度在 200～300℃），是一个大熵增环节，热量的可用能损失非常巨大。

所以，要提高循环的做功量即提高循环的效率，一定要从减小锅炉内的大温差传热着手。

可见，用第一定律和第二定律分析提高效率的方法，两者给出的建议是不同的，并且我们知道，第二定律基于可用能的分析，其建议才是正确的，这正说明第一定律在分析动力循环方面的局限性。

三、不可逆朗肯循环分析

工程中实际使用的简单朗肯循环的效率是达不到 40％的，主要原因是汽轮机的做功和水泵的耗功过程中，都存在不可逆性。

汽轮机中蒸汽高速流动的过程中存在摩擦，并常常还会有余速、涡流、漏汽等现象，因此，实际汽轮机的做功比理想汽轮机的做功要少。通常用汽轮机内效率 η_i 来衡量实际汽轮机做功和理想汽轮机做功的比例，即

$$\eta_i = \frac{w'_T}{w_T} = \frac{h_1 - h'_2}{h_1 - h_2} \tag{8-29}$$

汽轮机内效率的值为 $0.85\sim0.94$。

由于实际汽轮机的做功量变少，所以做功终点的焓将变大，且由于不可逆性，终点的熵也会增大，做功终点将由 2 点右移至 $2'$ 点，如图 8-14 所示。

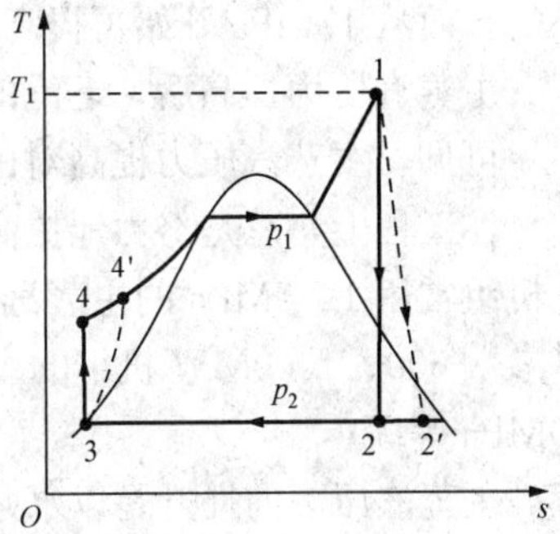

水泵中，水被绝热压缩的过程中存在摩擦、涡流等现象，使实际水泵的耗功比理想水泵的耗功要多。通常用水泵的内效率 η_P 来衡量理想水泵耗功和实际水泵耗功比例，即

$$\eta_P = \frac{w_P}{w'_P} = \frac{h_4 - h_3}{h'_4 - h_3} \tag{8-30}$$

图 8-14　不可逆
朗肯循环 $T\text{-}s$ 图

水泵内效率的值为 $0.85\sim0.90$。

由于实际水泵的耗功量变大，所以压缩终点的焓将变大，且由于不可逆性，终点的熵也会增大，压缩终点将由 4 点右移至 $4'$ 点。

来看一下不可逆朗肯循环的两个经济性指标和一个安全性指标的变化。

由于汽轮机的做功量变小，而耗功量变大，因此循环的总功量肯定是变小的。

锅炉中吸热的起点焓变大，而终点不变，因此吸热量变小。凝汽器中放热的起点焓变大而终点焓不变，因此放热量变大，根据效率计算式（8-27），不可逆朗肯循环的效率是下降的，下降的幅度主要受汽轮机内效率决定（因为水泵耗量功变化的绝对值非常小，对总体功量的影响是可以忽略不计的），一般会降到 40％以下。

不可逆朗肯循环的终点熵是增加的，终点比理想情况的终点右移了，对应的排汽干度 x_2 是提高的，所以不可逆循环的安全性是提高的。

第五节　参数对朗肯循环的影响

决定朗肯循环的参数是主蒸汽压力 p_1、温度 t_1 和凝汽器的压力 p_2，而衡量朗肯循环的指标是效率 η_t、功量 w_0 和排汽干度 x_2。本节要讨论三个决定性参数变化对三个指标的影响，定性的影响可以用 $T\text{-}s$ 图来分析，而定量的结果必须依赖于数量计算。

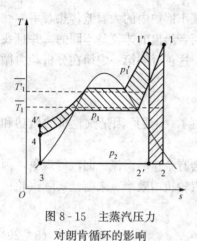

图 8 - 15　主蒸汽压力
对朗肯循环的影响

一、主蒸汽压力对朗肯循环的影响

如图 8 - 15 所示，当主蒸汽压力从 p_1 升高至 p_1' 时，锅炉中从 41 上升至 $4'1'$，加热过程的平均温度从 $\overline{T_1}$ 升高至 $\overline{T_1'}$，由于凝汽器压力不变，故放热温度不变，根据卡诺循环效率计算公式，可知，主蒸汽压力升高后，朗肯循环的效率是提高的。

主蒸汽压力升高后，循环的做功量（等于循环的净热量，即 T-s 图中循环所围的面积）将发生变化，图中右斜线部分是增加的做功量，而左斜线部分是减少的做功量，整个循环的做功量是增加或者减小，取决于两块面积的大小，定性是没有办法确定的。数量分析的结果表明，当主汽压力从较低值升至 17MPa 左右时，循环的做功量是增加的，而从 17MPa 开始再提高主蒸汽压力，循环的做功量反而是下降的。

主蒸汽压力提高后，乏汽的点从 2 左移至 $2'$，因此循环的安全性是降低的。

可见，主蒸汽压力提高对朗肯循环的影响是：效率上升，做功不明，安全性降低。

在工程上，总是努力地提高主蒸汽的压力，以提高循环效率。例如，125MW 级别的发电机组常用 12.5MPa 的主蒸汽压力，而 300、600MW 的亚临界参数机组选用 17MPa，超临界参数 600、1000MW 机组的主蒸汽压力达到 25～26MPa，将来主蒸汽压力可能会上升至 40MPa 等级。

主蒸汽压力的提升是以水泵耗功的增加为代价的，并且压力升高以后，需要增加管道、容器的壁厚，这也是需要付出代价的，所以工程中会根据技术经济分析来确定合理的主蒸汽压力，并一定要通过其他措施来解决排汽干度变小带来的安全性问题。

二、主蒸汽温度对朗肯循环的影响

如图 8 - 16 所示，当主蒸汽温度从 t_1 升高至 t_1' 时，锅炉中给水被加热变成主蒸汽的过程线将从 1 点继续延伸至 $1'$，相应的做功终点从 2 右移至 $2'$，因此循环的安全性是提高的；图中右斜线面积 $11'2'2$ 是主蒸汽温度升高以后增加的净热量，所以循环的净功量是增加的。

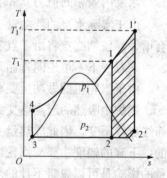

图 8 - 16　主蒸汽温度对
朗肯循环的影响

主蒸汽温度提高后，加热过程的平均温度升高；由于凝汽器压力不变，所以放热温度保持不变（若做功终点进入过热蒸汽区，则放热平均温度会有所升高，但升高是很小的）。总之，主蒸汽温度提高后，新增加的循环 $11'2'2$ 的效率要高于原来的循环，所以整体循环的效率是升高的。

可见，主蒸汽温度提高对朗肯循环的影响是：效率上升，做功增加，安全性提高。

由于主蒸汽温度提高后朗肯循环的经济性和安全性都是提高的，所以在工程上只要材料能够承受，总是把循环的温度运行在尽可能高的水平上。但是，材料对温度的承受能力是有限的，提高材料的耐温性能需要付出的代价非常大，所以从技术经济性角度考虑，也不是一味选用最好的材料和最高的蒸汽温度。例如，125、300、600MW 的亚临界参数机组选用同一种材料，主蒸汽温度一般为 540℃ 左右；而经过几十年的努力，开发了新型的材料后，人们才把主蒸汽的温度提升至566、580℃和600℃这几个等级，可以说主蒸汽温度的每一步提升都是科学研究和工程实践的巨大进步。

三、凝汽器压力对朗肯循环的影响

如图 8-17 所示，当凝汽器压力从 p_2 下降至 p_2' 时，锅炉中给水加热的起点从 4 下降至 4'，造成加热过程的平均温度下降，凝汽器内的放热过程线总体将下移，平均放热温度将明显下降，因此循环的效率是升高的。图中 L 形的面积 $22'3'4'43$ 是循环增加的净热量，所以循环的净功量是增加的。排汽干度的变化趋势无法由图形定性得到，但数量分析的结果表明：凝汽器压力下降后，排汽干度略有变小，即循环安全性有所变差，但一般不至于影响循环的安全性。

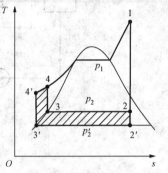

图 8-17 凝汽压力对朗肯循环的影响

可见，凝汽器压力下降对朗肯循环的影响是：效率上升，做功增加，安全性基本不变（略有下降）。

工程上凝汽器压力取决于进入凝汽器内冷却水的温度和流量。当冷却水温度比较低、流量比较高时，凝汽器内的压力也会较低，所以冬天发电机组运行的效率会高于夏天，发电机组的发电量也比夏天多。冷却水的流量是由循环水泵供应的，提高冷却水流量需要循环水泵增大功率（例如增大1000kW 的功率），凝汽器压力下降后发电机组发电功率将上升，这时就要比较循环水泵的耗功增加和机组功率增加的数量，若机组功率增加有限（例如只增加了 900kW），则不必去追求更低的凝汽器压力；若机组增加功率较多（例如增加 1500kW），则可以选择增开循环水泵降低凝汽器压力来获得更好的经济效益。

由于水的比体积大，换热能力强，因此凝汽器通常都用水作冷却工质。但是在水资源贫乏的地方，有时被迫选择用空气作为冷却介质，这样的发电机组称为空冷机组，这类机组的凝汽器压力比较高，整体的经济性要明显差于用水作冷却介质的机组。

第六节 再 热 循 环

提高主蒸汽压力能够提高朗肯循环的效率，因此，应该尽可能地选用较高的压力。但是压力提高后循环的排汽干度降低了，给循环的安全运行带来极大的威胁。为解决此问题，人们在基本朗肯循环的基础上，设计了再热循环。

如图 8-18 所示，把基本朗肯循环中的汽轮机分成两个部分，分别称为高压缸（HP）和低压缸（LP），这两个缸采用背靠背布置的方式，即蒸汽的进口在中间，出口在两端，这样，蒸汽在流动过程中因压降产生的推力可以相互抵消（若两个汽轮机同向布置，这个推力可以达到上千吨，需要很强的结构才能抵抗这一推力）。锅炉产生的主蒸汽先进入汽轮机高压缸内等熵膨胀做功，做功到一中间压力（也称再热压力 p_{rh}）时，蒸汽离开汽轮机高压缸，这时的蒸汽称为冷再热蒸汽。冷再热蒸汽进入锅炉，被高温的烟气再次加热，忽略流动阻力时可以认为蒸汽离开锅炉的压力等于 p_{rh}，但由于温度升高，因此称该蒸汽为热再热蒸汽。热再热蒸汽进入汽轮机的低压缸，等熵膨胀至凝汽器压力，然后在凝汽器结成液态水，再被水泵升压进入锅炉，完成一个循环。

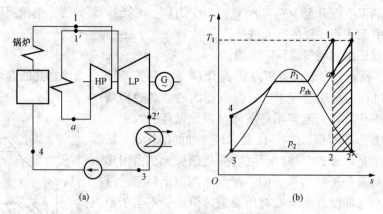

图 8-18　再热循环设备和 T-s 图
(a) 工作工程；(b) T-s 图

再热蒸汽在锅炉内受热的部件称为再热器，一般来讲它和产生主蒸汽的设备使用同一种材料，因此热再热蒸汽的温度和主蒸汽的温度通常是相同的。

在 T-s 图上，锅炉主蒸汽的产生过程仍为 41，在高压缸内的做功过程为 1a，在锅炉再热器内的受热过程为 a1′，在低压缸内的做功过程为 1′2′，在凝汽器内的过程为 2′3，在水泵内的过程为 34。

从 T-s 图中可以清楚地看出，采用再热后，工质离开汽轮机的状态从 2 右移到了 2′，即排汽干度提高了，所以循环的安全性得到了改善。前一节已经说到，提高主蒸汽压力对循环的重要的负面影响就是排汽干度变差，采用再热后，可以抵消这种负面影响，因此主蒸汽压力比较高（大于 10MPa）的朗肯循环都无一例外地采用再热。

从 T-s 图中还可以看出，采用再热后，循环的净热量将增加 a1′2′2，因此循环的净功量也是增加的。

仍以 T-s 图分析，再热对循环效率的影响可以通过比较图中斜线部分附加循环 a1′2′2 和基准循环 1234 的效率来确定，总的原则是附加循环效率高于基准循环时采用再热是有利的。若采用的再热压力比较高，则附加循环是一个瘦高的循环，其效率将比基准循环效率要高，因此采用再热将提高整个循环的效率；但若再热压力很低，则附加循环将是一个扁平的循环，其效率比基准循环的效率要低，因此采用再热将拉低整个循环的效率。数量分析的结果表明，当再热压力为 3～5MPa 时，附加循环的效率达到最大值，它将最大幅度地拉高基准循环的效率，因此现在机组的再热压力基本都在这一范围内选择。

采用再热后，循环的吸热由两部分组成，即

$$q_1 = (h_1 - h_4) + (h_1' - h_a) \tag{8-31}$$

在汽轮机中的做功也由两部分组成，即

$$w_T = (h_1 - h_a) + (h_1' - h_2') \tag{8-32}$$

在凝汽器中，工质放热，从乏汽变成饱和水，其放热量为

$$q_2 = h_2' - h_3 > 0 \tag{8-33}$$

水泵中耗功量不变，仍为

$$w_P = h_4 - h_3 \tag{8-34}$$

循环能够向外输出的净功量为

$$w_0 = w_T - w_P = (h_1 - h_a) + (h'_1 - h'_2) - (h_4 - h_3)$$

$$= q_1 - q_2 = (h_1 - h_4) + (h'_1 - h_a) - (h'_2 - h_3) \qquad (8-35)$$

因此，再热循环的功率为

$$\eta_{t,\,rh} = \frac{w_0}{q_1} = 1 - \frac{q_2}{q_1} = 1 - \frac{h'_2 - h_3}{(h_1 - h_4) + (h'_1 - h_a)} \qquad (8-36)$$

总之，当选择合适的再热压力后，循环的效率是上升的，做功量是增加的，排汽干度是提高的。那么，能不能多用几次再热，来获取更好的济性和安全性效果呢？答案是否定的。因为，每一次再热，在现场都需要在锅炉内加装再热器，在锅炉和汽轮机间布置一来一回两根大直径管道，并且随着再热压力的降低，蒸汽比体积增大，再热器的尺寸和管道的直径都会越来越大，初投资的增加完全可能抵消再热带来的收益。因此，现代机组虽然无一例外采用再热，但一般只有一次再热，两次再热的较少。

第七节　回　热　循　环

从热力学第二定律的角度看，简单朗肯循环中锅炉内高温烟气加热低温工质，这是一个大熵增环节，虽然不会引起能量的"量"的损失，但能量的"质"的损失却是最大的。要想提高循环的效率，需要尽可能地减小系统内各过程的熵增，首选的措施，就是减小各种传热过程的温差。由此，人们把简单朗肯循环改造成了回热循环。

一、回热循环的工作过程

如图 8-19 所示，以 1kg 主蒸汽为研究对象，锅炉产生的主蒸汽进入汽轮机中等熵膨胀做功，压力和温度都下降。在蒸汽压力下降至 p_a 的地方，在汽轮机开一孔洞，引出 α_1 kg 的流量，剩余的 $1-\alpha_1$ kg 蒸汽继续等熵做功；在蒸汽压力下降至 p_b 的地方，又开了一孔洞，引出 α_2 kg 的流量，剩余的 $1-\alpha_1-\alpha_2$ kg 蒸汽继续等熵做功至凝汽器压力 p_2。能够自始至终在汽轮机内做功并排入凝汽器的乏汽量用 α_0 来表示，称为凝汽率。

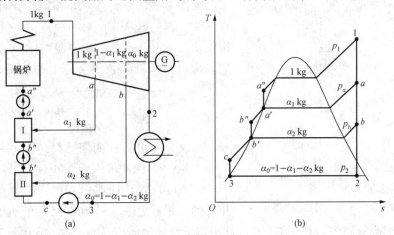

图 8-19　回热循环设备和 T-s 图

(a) 工作过程；(b) T-s 图

α_0 kg 的乏汽在凝汽器内凝结成饱和水后，被一台水泵升压至 p_b 压力，然后进入一个回热加热器（见图 8-19 中 II）内，和从汽轮机中抽出的 α_2 kg 蒸汽混合，水的焓升高，抽汽的焓下降，并且在设计时非常精准地确定了汽轮机上孔洞的几何尺寸，使分流出的蒸汽量 α_2 为一个预先确定的值，这些蒸汽和水混合后的状态刚好是 p_b 压力下的饱和水，这是一个非常重要的设计准则。

从回热加热器 II 出来的 $1-\alpha_1$ kg 饱和水被一台水泵升至 p_a 压力，然后进入回热加热器 I 内，和从汽轮机中抽出的 α_1 kg 蒸汽混合，同样通过精确设计，蒸汽和水混合后的状态刚好是 p_a 压力下的饱和水。混合后的 1kg 饱和水被一台水泵升至 p_1 压力，进入锅炉内加热，形成 1kg 主蒸汽进入汽轮机内。由此完成一个循环。

可以看出，工质在整个循环中被加热的地方有三处，即两个用低温蒸汽作热源的回热加热器和一个用高温烟气作热源的锅炉。回热加热器的热源为汽轮机的抽汽，和锅炉的高温烟气相比，蒸汽的温度要低很多，因此这一加热过程的熵增也要小很多。经过回热加热后进入锅炉的给水温度比简单朗肯循环中进入锅炉的凝结水温度要高多了，因此锅炉中烟气加热给水的温差也降低了，熵增也减小了。总之，用三个小温差加热过程代替一个大温差加热过程，总熵变是下降的，因此可用能损失是减小的。

二、回热循环的能量分析

1. 抽汽率的确定

从汽轮机孔洞分流出的蒸汽称为抽汽，每 1kg 主蒸汽中分流出的蒸汽比例称为抽汽率，用 α 表示。

如图 8-20（a）所示，在第 I 级回热加热器中，进入加热器的是从 a 点来的抽汽 α_1 kg 和从第 II 级加热器出口来的给水 $1-\alpha_1$ kg，其中给水已经升压至 b'' 状态，出口为饱和水 1kg。根据能量平衡，有

$$\alpha_1 h_a + (1-\alpha_1) h_{b''} = 1 h_{a'}$$

$$\Rightarrow \alpha_1 = \frac{h_{a'} - h_{b''}}{h_a - h_{b''}} \tag{8-37}$$

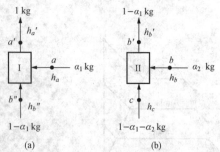

图 8-20 回热加热器的能量和质量平衡

(a) I 级加热器；(b) II 级加热器

如图 8-20（b）所示，在第 II 级回热加热器中，进入加热器的是从 b 点来的抽汽 α_2 kg 和从凝汽器来凝结水 $1-\alpha_1-\alpha_2$ kg，其中凝结水已经升压至 c 状态，出口为饱和水 $1-\alpha_1$ kg。根据能量平衡，有

$$\alpha_2 h_b + (1-\alpha_1-\alpha_2) h_c = (1-\alpha_1) h_{b'}$$

$$\Rightarrow \alpha_2 = (1-\alpha_1) \frac{h_{b'} - h_c}{h_b - h_c} \tag{8-38}$$

对一个具有两级抽汽的回热循环，每一级抽汽率均为 0.1~0.2，因此排汽为 0.6~0.7。

蒸汽在汽轮机膨胀做功时，压力会下降至进口压力的几千分之一（对 1000MW 的机组，进口压力在 25MPa，而凝汽压力只有 5kPa），因此出口蒸汽的比体积是非常大的，蒸汽需要的流通截面也非常大，所以汽轮机的低压部分的尺寸是很庞大的。有了多级回热抽汽后，进入汽轮机低压缸并进入凝汽器的排汽量大幅下降，因此低压缸的尺寸可以大幅度减小，凝汽器的尺寸

和需要的冷却水流量也可以大幅度减小。

总之，回热抽汽不仅能够提高效率（后面会有证明），而且可以减小设备的初投资。因此现代大型机组无一例外地采用回热循环，且抽汽的级数可高达七、八级，抽汽量达到总流量的一半左右。

2. 做功量和效率

回热循环的做功量可以用三种方法确定，如果把汽轮机按结构分成三段，则第一段有 1kg 蒸汽做功，第二段有 $1-\alpha_1$ kg 蒸汽做功，第三段有 $1-\alpha_1-\alpha_2$ kg 蒸汽做功，总功量由三段功量累加得到，这种方法称为分段法，即

$$w_{\mathrm{T}} = (h_1 - h_a) + (1 - \alpha_1)(h_a - h_b) + (1 - \alpha_1 - \alpha_2)(h_b - h_2) \tag{8-39}$$

如果把汽轮机按流量分成三股，则第一股有 α_1 kg 蒸汽从进口做功至 a 点，第二股 α_2 kg 蒸汽从进口做功至 b 点，第三股有 $1-\alpha_1-\alpha_2$ kg 蒸汽从进口做功至 2 点，总功量由三股流量的功量累加得到，这种方法称为分流法，即

$$w_{\mathrm{T}} = \alpha_1(h_1 - h_a) + \alpha_2(h_1 - h_b) + (1 - \alpha_1 - \alpha_2)(h_1 - h_2) \tag{8-40}$$

如果从分流少做功的角度分析，则 1kg 蒸汽中的 α_1 kg 蒸汽少做从 a 点到 2 点的功，第二股 α_2 kg 蒸汽少做从 b 点至 2 点的功，这种方法称为少功法，即

$$w_{\mathrm{T}} = (h_1 - h_2) - \alpha_1(h_a - h_2) - \alpha_2(h_b - h_2) \tag{8-41}$$

比较式（8-41）和式（8-23）可知，采用回热后，每千克蒸汽的做功量变少了。

回热循环的吸热量也可以用三种方法确定，第一种方法最直接，给水进入锅炉的状态为 a''，离开锅炉的状态为 1，故吸热量为

$$q_1 = (h_1 - h_{a''}) \tag{8-42}$$

如果把给水按流量分成三股，则第一股有 α_1 kg 蒸汽从 a 点加热到 1 点，第二股 α_2 kg 蒸汽从 b 点加热到 1 点，第三股有 $1-\alpha_1-\alpha_2$ kg 蒸汽从 c 点加热到 1 点，总热量由三股流量的热量累加得到，这种方法称为分流法，即

$$q_1 = \alpha_1(h_1 - h_a) + \alpha_2(h_1 - h_b) + (1 - \alpha_1 - \alpha_2)(h_1 - h_c) \tag{8-43}$$

如果从分流少吸热的角度分析，则 1kg 蒸汽中的 α_1 kg 蒸汽少吸了从 c 点到 a 点的热量，第二股 α_2 kg 蒸汽少吸了从 c 点至 b 点的热量，这种方法称为少热法，即

$$q_1 = (h_1 - h_c) - \alpha_1(h_a - h_c) - \alpha_2(h_b - h_c) \tag{8-44}$$

比较式（8-44）和式（8-22），可知采用回热后，每千克蒸汽的吸热量变少了。

循环的放热量为

$$q_2 = (1 - \alpha_1 - \alpha_2)(h_2 - h_3) \tag{8-45}$$

比较式（8-45）和式（8-24），可知采用回热后，每千克蒸汽的放热量变少了。

回热循环的水泵耗功可以为多个水泵耗功之和，但由于耗功很小，因此通常都把它忽略，此时，水泵前后的工质焓可视作相等，即

$$h_c = h_3, \quad h_{b'} = h_{b''}, \quad h_{a'} = h_{a''} \tag{8-46}$$

回热循环的效率为

$$\eta_{\mathrm{t,RG}} = 1 - \frac{q_2}{q_1}$$

$$= 1 - \frac{(1 - \alpha_1 - \alpha_2)(h_2 - h_3)}{\alpha_1(h_1 - h_a) + \alpha_2(h_1 - h_b) + (1 - \alpha_1 - \alpha_2)(h_1 - h_c)}$$

$$= 1 - \frac{h_2 - h_3}{(h_1 - h_c) + \dfrac{\alpha_1(h_1 - h_a) + \alpha_2(h_1 - h_b)}{1 - \alpha_1 - \alpha_2}} \qquad (8-47)$$

如果没有回热循环，且同样忽略水泵的耗功，则简单朗肯循环的效率为

$$\eta_t = 1 - \frac{q_2}{q_1} = 1 - \frac{h_2 - h_3}{h_1 - h_c} \qquad (8-48)$$

比较式（8-47）和式（8-48），可知回热循环的效率一定高于朗肯循环的效率。

从式（8-41）可知，采用回热后，每千克工质的做功量变少了，因此汽耗率应该升高，但每千克工质的做功量变少、汽耗率升高是不是意味着汽轮机对外输出的总功变少呢？如果总功变少了，那么循环效率怎么又是提高的呢？

来看一下回热循环的工作过程，锅炉消耗一定的燃料，对外输出一定的功量，功量和燃料代表的热量之间的比例为效率。如果不采用回热，则锅炉从低温的凝结水（只有不到40℃）开始加热产生蒸汽，因为起点温度低，自然产生的蒸汽量少，虽然每1kg蒸汽做功量大，但总功不一定多。采用回热后，锅炉从温度比较高（可以高达290℃）的给水开始加热，自然产生的蒸汽量要多，虽然1kg蒸汽做功量小，但总功却比简单朗肯循环的多。

三、带再热的回热循环

现代大型机组为追求最好的经济性和最高的安全性，都采用很高的压力和很高的温度，并且把再热和回热结合起来，形成复杂的循环。

如图8-21所示，1kg主蒸汽先进入高压缸做功，降至压力为p_a时，离开高压缸，然后分成两股，一股的流量为$\alpha_1$kg，将进入第Ⅰ级回热加热器，另一股流量比较大的$1-\alpha_1$kg进入再热器，在锅炉中吸热后成为热再热蒸汽$1'$，然后进入低压缸，在低压缸内，蒸汽压力降至p_b时再次分流，$\alpha_2$kg蒸汽进入第Ⅱ级加热器，$1-\alpha_1-\alpha_2$kg蒸汽继续做功至凝汽器压力。

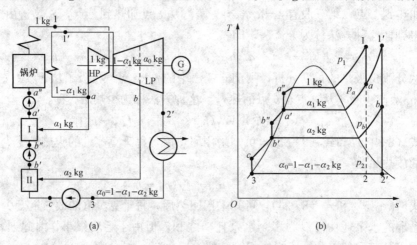

图 8-21　带再热的回热循环
(a) 工作过程；(b) T-s 图

强调一下，进入第Ⅰ级加热器的蒸汽来自冷再热蒸汽，原因有二，一是从结构上，在冷再热蒸汽管道上开孔分流比在汽轮机上开孔分流要简单得多，二是冷再热蒸汽的温度比较低，用于加热给水比较合适（温差较小），而若选用热再热蒸汽来加热的话，相当于间接地用高温烟气加热给水，并没有规避烟气和给水传热的大温差环节。

再热加回热的循环中，仍可以能量平衡和质量平衡的方法确定每一级回热的抽汽量。计算吸热量时，需要特别注意进入再热器加热的蒸汽量不是 1kg，而是 $1-\alpha_1$ kg。因此循环的吸热量为

$$q_1 = (h_1 - h_{a''}) + (1-\alpha_1)(h_{1'} - h_a) \tag{8-49}$$

做功量的计算以分段法物理意义较为清楚，但要注意低压缸进口状态为 $1'$，计算式为

$$w_T = (h_1 - h_a) + (1-\alpha_1)(h_{1'} - h_b) + (1-\alpha_1-\alpha_2)(h_b - h_{2'}) \tag{8-50}$$

放热量的计算方法没有变化，注意放热起点为 $2'$

$$q_2 = (1-\alpha_1-\alpha_2)(h_{2'} - h_3) \tag{8-51}$$

循环效率可用吸热量和放热量来计算，公式没有变化。

习　　题

本章所用水和水蒸气的参数，请用工具软件查询确定。

8-1　掌握下列基本概念：实际气体、范德瓦尔方程、临界点、压缩因子、过热液体、过冷蒸汽、汽化、凝结、饱和状态、汽化潜热、干度、水的三相点、朗肯循环、汽机内效率、水泵内效率、再热循环、抽汽率、回热循环。

8-2　辨析下列概念：

(1) 范德瓦尔方程是描述气体参数的方程，不能用于固态和液态。

(2) 安德鲁斯的实验曲线和范德瓦尔方程的计算结果可以一一对应。

(3) 要想获得 500℃ 的液态水，是非常困难的。

(4) 三相点下饱和蒸汽的焓很小，以至可以忽略。

(5) 三相点下饱和蒸汽的内能严格为 0。

(6) 两相水蒸气节流后可能得到过热蒸汽。

(7) 对密闭容器中的两相水蒸气加热，可能得到液态水。

(8) 两相水蒸气的状态可由温度和比体积确定。

(9) 两相水蒸气的状态可由温度和压力确定。

(10) 压力越高，水的汽化潜热越大。

(11) 朗肯循环中，能量损失最大的设备是凝汽器。

(12) 朗肯循环中，水泵的耗功相对汽轮机的做功量很小，可以忽略。

(13) 提高朗肯循环的效率应从降低凝汽器中的蒸汽放热着手。

(14) 单纯提高主蒸汽压力就可以极大地提高机组的做功量。

(15) 单纯提高主蒸汽温度不能有效地提高机组效率。

(16) 单纯降低凝汽器压力可以有效地提高机组效率。

(17) 再热循环总是可以提高循环的效率。

(18) 采用再热循环后，可以提高汽轮机运行的安全性。

(19) 回热循环总是可以提高循环的效率。

(20) 回热循环会降低单位工质的做功量进而降低机组的总功率。

8-3　用理想气体状态方程和范德瓦尔方程求标准状态下二氧化碳的比体积。

(1) 使用理想气体状态方程；

（2）使用范德瓦尔方程（以理想气体状态方程求解出的比体积和标准状态压力为原始值，通过压力和比体积计算温度，用 Excel 工具多次尝试，建议比体积每一步增加或减少 $0.0001 m^3/kg$，直到温度误差小于 0.01K）。

8-4　高压锅内装有 2kg 的水，正常工作时内部维持 0.07MPa（表压）的饱和状态，则其温度为多少？若因操作不慎使高压锅与环境相通，则锅内压力将瞬间降为环境压力，原压力下的饱和水将迅速全部汽化（称闪蒸），求汽化后蒸汽的体积为多少？（环境压力取 0.1MPa）

8-5　节流式干度计（见图 8-11）：蒸汽管内压力为 0.8MPa，节流孔出口蒸汽排入压力为 0.1MPa 大气中，测得节流后蒸汽温度为 120℃，试确定蒸汽管内蒸汽的干度。

8-6　在一台蒸汽锅炉中，烟气定压放热，温度从 1900℃ 降至 400℃，所放出的热量用来将 17MPa、280℃ 的水定压加热、汽化并过热成 540℃ 的过热蒸汽。设烟气为理想气体，比热容 $c_p = 1.1 kJ/(kg \cdot K)$，试求：

（1）产生 1kg 蒸汽需要多少烟气量；

（2）产生 1kg 蒸汽时烟气的熵变、H_2O 的熵变和系统的总熵变为多少；

（3）若环境温度为 27℃ 时，求上述过程造成的可用能损失。

8-7　某小型锅炉，每小时产生压力为 1MPa、温度为 350℃ 的蒸汽 10t，进入锅炉的给水温度为 40℃、压力为 1.6MPa，锅炉燃用发热量为 29 000kJ/kg 的煤，且煤的热量有 80% 为水所吸收，求锅炉每小时的耗煤量。

8-8　压力为 10MPa、温度为 540℃ 的蒸汽进入汽轮机绝热膨胀至 5kPa，若蒸汽流量为 400 t/h，求该汽轮机的出口蒸汽干度和理论功率。若汽轮机的内效率为 88%，求汽轮机的出口蒸汽干度和理论功率。请在 T-s 图上表示汽轮机的两个过程，标出各点焓、熵值。

8-9　核电厂机组汽轮机进口主蒸汽温度为 277℃，压力为 6.1MPa，排汽压力为 5kPa，做功完毕的蒸汽由海水进行冷却，海水的进口温度为 20℃，出口温度为 28℃ 比热容为 4.186 8kJ/（kg · K）。

（1）请在 T-s 图上表示汽轮机和凝汽器中的过程，标出各点焓值；

（2）若一个大型核电厂的装机为 5GW，求该电站的蒸汽流量；

（3）求该电厂需要的冷却水流量（t^3/s 和 t^3/a）。

8-10　某朗肯循环中，锅炉进口处给水为 14.0MPa、40℃，经一等压吸热过程后，汽轮机进口处的蒸汽温度为 520℃，凝汽器内压力保持为 4.9kPa，忽略水泵的耗功，求：

（1）锅炉的吸热量、汽轮机的做功量、汽轮机出口处的蒸汽干度和循环效率；

（2）若锅炉进口的压力提高到 16.7MPa，求以上各项。

8-11　某朗肯循环中，锅炉进口处给水为 16.7MPa、40℃，经一等压吸热过程后，汽轮机进口处的蒸汽温度为 520℃，凝汽器内压力保持为 4.9kPa，忽略水泵的耗功，求：

（1）锅炉的吸热量、汽轮机的做功量、汽轮机出口处的蒸汽干度和循环效率；

（2）若汽轮机进口处的蒸汽温度提高至为 555℃，求以上各项。

8-12　某朗肯循环中，锅炉进口处给水为 16.7MPa、40℃，经一等压吸热过程后，汽轮机进口处的蒸汽温度为 555℃，凝汽器内压力为 4.9kPa，忽略水泵的耗功，求：

（1）锅炉的吸热量、汽轮机的做功量、汽轮机出口处的蒸汽干度和循环效率；

（2）在西北缺水地区，采用空气冷却的凝汽器内压力只能达到 15kPa，求以上各项。

8-13　某蒸汽动力循环采用再热循环，已知进入汽轮机的主蒸汽参数为 14MPa、540℃，再热蒸汽的参数为 3MPa、540℃，乏汽的压力为 4kPa。

(1) 请在 T-s 图上表示基本朗肯循环和再热循环，标出各点焓值；

(2) 分别计算基本朗肯循环和再热循环的吸热量、放热量、耗功量和做功量；

(3) 计算两个循环的效率，并比较。

8-14　某蒸汽动力循环采用二级抽汽回热循环，已知进入汽轮机的主蒸汽参数为 14MPa、540℃，第一级抽汽压力为 2MPa，第二级抽汽压力为 0.16MPa，乏汽的压力为 5kPa，忽略各泵的耗功。

(1) 请在 T-s 图上表示抽汽回热循环，标出各点焓值；

(2) 计算各级抽汽量；

(3) 计算基本朗循环和回热循环的吸热量、放热量、做功量；

(4) 计算两个循环效率和汽耗率，分析为什么回热循环的汽耗率变大而效率提高。

8-15　如图 8-22 所示，某电厂采用一次中间再热的回热循环，其参数如下：主蒸汽压力 $p_1 =$ 25MPa，温度 $t_1 = 600℃$，膨胀最终压力为 $p_2 = 5kPa$，再热压力为 5MPa，再热温度为 600℃，采用一级混合式加热，压力为 5MPa。试完成以下工作：

(1) 画出该循环的 T-s 图，并标出图中所示各状态点 1、2、3、4、5、6、7、8；

(2) 查询并标出各点的焓；

(3) 求抽汽量、循环吸热量、循环放热量；

(4) 该循环的热效率。

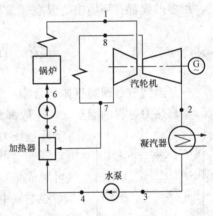

图 8-22　习题 8-15 图

第九章 湿 空 气

自然界中的空气，都含有少量的水蒸气。如果在环境中取一定量的空气，除去水蒸气后，得到的是由氧气、氮气、二氧化碳等成分构成的混合物，称为干空气。地球上各个地方的干空气成分基本相同，即使有时会有差别，例如森林中的空气氧气含量多一些，人群拥挤的室内二氧化碳含量会多一些，这些差别也是非常小的。因此，干空气可视作是成分固定的理想气体混合物，并且把它视为一种单一的组分。

湿空气是指由干空气和水蒸气组成的混合物，不同湿空气中的水蒸气含量可以有很大的差别，例如冬季干冷的空气和夏季湿热的空气中，水蒸气的含量相差很多。在生活和工程上，很多过程都有环境中的湿空气参与，因此研究湿空气在这些过程中的特性就很有必要。

第一节 湿空气的基本性质

一、湿空气是理想气体混合物

参与热力过程的湿空气，一般都和外界环境相通，在过程中其压力通常保持不变，永远等于环境压力（在研究湿空气时，将环境压力固定为0.1MPa），但湿空气的量可以发生"流入"或"溢出"，因此热力过程中的湿空气可看成是一个恒压的敞口体系，如图9-1所示。

湿空气=干空气+水蒸气

p=0.1 MPa

$p = p_{da} + p_v$

图9-1 湿空气

湿空气中的干空气组分，一般用 da 或 DA（dry air）表示，水蒸气组分用 v（vapour）表示。

根据道尔顿分压定律，湿空气的压力 p 等于干空气的分压力 p_{da} 和水蒸气分压力 p_v 之和，即

$$p = p_{da} + p_v = 0.1(\text{MPa}) \qquad (9-1)$$

室温情况下的湿空气中，水蒸气分压力一般只有几千帕，即所占份额在10%以下，而干空气的分压力，所占比例超过90%。

对于由氧气、氮气和二氧化碳等构成的干空气，可以视做理想气体，因此满足理想气体状态方程，即

$$p_{da} v_{da} = R_{g,da} T \qquad (9-2)$$

湿空气中的水蒸气，一般都处于过热状态，有时处于饱和蒸汽状态。根据前面对实际气体的分析，对水蒸气这样的工质，应该用实际气体状态方程进行描述，如果用理想气体状态方程进行计算的话，会出现很大的误差。由于湿空气中水蒸气的含量比较小，若将之视为理想气体，其误差对湿空气的总体影响是不大的，而计算却简单得多。因此，认为湿空气中的水蒸气满足理想气体状态方程，即

$$p_v v_v = R_{g,v} T \qquad (9-3)$$

二、湿空气的 p-v 图、T-s 图

湿空气中的水蒸气，其状态点可以由分压力 p_v 和空气的温度 t 来确定，如图9-2中的

a 点所示。

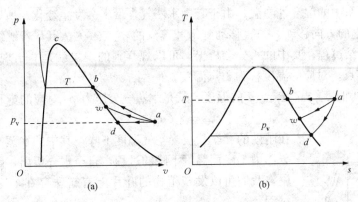

图 9-2 湿空气 p-v、T-s 图
(a) p-v 图；(b) T-s 图

图 9-2 中，湿空气中的水蒸气是处于过热状态的，工程中把由过热蒸汽和干空气组成的湿空气称为未饱和空气。如果水蒸气处于饱和蒸汽状态，则称这种湿空气为饱和空气。

区分工质的饱和或未饱和，是相对其最近的饱和状态而言的。江河湖海中的水未饱和，说明它还不是饱和水；而空气中的水蒸气未饱和，是因为它不是饱和蒸汽。

温度一定的湿空气，其水蒸气分压力是可以变化的。如果增加未饱和湿空气中的水蒸气含量，则分压力 p_v 会不断升高，直至空气达到饱和时，它再也不能容纳更多的水蒸气，此时的水蒸气分压力达到上限，为空气温度对应的饱和压力，即 $p_{v,max}=p_s(t)$，其对应关系见表 9-1。

表 9-1 　　　　　　　　饱和湿空气水蒸气压力和温度对应表

温度 t(℃)	压力 p(kPa)	温度 t(℃)	压力 p(kPa)	温度 t(℃)	压力 p(kPa)
0	0.6	35	5.6	70	31.2
5	0.9	40	7.4	75	38.6
10	1.2	45	9.6	80	47.4
15	1.7	50	12.4	85	57.9
20	2.3	55	15.8	90	70.2
25	3.2	60	19.9	95	84.6
30	4.2	65	25.0	99.6	100.0

由表 9-1 可知，湿空气的温度越高，其对应饱和空气中水蒸气的分压力也就越大。当温度为 99.6℃ 时，对应的饱和水蒸气压力达到 0.1MPa。由于我们的研究对象是压力为 0.1MPa 的恒压敞口系，所以当温度继续升高时，水蒸气的分压力不再升高，保持在 0.1MPa 不变，即此时 $p_{v,max}=0.1$MPa。

因此，湿空气中水蒸气的最大分压力有

$$t \leqslant 99.6℃, \quad p_{v,max} = p_s(t)$$
$$t \geqslant 99.6℃, p_{v,max} = p = 0.1(MPa) \tag{9-4}$$

三、从未饱和空气到饱和空气
一定量的未饱和空气，可以通过三种方式使之成为饱和空气。

1. 露点过程

如果把敞口系中的湿空气降温，由于其中水蒸气含量不会发生变化，所以水蒸气状态点将沿 p_v 线朝低温的方向移动，一直移动到饱和蒸汽的 d 点。在 d 点，若继续降低温度，则水蒸气将发生凝结过程，其中的水分会析出，可以观察到的现象就是"出现露珠"，所以把这个 d 点称为露点，对应的温度称为露点温度。

从图 9-2 中可以看出，露点 d 的温度，就是水蒸气分压力 p_v 对应的饱和温度，即

$$t_d = t_s(p_v) \tag{9-5}$$

在晴朗的春季，夜晚空气温度下降，其中的水蒸气就会发生一个分压力不变而温度下降的过程，直至水分析出，因此在低温的早晨，我们可以发现植物的叶片上有露珠存在，这就是一个露点过程。

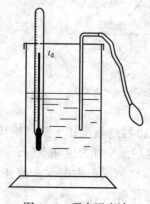

图 9-3　露点温度计

露点温度可以用一种名为"露点温度计"的仪器进行测量，如图 9-3 所示。该仪器是一个镀铬的金属容器，表面光亮，内装易挥发的乙醚液体。测量时，用手捏一个橡皮球，向乙醚液体充入空气，使乙醚发生强烈的汽化，由于汽化需要吸收热量，因此容器周围的温度发生明显的下降，使周围空气中的水蒸气状态向露点方向移动。当水蒸气达到露点温度时，将会观察到容器光亮表面失去光泽，并出现细小的露珠，此时温度计的计数即为露点温度。

用露点温度计判断是否有水分析出时，依赖的是人的视觉，这个标准会随人而异，因此其测量出的露点温度带有一定主观性，准确度难以得到保证。

从图 9-2 可知，饱和湿空气的温度 t 和其露点温度 t_d 是相等的。

2. 等温加湿过程

把开口系置于环境中，并且朝开口系中喷入液态的水，则液态水将发生蒸发汽化过程。如果喷水进行得比较慢，使开口系有足够的时间从环境中吸热以保证系统和外界温度一致，则这个过程将是一个温度维持不变而湿度增加的等温加湿过程，直至湿空气中的水蒸气达到饱和状态点 b。

等温加湿过程如图 9-2 中的 ab 过程所示，从图可以看出，b 点的压力为湿空气温度 t 对应的饱和压力，即

$$p_b = p_s(t) \tag{9-6}$$

3. 湿球过程

湿球过程将在下节相对湿度的内容中进行讨论。

第二节　湿空气的参数

一、绝对湿度 ρ_v

湿度用于表示湿空气中水蒸气的含量。绝对湿度是指单位体积的湿空气中水蒸气的质量，根据这一描述，绝对湿度也就是水蒸气的密度，根据方程式（9-3），有

$$\rho_v = \frac{1}{v_v} = \frac{p_v}{R_{g,v}T} \tag{9-7}$$

可见，在分压力不变时，空气温度越高，绝对湿度就越小。当湿空气温度保持不变时，绝对湿度随着空气中水蒸气的分压力升高而增大，其最大值为

$$\rho_{v,max} = \frac{p_{v,max}}{R_{g,v}T} \tag{9-8}$$

绝对湿度是一个不可测量的参数，它不能反映湿空气最重要的吸收水蒸气的能力，和人体所感觉的空气舒适程度也没有直接的关系，因此其应用受到很大限制。

二、相对湿度 φ

1. 相对湿度 φ 的概念

相对湿度 φ 的定义为湿空气中水蒸气的含量和同温度下水蒸气含量最大值之比，通常用一个百分数表示。如果以 $1m^3$ 的湿空气为研究对象，水蒸气的含量可以用绝对湿度来表示，由此，相对湿度为

$$\varphi = \frac{\rho_v}{\rho_{v,max}} \times 100\% = \frac{p_v}{p_{v,max}} \times 100\% \tag{9-9}$$

如果有某种方法测量得到了湿空气的相对湿度，则水蒸气分压力为

$$p_v = \varphi p_{v,max} \tag{9-10}$$

根据水蒸气分压力极大值的特点，可知相对湿度有

$$\left.\begin{array}{l} t \leqslant 99.6℃ \text{ 时}, \quad \varphi = \dfrac{p_v}{p_{v,max}} \times 100\% = \dfrac{p_v}{p_s(t)} \times 100\% \\[3mm] t \geqslant 99.6℃ \text{ 时}, \quad \varphi = \dfrac{p_v}{p_{v,max}} \times 100\% = \dfrac{p_v}{p} \times 100\% = \dfrac{p_v}{0.1} \times 100\% \end{array}\right\} \tag{9-11}$$

即温度低于 99.6℃ 时，相对湿度和空气中的水蒸气分压力及空气温度两个参数有关，当温度高于 99.6℃ 时，相对湿度只和空气中的水蒸气分压力有关。

相对湿度是人体能感觉到的空气湿润程度。人体感觉舒适时，不仅要求空气温度在一定的范围内，还要求空气的湿度在一定范围内。空气调节的目标，就是要把空气参数调整到温度为 19~24℃，湿度为 40%~50%。南方夏季温度高湿度大，在进行空气调节时，不仅需要降温，还需要降湿；北方冬季温度低湿度小，在取暖时不仅要使空气升温，还需要对空气进行加湿。

相对湿度还反映了空气吸收水分的能力。当相对湿度较小时，空气比较干燥，这时液态的水分能更快地通过蒸发过程进入到空气中，所以，冬天衣服比较容易晒干，但因为人体表面的水分很容易失去，所以人们会感到皮肤干燥；当相对湿度较大时，液态的水分不易蒸发进入空气中，特别是南方的梅雨季节，空气几乎达到饱和状态，水蒸气的含量已经达到最大，因此衣服很不容易晒干，人们也会感觉皮肤黏乎乎的很不舒适。

2. 干湿球温度计

决定湿空气中水蒸气状态的参数为温度和分压力，温度可以用温度计精确地测得，分压力是没有仪器能够直接测量的。前面所述的露点温度计可以测露点温度，结合空气温度由 ad 过程线（图 9-2 中）确定水蒸气的状态，但露点计的测量结果不太精确，因此该方法有很大的不足。真正能够确定湿空气中水蒸气状态点的，是干湿球温度计。

如图 9-4 所示，两个温度计并列成组，其中一个没有任何特殊的处

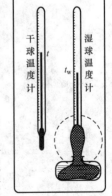

图 9-4 干湿球温度计

理，测量的就是空气温度 t，称为干球温度计。另一个温度计的测温元件（对水银温度计就是测温泡）用脱脂的织物包裹起来，并且织物的另一端浸泡在纯净水中，称为湿球温度计，它测得的温度称为湿球温度 t_w。

如果空气为湿饱和空气，则湿球处不会存在水的蒸发作用，空气温度也不会下降，此时有干球温度 t＝湿球温度 t_w＝露点温度 t_d。

若空气中的水蒸气没有达到饱和，则湿球处液态水将蒸发汽化，蒸发所需的热量将使湿球温度计测温元件周围的一个小空间（图 9-4 中虚线所围空间）内温度有所下降，但水蒸气的含量会升高，直至该范围内水蒸气达到饱和。

可见，未饱和空气通过湿球过程达到了饱和，且终点温度比干球温度要低。由于终点水蒸气含量即分压力要比原空气的大，所以，湿球过程终点（图 9-2 中的 w 点）比露点 d 的分压力要高，温度也比露点温度高。总之，对未饱和湿空气有干球温度 t＞湿球温度 t_w＞露点温度 t_d。

需要注意的是，干湿球温度计测得的温度和掠过的空气速度有一定的关系，当存在风速时，液态水的蒸发作用会更强烈一些，湿球测得的温度会低一些，当风速在 2～10m/s 范围内时，湿球测得的温度变化不大，实际使用的通风式干湿球温度计要求在这一风速下测量，以保证结果的准确性。

图 9-2 中湿球过程 aw 有确定的规律，可以根据干球温度 t 和湿球温度 t_w 算得到空气的相对湿度，然后由式（9-10）计算得到水蒸气的分压力 p_v，进而确定湿空气的状态点 a。

三、含湿量 d

含湿量是指 1kg 干空气中水蒸气的质量，用 d 来表示，对于常态下的湿空气，每千克干空气对应的水蒸气量通常在几十克这一数量级，因此含湿量的单位常用 g/kgDA 表示，即

$$d = 1000 \frac{m_v}{m_{da}} = 1000 \frac{\rho_v}{\rho_{da}} \quad \text{g/kgDA} \tag{9-12}$$

由于把湿空气中的水蒸气也视做理想气体，根据式（9-2）、式（9-3）及式（9-10），含湿量 d 有

$$\left.\begin{array}{l} d = 1000 \dfrac{\rho_v}{\rho_{da}} \\[2mm] \rho_v = \dfrac{1}{v_v} = \dfrac{p_v}{R_{g,v}T} \\[2mm] \rho_{da} = \dfrac{1}{v_{da}} = \dfrac{p_{da}}{R_{g,da}T} \end{array}\right\} \tag{9-13}$$

$$\Rightarrow d = 1000 \frac{R_{g,da}}{R_{g,v}} \frac{p_v}{p_{da}} = 621.99 \frac{p_v}{p_{da}} = 621.99 \frac{p_v}{p - p_v} \tag{9-13a}$$

$$= 621.99 \frac{\varphi p_{v,max}}{p - \varphi p_{v,max}} \tag{9-13b}$$

根据式（9-4）中水蒸气最大分压力的特点，可知含湿量和相对湿度之间有

$$\left.\begin{array}{l} t \leqslant 99.6℃ \text{ 时}, \quad d = 621.99 \dfrac{\varphi p_s(t)}{p - \varphi p_s(t)} \\[4mm] t \geqslant 99.6℃ \text{ 时}, \quad d = 621.99 \dfrac{\varphi p}{p - \varphi p} = 621.99 \dfrac{\varphi}{1 - \varphi} \end{array}\right\} \tag{9-14}$$

由式（9-14）可知，温度低于 99.6℃时，含湿量和相对湿度及空气温度两个参数有关，

而当温度高于 99.6℃时，含湿量只和相对湿度有关。

四、焓 H

湿空气焓的衡量基准是 1kg 干空气，由于其中含有 dg 水蒸气，因此 1kg 干空气对应的湿空气的总质量为 $(1+0.001d)$ kg，其焓值为干空气的焓值加其中水蒸气的焓值。为计算方便，把干空气在 0℃时的焓值定为 0，水蒸气焓值的零点按 IAPS 的规定，并且认为其焓值遵循 $h=c_p t$ 的关系，因此湿空气的焓值为

$$H = m_{da}h_{da} + m_v h_v = 1.005t + 0.001d(2501 + 1.86t) \qquad (9-15)$$

式中   2501——0℃时饱和水蒸气的焓值，kJ/kg；

　　　1.005——干空气的比热容，kJ/(kg・K)；

　　　1.86——空气中水蒸气的比热容，kJ/(kg・K)。

五、焓-湿图

从以上的讨论可知，湿空气的参数包括了温度 t，水蒸气分压力 p_v，绝对湿度 ρ_v，相对湿度 φ，含湿量 d，焓 H 以及露点温度 t_d 和湿球温度 t_w，这些参数间存在复杂的相互关系，但是都可以通过焓 H 和含湿量 d 直接或间接地表示，例如：

由式（9-15）可知，$t=f(H,d)$；

由式（9-13a）可知，$p_v=f(d)$，即含湿量和水蒸气分压力之间有唯一对应关系；

由式（9-4）可知，$p_{v,max} = f(t) = f(H,d)$；

由式（9-9）可知，$\varphi = f(p_v, p_{v,max}) = f(t) = f(H,d)$。

为方便分析湿空气在过程中的水蒸气含量情况和能量特性，人们绘制了以焓 H 和含湿量 d 为自变量的图，称为焓-湿图，如图 9-5 所示。

焓-湿图不是一个严格的直角坐标系，图中等焓线是右下倾斜 45°的一组平行线，但是等焓线和等含湿量线仍然构成了一个唯一的网格系统，即图上任何一点都有唯一的焓 H 和含湿量 d，因此可以根据一系列的公式确定各点上的水蒸气分压力、温度、相对湿度等。

通过计算和绘图，人们得到了各参数在 H-d 图上的图线：水蒸气分压力 p_v 和含湿量 d 一一对应，等温线是一系列向右上方微倾斜的直线，等相对湿度线 φ 是一组从原点出发的曲线，相对湿度为 100% 的曲线在最下方，相对湿度变小时，曲线向左上方移动，当温度高于 99.6℃时，相对湿度只和含湿量 d 有关，因此，是一条垂直向上的直线。

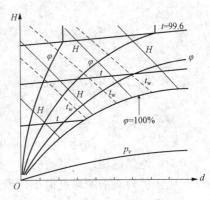

图 9-5 焓-湿图，H-d 图

需要说明的是，随着技术的进步特别是计算机及智能手机等工具的普及，人们已经编制了各类用于计算湿空气参数的软件，可以高精度和快速地分析湿空气的状态和过程，因此，现在 H-d 图多用于对湿空气状态和参数的定性分析，而很少用于参数的查询和确定工具。

第三节　湿 空 气 过 程

人们研究湿空气，主要的目的是分析湿空气经历一个过程时水蒸气含量的变化情况和能

量特性，以用于获得人体舒适的环境，或用于工业过程。

一、绝热饱和过程、湿球过程

用于湿球温度计测量相对湿度时，湿球处水分蒸发，蒸发所需要的热量来自测温泡附近小范围空间内空气的温降，在这个空气达到饱和的过程中，小范围空间内的空气可视做与外界没有热量交换，是一个绝热过程。

用图9-6来分析绝热饱和的过程：一个隔热良好的容器，底部注入参数为（t_1，d_1，H_1，φ_1）的未饱和空气，一台水泵把容器底部的液态水抽出并从顶部雾化喷入，雾化的水和未饱和的空气充分接触，使流出容器的空气达到饱和状态（t_2，d_2，H_2，φ_2），其中$\varphi_2=100\%$。这一系统长期稳定运行时，容器底部的水温可以和出口空气的水温一致，即温度为t_2。这一过程中空气和外界处于绝热状态，是一个绝热饱和过程。前面分析的湿球过程，测温泡附近水分蒸发使空气饱和的过程也是一个绝热饱和过程。

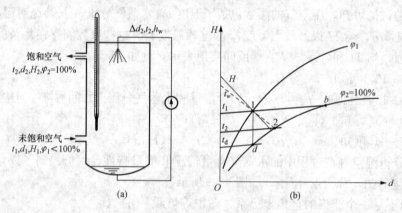

图9-6　绝热饱和过程
（a）工作原理；（b）H-d图

绝热饱和过程中水蒸气量平衡为

$$\Delta d = d_2 - d_1 \tag{9-16}$$

能量的平衡为

$$H_2 = H_1 + \Delta d h_w \tag{9-17}$$

可见，绝热饱和过程终点的空气焓要比起点的焓大，但是因为空气含湿量是一个很小的值，且喷入的液态水的焓也很小，所以过程终点的焓几乎和起点焓相等，在H-d图上，绝热饱和过程或湿球过程t_w线只比等焓线略倾斜一点。如图9-6所示，如果未饱和空气的起点为1，则沿湿球过程t_w线移动到和$\varphi=100\%$的线相交的点即为终点2，并且2点对应的温度t_2即为未饱和空气（t_1，d_1，H_1，φ_1）的湿球温度。前面讨论过的露点过程，在图中是从1点开始垂直向下与$\varphi=100\%$线的交点，而等温加湿过程是从1点开始沿等温线与$\varphi=100\%$线的交点。

二、加热（冷却）过程

湿空气的加热或冷却过程，是保持湿空气中水蒸气含量不变的情况下，对其输入热量或从中带走热量。以加热过程为例，其过程如图9-7所示。

显然，湿空气的加热或冷却过程水蒸气量平衡为

$$d_2 = d_1 \tag{9-18}$$

加热过程中外界输入的热量为

$$q = H_2 - H_1 \qquad (9-19)$$

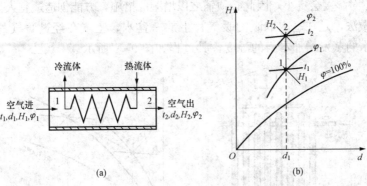

图 9-7　湿空气的加热过程

(a) 工作过程；(b) H-d 图

如图 9-7 所示，湿空气加热的终点温度要高于起点温度，终点的相对湿度比起点的要低。

三、干燥过程

首先要强调的是，所谓湿空气的干燥过程，并非湿空气本身变干燥了，而是利用湿空气使某些东西变干燥。例如，刚伐下的木材、阴雨天气、刚收获的土豆等（不及时干燥的话，土豆会因发芽而有毒，无法食用）。因此湿空气的干燥过程是一个增湿过程。

例如，图 9-7 中的湿空气经过加热后达到状态 2，其温度升高，相对湿度变小，因此它具有较高的吸湿能力。如果让状态为 2 的空气进入一个堆满湿物料的空间，如图 9-8 所示，则物料中的水分将蒸发进入空气，使出口空气（3 点）温度下降，相对湿度上升。这一过程中空气和外界没有发生能量交换，因此其焓值保持不变，即

$$H_3 = H_2 \qquad (9-20)$$

这一过程中空气能吸收的水分为

$$\Delta d = d_3 - d_2 \qquad (9-21)$$

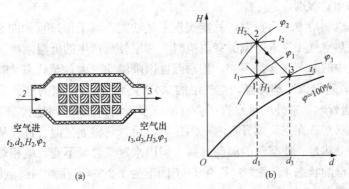

图 9-8　湿空气干燥过程

(a) 工作过程；(b) H-d 图

四、加热加湿过程

北方的冬天，空气温度很低且相对湿度也很小，因此人体感觉很不舒适。如果单纯对空气进行加热，则相对湿度会更小，因此必须辅之以增湿的措施，方能创造适宜人们生活的环境。

最简单的做法，是在室内取暖的暖气片上放一盆水，空气在经过暖气片加热升温的同时，能够通过水的蒸发增加本身的湿度，其过程如图 9-9 所示。

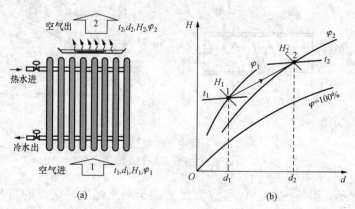

图 9-9　空气加热加湿过程
(a) 工作过程；(b) H-d 图

空气加热加湿过程中，加入的水分量为

$$\Delta d = d_2 - d_1 \tag{9-22}$$

通过暖气片加入到空气中的热量为

$$q = H_2 - H_1 \tag{9-23}$$

要注意，在 H-d 图上，加热加湿过程的终点不仅温度升高，而且相对湿度也是变大的。

五、冷却去湿过程

南方的夏季，空气温度很高，而且相对湿度也很大，有时几乎接近 100%，这时候，衣物中的水分不容易蒸发，所以衣服很不容易晒干；人们的皮肤是黏乎乎的，无法通过出汗等方式散发热量，感觉非常闷热。这时，要想获得人体舒适的环境，必须在降低空气温度的同时，降低空气的相对湿度。

空调在夏季以制冷方式运行时，就能实现上述功能。其工作过程如图 9-10 所示，这是一个三步过程：热空气 1 进入空调的室内机时，和室外机产生的低温制冷剂发生热交换，温度下降，但空气中的水蒸气含量不变，相对湿度因降温而变大；至状态 2 时，空气的相对湿度已达到 100%，若继续冷却降温，空气中的水分将会析出，析出的水分通过收集装置排出（所以夏季空调运行时，室外的排水管都会有液态水流出），直至到达状态 3，这一过程中空气一直保持饱和状态；在空气离开室内机的排风口后，它将通过混合过程从未进入空调的热空气中吸收一部分热量，使空气的温度升高，但因水蒸气含量不变，故相对湿度下降，最终获得的是低温低湿的状态 4。整个过程在 H-d 图上为 1-2-3-4，注意到终点的温度比起点低，且相对湿度也比起点小。

1-2-3 过程中空气向制冷剂放出热量，其量为

$$q_{31} = H_3 - H_1 < 0 \tag{9-24}$$

3-4 过程中空气从周围热空气中吸热，其量为

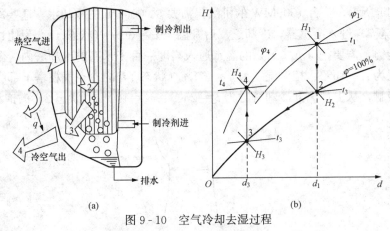

图 9 - 10　空气冷却去湿过程

(a) 工作过程；(b) H-d 图

$$q_{43} = H_4 - H_3 > 0 \qquad (9 - 25)$$

整个过程中析出的水分为

$$\Delta d = d_3 - d_1 \qquad (9 - 26)$$

在南方高湿度的夏天，一台空调运行时排出的水分质量是很大的，20m^2 的房间一昼夜可达 10kg 数量级，而且排出的水温 t_3 比较低，若收集起来，是可以合理利用的。

六、压缩过程

工业上需要使用高压的空气，例如用 1MPa 左右的高压空气作为驱动阀门开关的动力，或用做输送粉状物料的动力等。这些高压空气是用压缩机升压获得的，压缩机的进口取自大气，以温度 $t_1 = 25℃$、相对湿度 $\varphi = 60\%$ 为例，根据表 9 - 1，可知 25℃时空气中水蒸气的饱和压力为 3.2kPa，因此进口处空气的分压力和含湿量为

$$\left.\begin{aligned} p_{\text{v}} &= \varphi p_{\text{s}}(t) = 0.6 \times 3.2 = 1.92(\text{kPa}) \\ d_1 &= 621.99\,\frac{p_{\text{v}}}{p - p_{\text{v}}} = 621.99\,\frac{1.92}{100 - 1.92} = 12.18(\text{g/kgDA}) \end{aligned}\right\} \qquad (9 - 27)$$

当出口空气压力升至十倍即 1MPa 后，水蒸气的分压力也应等比升至十倍即 19.2kPa，但该压力已经超过水蒸气的最大分压力 3.2kPa，说明在压力尚未到 1MPa 时，空气已经到达饱和状态，继续升压的过程中，水蒸气分压力保持在最大值 3.2kPa，水分将会析出。能够留在空气中水分和析出的水分为

$$\left.\begin{aligned} d_2 &= 621.99\,\frac{p_{\text{s}}}{p - p_{\text{s}}} = 621.99\,\frac{3.2}{1000 - 3.2} = 2.00(\text{g/kgDA}) \\ \Delta d &= 12.18 - 2.00 = 10.18(\text{g/kgDA}) \end{aligned}\right\} \qquad (9 - 28)$$

如果压缩机每小时的干空气量为 1000kg，则压缩机需要排出的水分为 10.18kg（这些水分相当于用"绞毛巾"的方式从空气中挤出来的），如果这些水分不能从空气中分离出来，则会对工程使用造成一定的危害，例如，用这样的高压空气去输送煤粉时，煤粉因遇水板结而失去流动性。

七、冷却塔过程

采用朗肯循环的火力发电厂，在凝汽器内发生乏汽凝结成水的过程，过程中乏汽放出大量的热量，如果电厂所在地有大量的水资源，这些热量可直接由冷却水带走，如果电厂所在地水资源不太丰富，则一般会使用冷却塔方式处理这些热量。

如图 9-11 所示，一台 1000MW 的机组，需要 60 000t/h 的冷却水，这些冷却水以温度 $t_3 = 15℃$（状态 3）进入凝汽器，冷却乏汽后升温至 $t_4 = 30℃$（状态 4）。为使这些冷却水重新具有冷却能力，需要把（m_4，t_4）的温水通入高度一百多米高的冷却塔内，温水从高处雾状流下；温度为 $t_1 = 15℃$、相对湿度为 $\varphi_1 = 60\%$（状态 1）的冷空气在塔下部吸入，在塔内和温水充分接触，从上部离开冷却塔时为 $t_2 = 25℃$、$\varphi_2 = 100\%$（状态 2）的饱和空气。

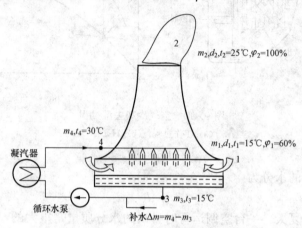

图 9-11 冷却塔过程

在冷却塔内，冷却水和空气进行能量和水分的交换，其能量平衡为

$$m_1(H_2 - H_1) = m_4 h_4 - m_3 h_3 \tag{9-29}$$

水分的质量平衡为

$$m_1(d_2 - d_1) = m_4 - m_3 \tag{9-30}$$

由此得到所需要的冷空气量为

$$m_1 = \frac{m_4(h_4 - h_3)}{(H_2 - H_1) - (d_2 - d_1)h_3} = \frac{m_4 c_p(t_4 - t_3)}{(H_2 - H_1) - (d_2 - d_1)c_p t_3} \tag{9-31}$$

$t_1 = 15℃$、$\varphi_1 = 60\%$ 的冷空气饱和压力为 1.7kPa，故有

$$p_{v1} = \varphi_1 p_s(t_1) = 0.6 \times 1.7 = 1.02(kPa)$$

$$d_1 = 621.99 \frac{p_{v1}}{p - p_{v1}} = 621.99 \frac{1.02}{100 - 1.02} = 6.41(g/kgDA)$$

$$H_1 = 1.005t + 0.001d(2501 + 1.86t) \tag{9-32}$$
$$= 1.005 \times 15 + 0.001 \times 6.41 \times (2501 + 1.86 \times 15)$$
$$= 31.29(kJ/kgDA)$$

$t_2 = 25℃$、$\varphi_2 = 100\%$（状态 2）的空气饱和压力为 3.2kPa，故有

$$p_{v2} = 3.2(kPa)$$

$$d_2 = 621.99 \frac{p_{v2}}{p - p_{v2}} = 621.99 \frac{3.2}{100 - 3.2} = 20.56(g/kgDA)$$

$$H_2 = 1.005t + 0.001d(2501 + 1.86t) \tag{9-33}$$
$$= 1.005 \times 25 + 0.001 \times 20.56 \times (2501 + 1.86 \times 25)$$
$$= 77.50(kJ/kgDA)$$

代入（9-31），有

$$m_1 = \frac{m_4 c_p (t_4 - t_3)}{(H_2 - H_1) - (d_2 - d_1) c_p t_3}$$

$$= \frac{60\,000 \times 4.1868 \times (30 - 15)}{(77.50 - 31.29) - (20.56 - 6.41) \times 0.001 \times 4.1868 \times 15} \qquad (9-34)$$

$$= 83\,142\,(\text{t/h})$$

需要的补充水量为

$$m_4 - m_3 = m_1(d_2 - d_1)$$
$$= 83142 \times 1000 \text{kgDA/h} \times (20.56 - 6.41) \times 0.001 \text{kg/kgDA} \qquad (9-35)$$
$$= 1196 \times 10^3 (\text{kg/h}) = 0.33 (\text{t/s})$$

式（9-35）说明：一台 1000MW 的火电机组，发电 100 万 kWh 需要的补水量为 1200t 左右（即 1200m³ 左右），以我国 2021 年火电机组的发电量 56 463 亿 kWh 计，则全年补水量达到 67.8 亿 m³，这一数量超过三峡水库容量（393 亿 m³）的 1/6，即相当于北京全年供水量（41.1 亿 m³）的 1.6 倍。

因此，在缺水地区建设一个大型火力发电厂，对水源的要求还是相当高的。正因如此，现在北方缺水地区开始建设纯空冷的机组，即直接用空气去冷却乏汽，摆脱水源的限制。但是空冷机组的初投资大，效率比水冷机组低，所以，经济性要差很多，在水源充足的地方不值得考虑。

习　　题

本章所用水和水蒸气的参数，以及湿空气的参数，请用工具软件查询确定。

9-1　掌握下列基本概念：湿空气、饱和空气、未饱和空气、露点、湿球过程、绝对湿度、相对湿度、含湿量、绝热饱和过程、干燥过程。

9-2　辨析下列概念：

(1) 室温环境下不存在过热状态的 H_2O。

(2) 在干热的夏季早晨会出现露水。

(3) 湿空气中的水蒸气不是理想气体，不能用理想气体状态方程来进行计算处理。

(4) 自然界中的液态水和水蒸气处于两相平衡状态。

(5) 温度越高，湿空气的绝对湿度就越大。

(6) 绝对湿度越大，相对湿度就越大。

(7) 人体的舒适度只取决于空气温度。

(8) 湿空气经历干燥过程后，相对湿度下降了。

(9) 对湿空气压缩可以使其成为饱和空气。

(10) 冬季取暖时最好要对室内空气进行加湿。

(11) 夏季使用空调时最好要对室内空气进行加湿。

(12) 干湿球温度计测得的湿球温度不可能高于干球温度。

9-3　测得湿空气的压力为 0.1MPa，温度为 30℃，露点温度为 20℃，试计算空气中水蒸气的分压力、相对湿度、含湿量和焓。

9-4　某体积为 150m³ 的教室，原空气压力 0.1MPa、相对湿度为 55%，温度始终维持 25℃不变，若成人每天通过呼吸排出的水分为 0.5kg，现有 30 位师生在教室内完成了 2 小时的教学活动，若教室门窗紧闭，视作一个闭口系，求：

（1）上课前教室干空气和水蒸气的分压力、空气的含湿量、干空气和水分的总质量；

（2）下课时教室内空气的含湿量、水蒸气分压力和相对湿度。

9-5　已知空气温度为 20℃，相对湿度为 60%，现将空气加热至 50℃，然后送至干燥箱去干燥物品，空气流出干燥箱的温度为 30℃。

（1）请在焓-湿图上表示上述过程，标出各点的焓和含湿量；

（2）加热空气所需要的热量；

（3）空气在干燥箱里带走的水分。

9-6　冬季房间空气温度为 2℃，相对湿度为 20%，再需要将之调节到温度为 18℃，相对湿度为 50%。

（1）请在焓-湿图上表示上述过程，标出各点的焓和含湿量；

（2）加热空气所需要的热量；

（3）需要加入空气的水分。

9-7　夏季房间空气温度为 35℃，相对湿度为 90%，需要将之调节到温度为 26℃，相对湿度为 65%。

（1）请在焓-湿图上表示该过程，并标出各点的焓和含湿量；

（2）水分析出时的温度和水分析出结束时的温度；

（3）降温过程中空气放出的热量和析出的水量；

（4）升温过程中空气吸收的热量。

9-8　来自海拔 0m 山脚的 0.1MPa、20℃、相对湿度为 80% 的暖湿空气，沿山坡向海拔 2000m 的山顶爬升，已知空气温度沿高度以 0.006℃/m 的速度下降，求：

（1）山脚处空气中水蒸气的分压力和含湿量；

（2）在多高海拔的山坡上空气中水分达到饱和并开始凝结下雨；

（3）山顶处的空气温度和水蒸气的含湿量；

（4）空气翻过山顶后下降至 200m 处，求此处空气中水蒸气的相对湿度。

9-9　压缩机每小时将 1000kg 干空气，从初始压力 0.1MPa、温度 20℃、相对湿度 70% 升压至 0.9MPa，求析出的水分。

9-10　冷却塔能将冷却水从 38℃ 冷却至 23℃，已知冷却水流量为 100t/h，从塔底进入的空气温度 15℃，相对湿度为 50%，从塔顶排出的为 30℃ 的饱和空气。求需要送入的空气量和冷却水的补充水量。

第十章　制　冷　循　环

制冷循环通过制冷工质（也称制冷剂）将热量从低温物体（如冷库等）移向高温物体（如大气环境），从而将物体冷却到低于环境温度，并维持此低温，这一过程是利用制冷装置来实现的。

第一节　逆 向 卡 诺 循 环

可逆卡诺循环中，工质通过一个等温过程从高温热源吸收热量 q_1，并通过另一等温过程向低温热源放出热量 q_2，整个循环中工质向外输出功 w_0，在 T-s 图上，卡诺循环是一个矩形，如图 10-1 所示，其做功量和做功效率为

$$\left. \begin{aligned} w_0 &= q_1 - q_2 \\ \eta_t &= \frac{w_0}{q_1} = 1 - \frac{q_2}{q_1} = 1 - \frac{T_2}{T_1} \end{aligned} \right\} \Rightarrow \frac{q_1}{T_1} = \frac{q_2}{T_2} = \frac{w_0}{T_1 - T_2} \tag{10-1}$$

既然该卡诺循环是可逆的，那么，让循环以 4321 的方向逆向运行，则该逆向卡诺循环将从外界输入功量 w_0，从低温热源吸收热量 q_2，并向高温热源放出热量 q_1。这样的一台机械，将通过消耗外界功量实现从低温热源吸热并向高温热源放热的效果。

以一个房间为研究对象，夏天将其作为低温热源，则逆向卡诺循环消耗功量后能把热量从房间带走，使房间维持

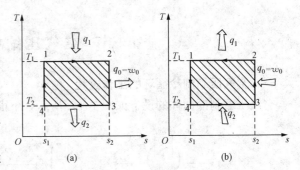

图 10-1　正向卡诺循环和逆向卡诺循环
(a) 正向卡诺循环；(b) 逆向卡诺循环

一个较低的温度，这就是一台制冷运行的空调的功能。若定义一台机械工作的宏观"效率"为收益和代价之比，则空调的代价是它消耗的功，收益是从低温热源带走的热量（称为制冷量 q_2），这个"效率"用制冷系数 ε 定义，即

$$\varepsilon = \frac{q_2}{w_0} = \frac{q_2}{q_1 - q_2} = \frac{T_2}{T_1 - T_2} \tag{10-2}$$

工程上，把空调夏季制冷时，制冷量与输入功率的比率定义为能效比 EER（energy efficiency ratio），其物理意义和制冷系数一致。

冬天把房间作为高温热源，则逆向卡诺循环消耗功量后能把热量从外界吸入，并向房间放出，使房间维持一个较高的温度，这就是一台制热运行的空调的功能。此时空调运行的代价是它消耗的功，收益是向高温热源放出的热量（称为制热量 q_1），这个"效率"用供暖系数（或称供热系数）ζ 定义（有些书用 ε' 表示），即

$$\zeta = \frac{q_1}{w_0} = \frac{T_1}{T_1 - T_2} \qquad (10\text{-}3)$$

制热运行的空调，消耗功量后把能把热量从低温吸出向高温放出，如同一台水泵把水从低位置吸入后向高位置排出，所以有时也把制热运行的空调称为热泵。从式（10-3）可知，供热系数总是大于1的。

工程上，把空调冬季供热时，制热量与输入功率的比率定义为热泵的循环性能系数 COP（coefficient of performance），其物理意义和供热系数一致。

可见，逆向卡诺循环制热运行和制冷运行的原理是一致的，只不过获得收益的对象不同。

空调设备（更广泛的范围已扩大到家用电器和部分工业电器）经常用一个能效等级来对它们进行分级，最新的分级标准见表10-1，自2020年7月开始强制生产企业执行。

表 10-1   空调能效等级（根据 EER 分级，制冷量小于等于 4500W）

能效等级	热泵型	单冷型
1	≥5.0	≥5.8
2	≥4.5	≥5.4
3	≥4.0	≥5.0

第二节　空气压缩制冷循环

一、空气压缩制冷循环的工作过程

空气压缩制冷循环的设备如图10-2所示，下面简单介绍其工作过程。

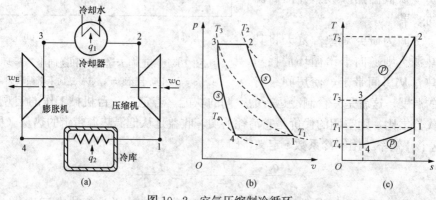

图 10-2　空气压缩制冷循环

(a) 工作过程；(b) $p\text{-}v$ 图；(c) $T\text{-}s$ 图

（1）冷库。进入冷库的是温度非常低的空气（状态4），它吸收冷库中物体放出的热量（也包括从环境中渗入冷库的热量），因此温度有所升高，离开冷库时的状态为1，其温度 T_1 就是冷库需要维持的温度，也是整个循环的工作目标。这个过程中空气的流动阻力可以忽略，视为等压过程。

（2）压缩机。压缩机是一个耗功的机械，它消耗外界功率，把从冷库出来的空气绝热压缩至高温高压，离开压缩机的空气状态为 2，若忽略摩擦等因素，此过程可视为等熵过程。

（3）冷却器。从压缩机出来的高温高压空气在冷却器中被环境中的水冷却，离开时的状态为 3，其温度可以和环境温度相同，忽略流动阻力，该冷却过程可视作等压过程。

（4）膨胀机。膨胀机是一个回收功的机械，从冷却器出来的高压但温度等于环境温度的空气在膨胀机中绝热膨胀，压力温度都下降，离开时的状态为 4，其温度已经低于冷库温度，因此具备了在冷库中吸热的能力。忽略摩擦等因素，膨胀机中的过程可视作等熵过程。

空气压缩制冷循环的 p-v 图和 T-s 图如图 10-2 所示。需要注意的是，四个状态点的温度的大小关系为：$T_2 > T_3 > T_1 > T_4$。

二、空气压缩制冷循环的能量分析

空气压缩制冷循环中，工质从冷库的吸热量（即循环制冷量）为

$$q_2 = h_1 - h_4 = c_p(T_1 - T_4) > 0 \tag{10-4}$$

向环境的放热为

$$q_1 = h_2 - h_3 = c_p(T_2 - T_3) > 0 \tag{10-5}$$

压缩机消耗的功量为

$$w_C = h_2 - h_1 = c_p(T_2 - T_1) > 0 \tag{10-6}$$

膨胀机回收的功量为

$$w_E = h_3 - h_4 = c_p(T_3 - T_4) > 0 \tag{10-7}$$

循环的制冷系数为

$$\varepsilon = \frac{q_2}{q_1 - q_2} = \frac{T_1 - T_4}{(T_2 - T_3) - (T_1 - T_4)} \tag{10-8}$$

根据两个等熵过程的特点，有

$$\pi = \frac{p_2}{p_1}$$

$$\left. \begin{array}{l} \dfrac{T_2}{T_1} = \left(\dfrac{p_2}{p_1}\right)^{\frac{\gamma-1}{\gamma}} = \pi^{\frac{\gamma-1}{\gamma}} \\[3mm] \dfrac{T_3}{T_4} = \left(\dfrac{p_3}{p_4}\right)^{\frac{\gamma-1}{\gamma}} = \left(\dfrac{p_2}{p_1}\right)^{\frac{\gamma-1}{\gamma}} = \pi^{\frac{\gamma-1}{\gamma}} \end{array} \right\} \Rightarrow \frac{T_2}{T_1} = \frac{T_3}{T_4} \Rightarrow \frac{T_4}{T_1} = \frac{T_3}{T_2} \tag{10-9}$$

因此式（10-8）可变为

$$\varepsilon = \frac{T_1 - T_4}{(T_2 - T_3) - (T_1 - T_4)} = \frac{T_1\left(1 - \dfrac{T_4}{T_1}\right)}{T_2\left(1 - \dfrac{T_3}{T_2}\right) - T_1\left(1 - \dfrac{T_4}{T_1}\right)}$$

$$= \frac{T_1}{T_2 - T_1} = \frac{1}{\dfrac{T_2}{T_1} - 1}$$

$$= \frac{1}{\pi^{\frac{\gamma-1}{\gamma}} - 1} \tag{10-10}$$

三、讨论

（1）空气压缩制冷循环运行时，冷库温度 T_1 是工作目标，冷却器出口的温度 T_3 受制

于环境温度，这两个温度都是无法改变的，制冷循环的特性受这两个参数的限制。

如图 10-3 所示，在 T_1 和 T_3 的限制下，若采用逆向卡诺循环，则其工作过程为 $1A3B1$，其制冷系数为

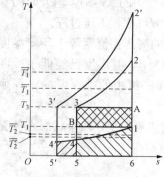

图 10-3 循环特性和 π 关系

$$\varepsilon_C = \frac{T_1}{T_3 - T_1} > \varepsilon = \frac{T_1}{T_2 - T_1} \qquad (10-11)$$

可见，在制冷循环中，逆向卡诺循环的制冷系数高于空气压缩制冷循环，并且该结论可以推广至一般结论，即在同温度范围内，逆向卡诺循环具有最高的制冷系数。

（2）从式（10-10）可知，当压缩机的升压比 π 增大时，制冷系数 ε 反而是下降的。从图 10-3 可以看出，当 π 增大时，放热过程线从 23 上移至 $2'3'$，平均放热温度变高；而吸热过程线起点 4 向左下方移动至 $4'$，平均吸热温度下降。从逆向卡诺循环的角度分析，这时制冷系数是下降的。

（3）制冷循环工作时，除了以制冷系数衡量其工作特性外，制冷量是另一个重要的特性参数。当 T_1 和 T_3 不变时，空气制冷循环的制冷量为

$$q_2 = h_1 - h_4 = c_p(T_1 - T_4) = c_p\left(T_1 - \frac{T_3}{\pi^{\frac{\gamma-1}{\gamma}}}\right) \qquad (10-12)$$

由式（10-12）可知，当升压比 π 增大时，制冷量 q_2 是变大的。从图 10-3 可以看出，当升压比 π 增大时，制冷量对应的面积从 4165 变化为 $4'165'$，明显是增大的。

（4）考虑把空气压缩循环作如下的改造：冷库中出来的空气舍弃不用，压缩机直接从环境中吸入空气（温度等于 T_3，压力为一个大气压，即图 10-3 中的 A 点）然后压缩至 2 点，再在冷却器中放热至 3 点，在膨胀机中绝热降温至 4 点，再在冷库中吸热至 1 点，然后把空气排至环境……这种工作方式，压缩机的工作过程从 12 改为 $A2$，其余不变，制冷量是不变的，但压缩机的耗功变小了。这样的循环能不能实现呢？答案是不能，原因是环境中的空气为湿空气，其压缩过程会析出水分，水滴对压缩机运动部件的冲击力很大，对压缩机的安全工作是相当不利的。

四、回热式空气压缩制冷循环

空气压缩制冷循环运行时，离开冷库的空气温度很低，所以压缩机要消耗较多能量使之升温至 T_2，而冷却器只能把空气冷却至环境温度 T_3，所以膨胀机需要较大的降压幅度才能使空气降温至 T_4，使之具有在冷库中吸热的能力。可以看出，冷库出口温度低和冷却器出口温度高都是负面的，那能不能让这两种空气进行一下热量交换，获得"双赢"的效果呢？

如图 10-4 所示，冷库出口和冷却器出口的空气都进入回热器中，冷库出口的空气吸收冷却器出口空气的热量，即状态点从 1 继续沿等压线延伸至 5 点，温度从 T_1 升至 T_3；压缩机只需把空气从状态 5 压缩至状态 6，温度从 T_3 升至 T_2，耗功变小；在冷却器中，空气从状态 6 至状态 7，温度从 T_2 降至 T_3；离开冷却器的空气在回热器放出热量，状态从 7 至 8，温度从 T_3 降至 T_1；膨胀机中空气从状态 8 至 4，温度从 T_1 降至 T_4，膨胀机回收的功变小；冷库中的过程未变，仍是从 4 至 1。

在回热器中，冷空气吸收的热量和热空气放出的热量是相等的，其值为

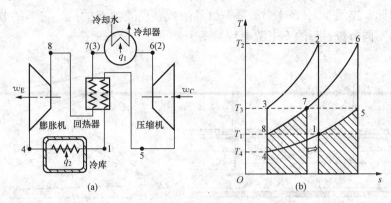

图 10 - 4　回热式空气压缩制冷循环

(a) 工作过程；(b) *T-s* 图

$$q_{RG} = h_5 - h_1 = h_7 - h_8 = c_p(T_3 - T_1) \tag{10 - 13}$$

　　和普通空气压缩制冷循环相比，回热式空气压缩制冷循环的吸热过程（冷库中）和放热过程（冷却器中）的温度差未变，故吸热量和放热量都是不变的，所以循环的净耗功量、制冷系数等性能参数都不变。

　　采用回热后，空气压缩制冷循环中压缩机和膨胀机中的压比 π 变小了，因此可以用大流量低压比的叶轮式压缩机替代大压比小流量的活塞式压缩机，使制冷循环的总制冷量增大。由于小压比压缩机由摩擦等因素造成的额外功耗比较小，因此采用回热的空气压缩制冷循环要优于普通空气压缩制冷循环。

第三节　蒸汽压缩制冷循环

　　采用空气压缩制冷循环，循环的制冷量可以用式（10 - 2）计算，其值比较小，一般只不到 100kJ/kg，这限制了空气压缩制冷的广泛使用。

　　要想获得较大的制冷量和较高的制冷系数，人们设计了蒸汽压缩制冷循环，利用蒸汽在汽化过程中的潜热达到从冷库中吸热的效果。

一、焦耳-汤姆逊效应

　　第四章中分析了理想气体绝热蒸汽过程的特点，结论是理想气体在绝热节流前后的焓不变，因此温度也不变。

　　真实气体（可以扩展为包括液体在内的流体）在绝热节流前后，温度的变化是比较复杂的，焦耳于 1843 年开始这方面的工作，并在 1852 年与汤姆逊进行系统地研究，得到了全面的结论。

　　如图 10 - 5 所示，流体通过管道中可调节的阀门而发生节流过程，下游点 4 的压力肯定比上游点 3 压力低，且阀门开度越小，即节流越强，4 点压力将比 3 点压力低得更多。实验发现：当阀门开度比较大，节流作用较弱时，阀门后温度将比进口 3 点的高，如 4*a* 点；阀门关小，节流后温度将比进口更高，如 4*b* 点；在 4*c* 点，节流后的温度达到最高值；当阀门继续关小时，节流后温度将从最高值下降，在 4*d* 点，节流后的温度和节流前的温度正好相等；在 4*d* 点后，若节流程度继续增强，则节流后温度将比节流前温度更低。由于节流前后的焓相等，因此，连线 1-4a-4b-4c-4d 是一根等焓线，但要注意的是，它不是节流过程的过程线，仅表示不同节流过程的上下游参数关系。

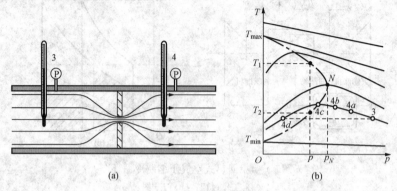

图 10 - 5　流体的绝热节流特性
(a) 实验装置；(b) T-p 图

可见，流体在节流前后的温度是变化的，这称为节流的温度效应，也称为焦耳-汤姆逊效应。节流的温度效应可以用绝热节流系数（也称为焦-汤系数）来表示，意义为保持焓不变时，温度随着压力变化的导数，用 μ_{J} 来表示，即

$$\mu_{\mathrm{J}} = \left(\frac{\partial T}{\partial p}\right)_{\mathrm{h}} \tag{10 - 14}$$

若节流后流体的温度降低（$T_2 < T_1$），称为节流冷效应，此时 $\mu_{\mathrm{J}} > 0$；若节流后流体的温度升高（$T_2 > T_1$），称为节流热效应，此时 $\mu_{\mathrm{J}} < 0$；若节流前后流体的温度不变（$T_2 = T_1$），称为节流零效应，此时 $\mu_{\mathrm{J}} = 0$。

改变节流的起点状态，可以得到一系列的类似曲线。若把节流过程中出现的最高温度连接起来，可得到一条弧线，如图 10 - 5 中的点画线所示，称为转变曲线，该曲线对应节流前后流体的温度不变。在转变曲线左侧，节流过程为冷效应，即节流终点比起点温度低；在转变曲线右侧，节流过程为热效应，即节流终点比起点温度高。

转变曲线有一压力最大的点（图 10 - 5 中的 N 点），对应的压力 p_N 称为最大转变压力。流体在大于最大转变压力的范围内发生节流过程，是不会出现冷效应的。

对应于任何一个小于 p_N 的压力 p，等压线和转变曲线存在两个交点，对应的两个温度分别称为上转变温度 T_1 和下转变温度 T_2。转变曲线和纵轴的交点为最大上转变温度 $T_{\max}$ 和最小下转变温度 $T_{\min}$。当温度高于 $T_{\max}$ 或低于 $T_{\min}$ 时，也不会出现节流冷效应。

一般气体的最大转变温度为临界温度的 $4.85 \sim 6.2$ 倍，远高于室温。如氮气的最大转变温度为 621K，因此室温下氮气发生节流时，温度是下降的，甚至可以下降至液氮的温度（77K）。在军事上，可用高压氮气（$7 \sim 50\mathrm{MPa}$）的节流效应产生小范围的低温，这种节流冷却装置具有结构简单、质量小、价格低、制冷速度快、不用动力的特点，可用于冷却空空导弹的红外导引头，使之具有对红外线探测的高敏感性。

二、蒸汽压缩制冷循环的工作过程

由于在同温度范围内逆向卡诺循环具有最高的制冷系数，因此一个实际采用的制冷循环应该尽可能地向逆向卡诺循环接近。在寻找这种循环的过程中，人们发现，若选用液体的蒸发和凝结过程，则只要保证这两个过程的压力不变，过程中的温度就能保持不变，实现逆向卡诺循环的等温过程。

例如，图 10-6 中，以某种液体作为工质，状态为 4 的两相湿蒸汽进入冷库，在温度 T_1 下发生蒸发，因此可以带走冷库中的温度，使冷库维持 T_1 的低温；离开冷库的蒸汽仍为两相湿蒸汽状态（1 点），然后进入压缩机，被绝热压缩至饱和蒸汽状态（2 点）；饱和蒸汽在冷却器中被来自环境的水冷却，凝结成饱和液体，至状态 3；饱和液体进入膨胀机，通过一个等熵膨胀过程降压至状态 4，此时温度等于冷库温度 T_1，可以进入冷库中进行蒸发吸热。12341 这一循环是一个完美的逆向卡诺循环，因此具有最高的制冷系数。

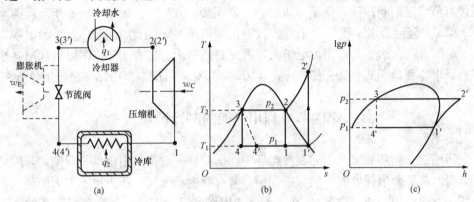

图 10-6 蒸汽压缩制冷循环
(a) 工作过程；(b) T-s 图；(c) $\lg p$-h 图

但实际工程中需要进行两方面的改造。

第一、若压缩机以湿蒸汽压缩 12 作为工作过程，由于工质中具有一定的液态成分，运行时液滴高速撞击压缩机部件，会对设备安全工作极其不利。因此，需要把压缩过程从 12 右移至 $1'2'$，此时工质一直为气态，因此不会有液滴的冲击破坏。由于工质离开冷库的点推迟了，因此工质在冷库的中吸热量增大，但压缩过程右移后，冷却器中的过程从 23 变为 $2'23$，循环偏离了逆向卡诺循环，因此制冷系数会有所下降。

第二，同理，膨胀机中进行的膨胀过程中也存在液滴，其工作过程也是不安全的。因此，当选用具有节流冷效应的工质时，可以用一个节流阀代替膨胀机，通过节流作用获得低压低温的工质（状态为 $4'$），这样的工质进入冷库后，同样具有吸热能力。当然，由于节流前后焓不变，故 $4'$ 的焓（等于 3 点的焓）要高于 4 点的焓，所以，采用节流阀后循环的制冷量是下降的，同时，原来通过膨胀机回收的功量也未得到利用，因此系统的耗功量也增加了，两个因素都将使循环的制冷系数下降。但由于节流阀结构简单、成本低廉、工作可靠，因此得到了广泛的应用。

经过上面的两个改造，实际应用的蒸汽压缩制冷循环为 $1'2'34'1'$，而非 12341。

三、蒸汽压缩制冷循环的能量分析

实际采用的蒸汽压缩过程，工质在冷库中的吸热量（即循环制冷量）为

$$q_2 = h_{1'} - h_{4'} \tag{10-15}$$

向环境的放热为

$$q_1 = h_{2'} - h_3 \tag{10-16}$$

压缩机消耗的功量为

$$w_{\mathrm{C}} = h_{2'} - h_{1'} \tag{10-17}$$

循环的制冷系数为

$$\varepsilon = \frac{q_2}{q_1 - q_2} = \frac{h_{1'} - h_{4'}}{(h_{2'} - h_3) - (h_{1'} - h_{4'})} \tag{10-18}$$

蒸汽压缩制冷循环的制冷量和蒸汽的汽化潜热有相同的数量级，可以达到 MJ/kg 的数量级（是空气压缩制冷循环制冷量的几十倍），因此，蒸汽压缩制冷循环单位质量的出力是比较大的，这是它得到广泛应用的重要原因。

在进行蒸汽压缩制冷循环能量分析时，经常用到 $\lg p\text{-}h$ 图，如图 10-6 所示：两个等压过程 $2'3$ 和 $4'1'$ 分别为水平线，由于节流过程前后焓不变，因此 $34'$ 为一垂直的虚线，压缩过程 $1'2'$ 温度升高，焓变大，压力也增大，因此斜向右上方。在 $\lg p\text{-}h$ 图可以读出各个点的焓，然后可以方便地用式（10-15）～式（10-18）对蒸汽压缩制冷循环进行能量分析。

第四节　利用热能的制冷循环

空气压缩制冷循环和蒸汽压缩制冷循环中，压缩机一般都是由电动机驱动的，因此这两类循环运行时都需要消耗电能。实际工程中，常有温度不太高、压力也不太大的蒸汽，它们一般不用于发电（因为效率很低），在冬天还能用作取暖的工质，但在气温较高的夏季就无法得以利用。从制冷循环的应用场合看，其一大用处是在夏季调节空气的温度至 18～25℃（当然还需要调节空气的湿度）。如果能以低参数热能作为驱动制冷循环的动力，维持人们所在环境的合适温度，不失为一种很好的途径。在此思路下，人们设计了蒸汽喷射制冷、吸收式制冷等方式。

一、蒸汽喷射制冷循环

蒸汽喷射制冷循环的结构如图 10-7（a）所示，它常用水作为工质，但水承担的功能有两项，一是作为驱动循环运行的动力，二是作为制冷剂完成热量从低温向高温的输运。系统中最重要的设备是引射器，引射器的结构如图 10-7（b）所示，它由混合室、喷管和扩压管三个部件组成，其中喷管的出口平面紧挨着扩压管的进口平面，两者距离仅为 10～30mm。引射器工作时，从锅炉来的具有一定压力的干饱和蒸汽或略有过热度的过热蒸汽（状态 1）进入喷管，出口处（状态 2）气流速度可几倍于当地声速，对周围介质的卷吸作用非常强，

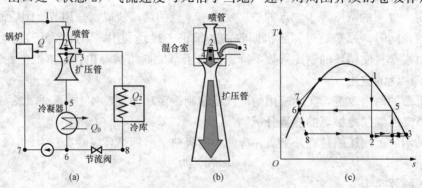

图 10-7　蒸汽喷射制冷循环
(a) 工作过程；(b) 引射器；(c) $T\text{-}s$ 图

因此混合室可以很快被它抽成真空状态（压力可低至 1kPa 级别，其规律需要气体动力学的知识分析）。

现在按流动路径来分析工质水的功能。结合图 10-7（c），从锅炉出来的蒸汽 1 通过喷管形成高速气流至状态 2，在混合室内完成卷吸任务后达到状态 4，然后马上进入扩压管，速度降低、压力上升至状态 5，再进入冷凝器凝结成水（状态 6）；蒸汽凝结放出的热量由冷却水带走，冷凝器内的压力受冷却水温度决定，最低可至冷却水对应的饱和压力，如夏季使用 33℃的冷却水，则冷凝器内的压力可低至 5kPa。凝结水分成两路，其中一路通过水泵加压至 7，并送至锅炉生成蒸汽 1，完成一个循环。

作为制冷剂的水引自冷凝器内的凝结水，它通过节流阀节流至状态 8，节流后的压力和混合室内压力相同（压力在 1kPa 左右），状态为两相湿蒸汽，温度为 5～12℃（因压力不同而不同），特别适合用于室内空气温度调节。湿蒸汽在冷库中完全蒸发，吸收了冷库中的热量后至状态 3，被引射器喷管出口的高速气流抽出，两者混合至状态 4，并经扩压管升压至状态 5，再凝结成状态 6，完成制冷循环。

蒸汽喷射制冷循环中，引射器的作用类似于空气压缩制冷和蒸汽压缩制冷中的压缩机，它能通过高速气流抽吸作用形成真空低压区，这是蒸汽喷射制冷循环能够运行的关键。蒸汽喷射制冷使用的动力是一定压力的蒸汽，其压力可低至 0.3MPa，它可来自独立的锅炉，或工业过程中的废热，或者用太阳能产生的热能。

如果忽略系统中水泵的耗功，则蒸汽喷射制冷循环中锅炉提供给蒸汽的热量 Q、制冷蒸汽从冷库中吸热的热量（制冷量）Q_2 和冷却水在冷凝器中带走的热量 Q_0 间有

$$Q_0 = Q_2 + Q \tag{10-19}$$

蒸汽喷射制冷循环的经济性可用其收获（即制冷量 Q_2）和付出的代价即热量 Q 的比值来衡量，称为热能利用系数 ξ，即

$$\xi = \frac{Q_2}{Q} \tag{10-20}$$

蒸汽喷射制冷循环的热利用系数 ξ 一般较低，但由于它使用的是低成本低品位的热能，因此在有现成蒸汽的场合仍具有较高的竞争力。

二、吸收式制冷循环

吸收式制冷循环的工质是由两种物质组成的溶液，其中沸点高的物质作溶剂，称为吸收剂，沸点低的物质作溶质，完成制冷剂的功能。常用于吸收式制冷的溶液有溴化锂（LiBr）-水溶液（溴化锂为溶剂，水为制冷剂）、氨-水（水为溶剂，氨为制冷剂）。

以溴化锂-水为工质的吸收式制冷循环如图 10-8 所示，它能够获得的低温一般为 5～12℃，因此适用于有人环境的空气温度调节。假设环境中的冷却水温为 25℃，蒸发器中维持压力为 0.87kPa，对应水的饱和温度为 5℃，则系统的工作过程和工质状态参数变化如下：

（1）吸收式制冷循环能够运行的第一个关键在于 LiBr 在低温（25℃）时有很强的溶解吸收水蒸气的能力，因此，蒸发器中水汽化所产生的低压水蒸气将迅速完全地被吸入吸收器中，使蒸发器的压力低至 0.87kPa。由于压力低，所以蒸发器内的温度可以低至 5℃。

热媒水在冷库和蒸发器中循环，它进入冷库时为饱和水，吸收冷库中热量后成为焓值很大的饱和蒸汽。在蒸发器中，热媒水形成的饱和蒸汽放热凝结，放出的热量由制冷水汽化过

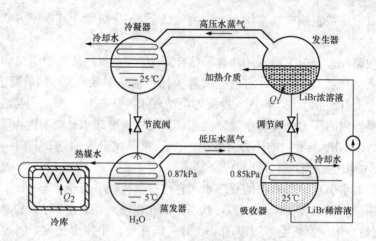

图 10-8　溴化锂-水吸收式制冷循环

程吸收，凝结后的热媒水具有在冷库中吸热的能力。

（2）吸收器中，由于通入了来自外界的 25℃ 的冷却水，因此容器内温度可以一直维持在 25℃，压力维持在 0.85kPa 左右（对 LiBr 溶液，25℃ 的温度和 0.85kPa 的压力有唯一对应的关系）。在这里，来自蒸发器的低压水蒸气被来自发生器的高浓度 LiBr 溶液吸收，过程放热，热量由环境中冷却水带走。可以看出，蒸发器和吸收器处于等压（0.87 kPa≈0.85kPa）而不等温（5℃＜25℃）的状态。

（3）吸足了水蒸气的 LiBr 稀溶液被循环泵泵出至发生器中，由外界来的加热介质对溶液进行加热，因此发生器可维持较高的温度。吸收式制冷循环能够运行的第二个关键在于水在高温 LiBr 中的溶解度变小。因此，发生器中水分将以高压水蒸气的状态从 LiBr 溶液中析出，并流向冷凝器。水分析出后的 LiBr 溶液浓度升高，通过一个调节阀后再喷入温度为 25℃ 的吸收器，由于温度下降，因此具有吸收水蒸气的能力。

（4）从发生器来的高压水蒸气进入冷凝器，被环境中 25℃ 的冷却水冷却凝结，成为 25℃ 的凝结水，它通过节流阀后压力降至 0.87kPa，状态为两相湿蒸汽，温度为饱和温度 5℃，具有冷却热媒水的能力。

吸收式制冷循环中消耗电能的设备为循环泵，其功率一般很小，可以忽略。系统运行时需要外界提供的另一种能量就是进入发生器的加热介质的热量 Q，而系统运行所收获的是冷库中被吸收了 Q_2 的热量，常用热能利用系数 ξ 来衡量吸收式制冷循环的工作性能，其表达式见式（10-20）。

吸收式制冷以自然存在的水或氨等为制冷剂，对环境和大气臭氧层无害；以热能为驱动能源，除了利用锅炉蒸气、燃料产生的热能外，还可以利用余热、废热、太阳能等低品位热能。系统除了循环泵和阀门外，绝大部分是换热器，运转安静，振动小。在当前能源紧缺，电力供应紧张，环境问题日益严峻的形势下，吸收式制冷技术以其特有的优势受到广泛的关注。

第五节　联　合　循　环

工程和生活中常需要一个动力装置提供电能，有时还需要工质提供热能，在某些场合下，还需要具有制冷能力的工质。综合而言，人们需要的能量有热、电、冷三种形式。前面我们分析的各种循环，可以独立地提供这些能量，但这些循环工作时只注重单一的目标，工作参数间的差异很大。如果能设计出新型的工质循环，调和这些差异和矛盾，就有可能获得"双赢"甚至"多赢"的效果。本节要从能量综合利用的角度分析热、电、冷的联供方式。

一、热电联产

一个以发电为主要目的的朗肯循环，都会在保证安全的前提下选择尽可能高的过热蒸汽温度和压力（高至 25MPa 和 600℃左右），以及尽可能低的做功终点压力（低至＜5kPa），即使如此，循环中热能转换成电能的效率最大也只有 45％左右，另外 55％的能量成为没有利用价值的废热排放至环境中。

工程和生活中供热系统需要的工质参数要低很多。典型化工厂中供热蒸汽分为：超高压蒸汽（12.0MPa、525℃），高压蒸汽（4.1MPa、390℃），中压蒸汽（1.5MPa、300℃），低压蒸汽（0.35MPa、210℃）；寒冷地区使用热水供暖的建筑，进入用户的热水设计温度为90℃。可见，发电和供热两种系统的参数间有较大的差异。

为追求能量的综合高效利用，人们对朗肯循环的系统进行了改造，使其在对外提供电能的同时，兼具对外供热的能力。改造主要集中于汽轮机设备，方法有两种，如图 10-9 所示。图 10-9（a）把汽轮机运行时的背压提高至大于 2MPa，凝汽器取消，蒸汽做完功离开汽轮机时还能有较高的压力和温度，可以直接送至供热系统使用，在供热系统内蒸汽凝结成水，送回锅炉。采用背压汽轮机的热电联产系统，把原来朗肯循环中向环境的放热作为其供热的热量，因此能量的综合效

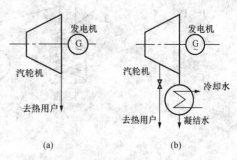

图 10-9 热电联产系统
(a) 背压汽轮机；(b) 抽汽式汽轮机

率得以大幅度提高。背压汽轮机的发电量受供热量的限制，仅适合用于供热负荷稳定的场合。由于蒸汽在汽轮机中的做功焓降小，因此汽轮机的供电功率也比较小。

图 10-9（b）中，对汽轮机本体进行了改造，蒸汽在汽轮机中做功至某一状态（这一状态可根据供热所需要的蒸汽参数选择决定）时，一部分流量从汽轮机上的开口引出，作为供热系统的汽源使用，而蒸汽的主体仍做功至很低的压力，并在凝汽器中凝结成水。抽汽式汽轮机供热蒸汽的参数可根据设计确定，流量可通过阀门进行调节，供电和供热间的相互牵制比较少，因此汽轮机的功率可以做得很大。

二、燃气-蒸汽联合循环

在分析朗肯循环时，曾经指出过燃料燃烧产生的高温烟气和工质蒸汽间的温差传热是一个大熵增环节，这一过程虽然没有能量的"量"的损失，但在能量的"质"的方面却有巨大的损失，因此，要提高能量转换为功的效率，需要从这一大温差传热过程着手。方法之一是尽可能提高蒸汽的温度，但这一方面受过热蒸汽管道材料耐温性能的限制，基本已经用尽潜力；另一方面是降低烟气的温度，但如何降低就大有讲究，最好采用等熵降温的方法，才不至于产生热的可用能损失。

由此想到了燃气轮机循环：技术最先进的燃气透平其进口烟气温度可达到 1500℃，如果让燃料产生的高温烟气先进入燃气透平，通过一个等熵过程做一部分功，降温后的烟气进

入一台锅炉，作为加热过热蒸汽的热源，则锅炉中的传热温差就降低了，自然可用能损失变小了。

在这一思想的指导下，人们设计了燃气-蒸汽联合循环，其系统如图 10 - 10 所示。燃烧室产生高达 1500℃ 的高温燃气，进入燃气透平内膨胀降温至 600℃ 左右，这一过程中透平向外输出轴功，做功后的燃气进入余热锅炉，继续降温后，燃气排入环境。余热锅炉以燃气为热源加热给水，产生过热蒸汽，若燃气轮机排出的烟气量不够或温度过低，可在锅炉中输入燃料补充，称为补燃。锅炉产生的蒸汽进入汽轮机中做功，为简化系统、节省投资，通常燃气透平和蒸汽轮机驱动同一台发电机。做功后的乏汽在凝汽器内凝结，再经水泵升压送回锅炉。

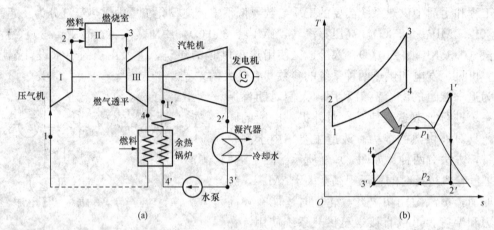

图 10 - 10　燃气-蒸汽联合循环
(a) 工作过程；(b) T-s 图

采用燃气-蒸汽联合循环后，燃料燃烧产生的热量可经燃气透平和蒸汽轮机两次转换对外输出电能，燃气透平的效率一般大于 40%，透平排气所含的 60% 热量中，通过朗肯循环还能将其中的 35% 左右转变成电能，因此联合循环的效率可以达到

$$\begin{aligned}
\eta_{CC} &= \eta_{gas} + (1 - \eta_{gas})\eta_{steam}\\
&= 40\% + (1 - 40\%) \times 35\%\\
&= 61\%
\end{aligned}$$

$$(10 - 21)$$

考虑到一些损失，现在工程中最先进技术的燃气-蒸汽联合循环效率可达到或接近 60%，这比单一朗肯循环的效率（45%）高出 1/3。因此，在世界范围内，以天然气为燃料的发电设备大都采用燃气-蒸汽联合循环。

采用燃气-蒸汽联合循环的电厂，可以先安装燃气轮机循环，在很短的时间内对外输出电能，然后再安装余热锅炉、蒸汽轮机等全部设备，因此在对供电能力需求很急迫的场合，它可以快速地供电。

进入燃气透平的烟气纯度要求很高（不能含有固体粒子，否则会打坏喷片），因此通常只能使用油类燃料或天然气，而不能直接使用燃煤产生的烟气，这对我国以煤炭为主的能源结构而言是一个巨大的限制。在这方面，科研工作者正在进行各类研究，其中一种思路是将煤在地下直接气化，以煤气作为燃气轮机的燃料，实现高效率的联合循环。这种方法不需要将煤从地下采出，有利于煤炭的安全生产；避开了煤炭的直接燃烧，对减轻污染有很大的帮助；还避免了煤炭采出造成地面的塌陷；而且，气体燃料可以采用管道输送，由于没有固体燃炭的运输，对铁路、公路、海路的交通压力也大幅度减轻。

三、热电冷三联供

热电联产中供热系统的用户之一就是民用取暖，但在夏天，这些地区是不需要供热的，甚至有时还需要使用空调设备降温。冬季供热取暖与夏季供冷降温的矛盾，可以通过热电冷三联供的形式来解决。

如图 10-11（a）所示，汽轮机的抽汽形成供热系统，供热用户使用。在夏季，可以分流出一部分供热蒸汽，让它驱动一台 LiBr 吸收式制冷装置，生产出 5～12℃ 的冷水供建筑物降温用，这样，就形成了汽轮机带动的热电冷三联供系统。

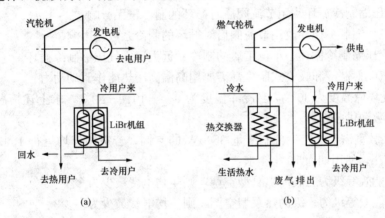

图 10-11　燃气-蒸汽联合循环
(a) 汽轮机三联供；(b) 微型燃气轮机三联供

在天然气已经形成管网的地区，开发了一种以微型燃气轮机驱动的三联供系统。如图 10-11（b）所示：一台微型燃气轮机（几十至几百千瓦级）以极高的速度旋转（高达每分钟十万转以上）带动发电机发电，该发电机的电力通过一套变频装置变至和电网同步，以能向电网送电；燃气轮机排出的废气中，一部分通过一个热交换器，生产出低于 100℃ 的热水，供洗浴等生活需求；另一部分驱动一台 LiBr 吸收式制冷装置，生产出 5～12℃ 的冷水供降温用。这样，一栋建筑内安装一台微型燃气轮机驱动的三联供系统后，就可以完整地提供电力、热水和冷水。

也有一些大型的燃气轮机驱动的三联供系统，其电功率可达万千瓦级或更高，向大学校园、科技园区或住宅小区等提供电力、热水和冷水。这些三联供系统，能量的综合利用效率可以达到 80% 以上，因此正得到越来越广泛的使用。

习　　题

本章习题都视气体为定比热容的理想气体，参数可查附录 1。

10-1　掌握下列基本概念：逆向卡诺循环、制冷系数、供热系数、能效比 EER、循环性能系数 COP、焦耳-汤姆逊效应、绝热节流系数（焦-汤系数）、转变曲线、最大转变压力，上转变温度，下转变温度，热能利用系数、吸收剂、制冷剂、热电联产、三联供。

10-2　辨析下列概念：

(1) 逆向卡诺循环的供暖系数永远大于 1。

(2) 逆向卡诺循环的制冷系数和供暖系数之间存在确定的关系。

(3) 同温度范围内，逆向卡诺循环具有最高的制冷系数。

(4) 空气压缩制冷循环升压比 π 增大时，制冷系数 ε 下降。

(5) 空气压缩制冷循环升压比 π 增大时，制冷量下降。

(6) 空气压缩制冷循环可以直接取用环境中的空气作工质。

(7) 采用回热后，空气压缩制冷循环的制冷系数和制冷量都提高了。

(8) 实际气体节流后的温度可能升高也可能降低。

(9) 蒸汽压缩制冷循环改用节流阀后对循环的制冷量无影响。

(10) 蒸汽压缩制冷循环改用节流阀后对循环的制冷系数无影响。

(11) 蒸汽压缩制冷循环中单位工质的制冷量远大于空气压缩制冷循环。

(12) 蒸汽喷射制冷和吸收式制冷都需要用高温高压热能作驱动动力。

10-3　设环境温度为 30℃，当冷库温度为 0、−10、−20℃，求上述情况下逆向卡诺循环的制冷系数和供暖系数。

10-4　某教室需要安装一台制冷量 3500W 的空调，若空调年均运行 1000 小时、电价为 0.55 元/kWh，使用期为 10 年，求：

(1) 选用能效等级为三级的热泵型空调，则年均电费最少为多少？

(2) 选用能效等级为一级的热泵型空调，则年均电费最少为多少？

(3) 一级能效的空调比三级能效的空调要贵 1200 元，则选用哪一种空调更为经济？

10-5　某机房用制冷空调保持 20℃的恒温，若室外大气温度为 35℃，计算机向室内空气放出的热量为 150×10^3 kJ/h，室外大气传给室内空气的热量为 100×10^3 kJ/h，求：

(1) 制冷空调从室内空气抽出的热量；

(2) 制冷空调所需消耗的最小功率为多少千瓦；

(3) 若用一台能效比 EER 为 5.2 的一级变频空调，需要的功率为多少千瓦。

10-6　某面积为 100m^2 的住宅，每年有 2400h 的时间需要供暖，供暖功率 110W/ m^2，试分析以下问题：

(1) 采用天然气为能源的地暖系统，天然气的发热量 38.46MJ/m^3，价格为 2.7 元/m^3，采暖的效率（即燃料热量转换为进入房间热量的比例）为 90%，则每年需要的采暖费为多少？

(2) 若采用煤直接采暖，煤的发热量 22.00MJ/kg，采暖的效率为 80%，煤价为 0.7 元/kg，则每年需要的采暖费为多少？

(3) 若先以发电效率为 45% 的先进发电机组把煤转换为电，再以电驱动一台二级能效的热泵型空调，则每年需要的采暖费为多少？

10-7　环境温度为 20℃，冷库的温度为 −20℃，采用空气压缩制冷循环，当升压比分别为 2、4、6 时，求压缩终点和膨胀终点的空气温度，以及循环的制冷系数和循环制冷量。

10-8　某采用氨作工质的蒸汽压缩制冷循环，氨在冷库中的蒸发温度为 −15℃，在冷却器中的温度为 30℃。进入压缩机时为干饱和的氨蒸气，从冷却器出来的是饱和氨液。若循环的制冷量要求为 167 500kJ/h：

(1) 画出该制冷循环的 $T\text{-}s$ 图和 $\lg p\text{-}h$ 图，并在图上标出各点的焓（查附录 5）；

(2) 求单位工质的制冷量、耗功量和循环制冷系数；

(3) 制冷剂的流量和制冷功率。

第十一章 热力学一般关系式

简单可压缩的物质在热力过程中不发生化学反应和核反应，物质和外界只交换热量和容积功，且影响的热力学能只有物质内部的分子动能和位能。此时，描述物质性质只需要两个独立参数，其余的参数都可以由这两个参数计算得到。例如，当选定物质的温度 T 和比体积 v 为独立参数时，有

（1）压力 p 是单位时间内分子撞击壁面的作用力，单个分子的撞击力取决于分子的速度，即分子的动能，因此和温度有对应关系，分子撞击的数目取决于容器内分子的数目，即和比体积有对应关系，所以压力 p 由温度 T 和比体积 v 决定；

（2）物质热力学能中，分子动能和温度对应，分子位能取决于比体积（它决定了分子间的位置），因此热力学能由温度 T 和比体积 v 决定；

（3）由焓的定义式 $h = u + pv$ 可知：焓由温度 T 和比体积 v 决定；

（4）由任意物质的熵变计算式（3-38）可知：熵由温度 T 和比体积 v 决定。

可见，对没有化学反应和核反应的物质，可选定温度 T 和比体积 v 为独立参数，并由此确定其他参数。

必须指出，物质参数间的关系有很多种形式，本章以简单可压缩物质为对象，只叙述其中物理意义较明确或者在实践中应用最多的一些关系式。

第一节 物质的热系数

在本章讨论过程中，需要用到一些数学的关系。

（1）全微分条件。若有 $z = z(x, y)$，则应有

$$\frac{\partial^2 z}{\partial x \partial y} = \frac{\partial^2 z}{\partial y \partial x} \tag{a}$$

（2）循环关系式。若有 $f(x, y, z) = 0$，则有

$$\left(\frac{\partial x}{\partial y}\right)_z \left(\frac{\partial y}{\partial z}\right)_x \left(\frac{\partial z}{\partial x}\right)_y = -1 \tag{b}$$

（3）链式关系式。若有 $f(w, x, y, z) = 0$，则有

$$\left(\frac{\partial x}{\partial y}\right)_w \left(\frac{\partial y}{\partial z}\right)_w \left(\frac{\partial z}{\partial x}\right)_w = 1$$

$$\left(\frac{\partial x}{\partial w}\right)_z = \left(\frac{\partial x}{\partial w}\right)_y + \left(\frac{\partial x}{\partial y}\right)_w \left(\frac{\partial y}{\partial w}\right)_z \tag{c}$$

物质的参数中，由可测参数组成的偏导数不仅可以测量，而且具有明确的物理意义，称为物质的热系数。

一、热膨胀系数

当温度改变时，物质可能发生长度、面积和体积三个方向的热膨胀，相应有三个参数来衡量对应的膨胀特性。由于热力学中研究的物质多为流体，其一维线度和二维面积没有太多

的意义，因此，热力学只研究物质在定压条件下比体积随温度的变化率，称物质的热膨胀系数（体膨胀系数），即

$$\alpha_p = \frac{1}{v}\left(\frac{\partial v}{\partial T}\right)_p \tag{11-1}$$

本书中用下标 p 表示压力不变条件，但在某些书中可见到用 α_V 来表示体膨胀系数，这时下标 V 强调是体积的膨胀，而非长度或面积的变化。

对理想气体，有

$$pv = R_g T$$
$$\Rightarrow \left(\frac{\partial v}{\partial T}\right)_p = \frac{R_g}{p}$$
$$\Rightarrow \alpha_p = \frac{1}{v}\left(\frac{\partial v}{\partial T}\right)_p = \frac{1}{v}\frac{R_g}{p} = \frac{1}{T} \tag{11-2}$$

大部分物质的热膨胀系数是正的（热胀冷缩），但某些合金以及 $0\sim 4$℃的水是热缩冷胀的，因此其热膨胀系数是负的。

二、等温压缩率

物质在定温条件下比体积随压力的变化率称物质的定温压缩系数，即

$$\kappa_T = -\frac{1}{v}\left(\frac{\partial v}{\partial p}\right)_T > 0 \tag{11-3}$$

在某些书中可见到用 β_T 来表示等温压缩率。

对理想气体，有

$$pv = R_g T$$
$$\Rightarrow \left(\frac{\partial v}{\partial p}\right)_T = -\frac{v}{p}$$
$$\Rightarrow \kappa_T = \frac{1}{v}\left(\frac{\partial v}{\partial p}\right)_p = -\frac{1}{v}\left(-\frac{v}{p}\right) = \frac{1}{p} \tag{11-4}$$

由于定温条件下压力上升时物质的比体积总是变小的，因此在定义中强调了"压缩"，并且数学表达式中加了负号以使定温压缩系数恒为正值。那么有没有压力升高比体积增大的情况呢？到目前为止，尚未发现这样的物质。

三、等熵压缩率

物质在定熵（可逆绝热）条件下比体积随压力的变化率称为物质的等熵压缩率，即

$$\kappa_S = -\frac{1}{v}\left(\frac{\partial v}{\partial p}\right)_S > 0 \tag{11-5}$$

在某些书中用 β_S 来表示等熵压缩率。

对理想气体，当经历一个指数为 γ 的等熵过程时，有

$$pv^\gamma = C$$
$$\Rightarrow \left(\frac{\partial v}{\partial p}\right)_S = -\frac{v}{\gamma p}$$
$$\Rightarrow \kappa_S = -\frac{1}{v}\left(\frac{\partial v}{\partial p}\right)_S = -\frac{1}{v}\left(-\frac{v}{\gamma p}\right) = \frac{1}{\gamma p} \tag{11-6}$$

等熵压缩率恒为正值。

四、弹性系数

物质在定容条件下压力随温度的变化率称物质的弹性系数，也称为压力的温度系数，即

$$\gamma_V = \frac{1}{p}\left(\frac{\partial p}{\partial T}\right)_V \tag{11-7}$$

在某些书中用 β 来表示物质的弹性系数。

对理想气体，有

$$pv = R_g T$$

$$\Rightarrow \left(\frac{\partial p}{\partial T}\right)_V = \frac{R_g}{v}$$

$$\Rightarrow \gamma_V = \frac{1}{p}\left(\frac{\partial p}{\partial T}\right)_V = \frac{1}{p}\frac{R_g}{v} = \frac{1}{T} \tag{11-8}$$

可见，理想气体的弹性系数和定压膨胀系数是相等的。

对任何物质，利用三参数偏导的循环关系式，可得

$$\left(\frac{\partial p}{\partial T}\right)_V \left(\frac{\partial v}{\partial p}\right)_T \left(\frac{\partial T}{\partial v}\right)_p = -1$$

$$\Rightarrow [p\gamma_V][-v\beta_T]\frac{1}{v\alpha_p} = -1$$

$$\Rightarrow \frac{\alpha_p}{\beta_T} = p\gamma_V \tag{11-9}$$

可见，任何物质的弹性系数和其热膨胀系数总是同号的，当物质热缩冷胀时，其弹性系数同样为负值。

第二节　物质的特性函数

在简单可压缩物质的参数中，选择两个适当的独立变量，并确定某一参数和这两个变量间的计算方程，则其他参数可用该方程的变形形式来表达，称这个方程为物质的特性函数。本节讨论的就是有哪些特性函数，它又是如何表示各个参数的。

一、$u = u(s, v)$

若以比熵 s 和比体积 v 为独立变量，当已知比热力学能的计算公式 $u = u(s,v)$ 时，对其求偏导，有

$$du = \left(\frac{\partial u}{\partial s}\right)_V ds + \left(\frac{\partial u}{\partial v}\right)_s dv \tag{11-10}$$

在热力学第二定律中，从熵的计算式（3-38）可得

$$Tds = du + pdv \Rightarrow du = Tds - pdv \tag{11-11}$$

比较式（11-10）和式（11-11），可得

$$T = \left(\frac{\partial u}{\partial s}\right)_V$$

$$p = -\left(\frac{\partial u}{\partial v}\right)_s \tag{11-12}$$

其他参数的计算方法为

$$h = u + pv = u - \left(\frac{\partial u}{\partial v}\right)_s v$$

$$f = u - Ts = u - \left(\frac{\partial u}{\partial s}\right)_V s \qquad (11\text{-}13)$$

$$g = h - Ts = u - \left(\frac{\partial u}{\partial v}\right)_s v - \left(\frac{\partial u}{\partial s}\right)_V s$$

另外，利用全微分条件，对 $u = u(s,v)$，应有

$$\frac{\partial^2 u}{\partial v\,\partial s} = \frac{\partial^2 u}{\partial s\,\partial v} \Rightarrow \frac{\partial}{\partial v}\left[\left(\frac{\partial u}{\partial s}\right)_V\right]_s = \frac{\partial}{\partial s}\left[\left(\frac{\partial u}{\partial v}\right)_s\right]_V$$

$$\Rightarrow \left(\frac{\partial T}{\partial v}\right)_s = -\left(\frac{\partial p}{\partial s}\right)_V \qquad (11\text{-}14)$$

二、$h = h(s, p)$

若以比熵 s 和压力 p 为独立变量，当已知焓 h 的计算公式 $h = h(s,p)$ 时，有

$$dh = \left(\frac{\partial h}{\partial s}\right)_p ds + \left(\frac{\partial h}{\partial p}\right)_s dp \qquad (11\text{-}15)$$

在热力学第二定律中，从熵的计算式（3-38）可得

$$Tds = dh - vdp \Rightarrow dh = Tds + vdp \qquad (11\text{-}16)$$

比较式（11-15）和式（11-16），可得

$$T = \left(\frac{\partial h}{\partial s}\right)_p$$

$$v = \left(\frac{\partial h}{\partial p}\right)_s \qquad (11\text{-}17)$$

其他参数的计算方法为

$$u = h - pv = h - p\left(\frac{\partial h}{\partial p}\right)_s$$

$$f = u - Ts = h - p\left(\frac{\partial h}{\partial p}\right)_s - \left(\frac{\partial h}{\partial s}\right)_p s \qquad (11\text{-}18)$$

$$g = h - Ts = h - \left(\frac{\partial h}{\partial s}\right)_p s$$

另外，利用全微分条件，对 $h = h(s,p)$，应有

$$\frac{\partial^2 h}{\partial p\,\partial s} = \frac{\partial^2 h}{\partial s\,\partial p} \Rightarrow \frac{\partial}{\partial p}\left[\left(\frac{\partial h}{\partial s}\right)_p\right]_s = \frac{\partial}{\partial s}\left[\left(\frac{\partial h}{\partial p}\right)_s\right]_p$$

$$\Rightarrow \left(\frac{\partial T}{\partial p}\right)_s = \left(\frac{\partial v}{\partial s}\right)_p \qquad (11\text{-}19)$$

三、$f = f(T, v)$

若以温度 T 和比体积 v 为独立变量，当已知自由能 f 的计算公式 $f = f(T,v)$ 时，有

$$df = \left(\frac{\partial f}{\partial T}\right)_V dT + \left(\frac{\partial f}{\partial v}\right)_T dv \qquad (11\text{-}20)$$

在热力学第二定律中，从熵的计算式（3-38）结合自由能定义的微分，可得

$$\left.\begin{array}{l} Tds = du + pdv \Rightarrow du - Tds = -pdv \\ f = u - Ts \Rightarrow df = du - Tds - sdT \end{array}\right\} \qquad (11\text{-}21)$$

$$\Rightarrow df = -sdT - pdv$$

比较式（11-20）和式（11-21），可得

$$s = -\left(\frac{\partial f}{\partial T}\right)_V$$

$$p = -\left(\frac{\partial f}{\partial v}\right)_T \tag{11-22}$$

其他参数的计算方法为

$$u = f + Ts = f - T\left(\frac{\partial f}{\partial T}\right)_V$$

$$h = u + pv = f - T\left(\frac{\partial f}{\partial T}\right)_V - \left(\frac{\partial f}{\partial v}\right)_T v \tag{11-23}$$

$$g = h - Ts = f + pv = f - \left(\frac{\partial f}{\partial v}\right)_T v$$

另外，利用全微分条件，对 $f = f(T, v)$，应有

$$\frac{\partial^2 f}{\partial T \partial v} = \frac{\partial^2 f}{\partial v \partial T} \Rightarrow \frac{\partial}{\partial v}\left[\left(\frac{\partial f}{\partial T}\right)_V\right]_T = \frac{\partial}{\partial T}\left[\left(\frac{\partial f}{\partial v}\right)_T\right]_V$$

$$\Rightarrow \left(\frac{\partial s}{\partial v}\right)_T = \left(\frac{\partial p}{\partial T}\right)_V \tag{11-24}$$

利用 $f = f(T, v)$，可以方便地得到比定容热容的计算式，由式（11-23）中热力学能的计算式，可得

$$c_V \equiv \left(\frac{\partial u}{\partial T}\right)_V = \frac{\partial}{\partial T}\left[f - T\left(\frac{\partial f}{\partial T}\right)_V\right]_V = -T\left(\frac{\partial^2 f}{\partial T^2}\right)_V \tag{11-25}$$

四、$g = g(T, p)$

若以温度 T 和压力 p 独立变量，当已知自由焓 g 的计算公式 $g = g(T, p)$ 时，有

$$dg = \left(\frac{\partial g}{\partial T}\right)_p dT + \left(\frac{\partial g}{\partial p}\right)_T dp \tag{11-26}$$

在热力学第二定律中，从熵的计算式（3-38）可得

$$\left.\begin{array}{l} Tds = dh - vdp \Rightarrow dh - Tds = vdp \\ g = h - Ts \Rightarrow dg = dh - Tds - sdT \end{array}\right\}$$

$$\Rightarrow dg = sdT + vdp \tag{11-27}$$

比较式（11-26）和式（11-27），可得

$$v = \left(\frac{\partial g}{\partial p}\right)_T$$

$$s = -\left(\frac{\partial g}{\partial T}\right)_p \tag{11-28}$$

其他参数的计算方法为

$$h = g + Ts = g - T\left(\frac{\partial g}{\partial T}\right)_p$$

$$u = h - pv = g - T\left(\frac{\partial g}{\partial T}\right)_p - p\left(\frac{\partial g}{\partial p}\right)_T \tag{11-29}$$

$$f = u - Ts = g - pv = g - p\left(\frac{\partial g}{\partial p}\right)_T$$

另外，利用全微分条件，对 $g = g(T, p)$，应有

$$\frac{\partial^2 g}{\partial T \partial p} = \frac{\partial^2 g}{\partial p \partial T} \Rightarrow \frac{\partial}{\partial T}\left[\left(\frac{\partial g}{\partial p}\right)_T\right]_p = \frac{\partial}{\partial p}\left[\left(\frac{\partial g}{\partial T}\right)_p\right]_T$$

$$\Rightarrow \left(\frac{\partial v}{\partial T}\right)_p = -\left(\frac{\partial s}{\partial p}\right)_T \tag{11-30}$$

利用 $g = g(T,p)$，可以方便地得到定压比热的计算式，由式（11-29）中焓的计算式，可得

$$c_p \equiv \left(\frac{\partial h}{\partial T}\right)_p = \left\{\frac{\partial}{\partial T}\left[g - T\left(\frac{\partial g}{\partial T}\right)_p\right]\right\}_p = -T\left(\frac{\partial^2 g}{\partial T^2}\right)_p \tag{11-31}$$

以上用热力学能、焓、自由能和自由焓作为特性函数时，得到了各个参数间的表达关系，其中用全微分条件得到的四个关系式称为麦克斯韦关系式，即

$$\left(\frac{\partial T}{\partial v}\right)_s = -\left(\frac{\partial p}{\partial s}\right)_v \tag{11-32a}$$

$$\left(\frac{\partial T}{\partial p}\right)_s = \left(\frac{\partial v}{\partial s}\right)_p \tag{11-32b}$$

$$\left(\frac{\partial s}{\partial v}\right)_T = \left(\frac{\partial p}{\partial T}\right)_v \tag{11-32c}$$

$$\left(\frac{\partial v}{\partial T}\right)_p = -\left(\frac{\partial s}{\partial p}\right)_T \tag{11-32d}$$

第三节 熵、热力学能和焓的一般关系式

热力学参数中的熵 s、热力学能 u 和焓 h 是不可测量的参数，需要从可测的温度 T、压力 p 和比体积 v 计算得到，本节讨论这种计算方法。在计算过程中，默认 T、p、v 三个参数间存在状态方程，即可以由任意的两个参数计算出第三个参数。

一、熵的一般关系式

1. 第一 ds 方程

第一 ds 方程是从温度 T 和比体积 v 计算熵变的，若 $s = s(T,v)$，则有

$$ds = \left(\frac{\partial s}{\partial T}\right)_v dT + \left(\frac{\partial s}{\partial v}\right)_T dv \tag{11-33}$$

根据微分的数学特点和式（11-12），有

$$\left(\frac{\partial s}{\partial T}\right)_v = \frac{\left(\frac{\partial u}{\partial T}\right)_v}{\left(\frac{\partial u}{\partial s}\right)_v} = \frac{c_v}{T} \tag{11-34}$$

把式（11-34）代入式（11-33），并应用麦克斯韦关系式（11-32c），则式（11-33）有

$$ds = \frac{c_v}{T}dT + \left(\frac{\partial p}{\partial T}\right)_v dv \tag{11-35}$$

对理想气体

因为 $$pv = R_g T \Rightarrow \left(\frac{\partial p}{\partial T}\right)_v = \frac{R_g}{v}$$

所以 $$ds = \frac{c_v}{T}dT + \left(\frac{\partial p}{\partial T}\right)_v dv = c_v \frac{dT}{T} + R_g \frac{dv}{v} \tag{11-36}$$

2. 第二 $\mathrm{d}s$ 方程

第二 $\mathrm{d}s$ 方程是从温度 T 和压力 p 计算熵变的，若 $s = s(T, p)$，则有

$$\mathrm{d}s = \left(\frac{\partial s}{\partial T}\right)_p \mathrm{d}T + \left(\frac{\partial s}{\partial p}\right)_T \mathrm{d}p \tag{11-37}$$

根据微分的数学特点和式（11-17），有

$$\left(\frac{\partial s}{\partial T}\right)_p = \frac{\left(\frac{\partial h}{\partial T}\right)_p}{\left(\frac{\partial h}{\partial s}\right)_p} = \frac{c_p}{T} \tag{11-38}$$

把式（11-38）代入式（11-37），并应用麦克斯韦关系式（11-32d），则式（11-37）可变为

$$\mathrm{d}s = \frac{c_p}{T}\mathrm{d}T - \left(\frac{\partial v}{\partial T}\right)_p \mathrm{d}p \tag{11-39}$$

对理想气体

因为 $\qquad pv = R_g T \Rightarrow \left(\frac{\partial v}{\partial T}\right)_p = \frac{R_g}{p}$

所以 $\qquad \mathrm{d}s = \frac{c_p}{T}\mathrm{d}T - \left(\frac{\partial v}{\partial T}\right)_p \mathrm{d}p = c_p \frac{\mathrm{d}T}{T} - R_g \frac{\mathrm{d}p}{p} \tag{11-40}$

3. 第三 $\mathrm{d}s$ 方程

第二 $\mathrm{d}s$ 方程是从压力 p 和比体积 v 计算熵变的，若 $s = s(p, v)$，则有

$$\mathrm{d}s = \left(\frac{\partial s}{\partial v}\right)_p \mathrm{d}v + \left(\frac{\partial s}{\partial p}\right)_v \mathrm{d}p \tag{11-41}$$

根据微分的数学特点和式（11-34）和式（11-38），有

$$\left(\frac{\partial s}{\partial v}\right)_p = \left(\frac{\partial s}{\partial T}\right)_p \left(\frac{\partial T}{\partial v}\right)_p = \frac{c_p}{T}\left(\frac{\partial T}{\partial v}\right)_p$$

$$\left(\frac{\partial s}{\partial p}\right)_v = \left(\frac{\partial s}{\partial T}\right)_v \left(\frac{\partial T}{\partial p}\right)_v = \frac{c_V}{T}\left(\frac{\partial T}{\partial p}\right)_v \tag{11-42}$$

把式（11-42）代入式（11-41），有

$$\mathrm{d}s = \frac{c_p}{T}\left(\frac{\partial T}{\partial v}\right)_p \mathrm{d}v + \frac{c_V}{T}\left(\frac{\partial T}{\partial p}\right)_v \mathrm{d}p \tag{11-43}$$

对理想气体

因为 $\qquad pv = R_g T \Rightarrow \begin{cases} \left(\dfrac{\partial T}{\partial v}\right)_p = \dfrac{p}{R_g} = \dfrac{T}{v} \\[2mm] \left(\dfrac{\partial T}{\partial p}\right)_v = \dfrac{v}{R_g} = \dfrac{T}{p} \end{cases}$

所以 $\qquad \mathrm{d}s = \frac{c_p}{T}\left(\frac{\partial T}{\partial v}\right)_p \mathrm{d}v + \frac{c_V}{T}\left(\frac{\partial T}{\partial p}\right)_v \mathrm{d}p = c_p \frac{\mathrm{d}v}{v} + c_V \frac{\mathrm{d}p}{p} \tag{11-44}$

二、热力学能的一般关系式

在热力学第二定律中，从熵的计算式（3-38）可得

$$T\mathrm{d}s = \mathrm{d}u + p\mathrm{d}v \Rightarrow \mathrm{d}u = T\mathrm{d}s - p\mathrm{d}v \tag{11-45}$$

1. 第一 $\mathrm{d}u$ 方程

把第一 $\mathrm{d}s$ 方程代入式（11-45），得到以温度 T 和比体积 v 计算热力学能的第一 $\mathrm{d}u$ 方

程，即

$$du = Tds - pdv = c_V dT + \left[T\left(\frac{\partial p}{\partial T}\right)_V - p \right] dv \tag{11-46}$$

2. 第二 du 方程

把第二 ds 方程代入式（11-45），得到以温度 T 和压力 p 计算热力学能的第二 du 方程，注意用到了由温度 T 和压力 p 计算比体积的微分式，即

$$du = Tds - pdv$$

$$= c_p\left(\frac{\partial T}{\partial v}\right)_p dv + c_V\left(\frac{\partial T}{\partial p}\right)_V dp - pdv$$

$$= \left[c_p\left(\frac{\partial T}{\partial v}\right)_p - p \right] dv + c_V\left(\frac{\partial T}{\partial p}\right)_V dp \tag{11-47}$$

3. 第三 du 方程

把第三 ds 方程代入式（11-45），得到以压力 p 和比体积 v 计算热力学能的第三 du 方程，即

$$du = Tds - pdv$$

$$= c_p dT - T\left(\frac{\partial v}{\partial T}\right)_p dp - p\left[\left(\frac{\partial v}{\partial T}\right)_p dT + \left(\frac{\partial v}{\partial p}\right)_T dp \right]$$

$$= \left[c_p - p\left(\frac{\partial v}{\partial T}\right)_p \right] dT - \left[T\left(\frac{\partial v}{\partial T}\right)_p + p\left(\frac{\partial v}{\partial p}\right)_T \right] dp \tag{11-48}$$

显然，三个 du 方程中以第一个形式最为简单，因此也是最常用的一个。

对理想气体，根据理想气体状态方程 $pv = R_g T$，以及比定压热容与比定容热容的关系 $c_p - c_V = R_g$，可以推导出三个 du 方程有相同的结果，以第一 du 方程为例

因为

$$pv = R_g T \Rightarrow \left(\frac{\partial p}{\partial T}\right)_V = \frac{R_g}{v} = \frac{p}{T}$$

所以

$$du = c_V dT + \left[T\frac{p}{T} - p \right] dv = c_V dT \tag{11-49}$$

三、焓的一般关系式

在热力学第二定律中，从熵的计算式（3-38）可得

$$Tds = dh - vdp \Rightarrow dh = Tds + vdp \tag{11-50}$$

1. 第一 dh 方程

把第一 ds 方程代入式（11-50），得到温度 T 和比体积 v 计算焓的第一 dh 方程，注意用到了由温度 T 和比体积 v 计算压力 p 的微分式，即

$$dh = Tds + vdp$$

$$= T\left[\frac{c_V}{T}dT + \left(\frac{\partial p}{\partial T}\right)_V dv \right] + v\left[\left(\frac{\partial p}{\partial T}\right)_V dT + \left(\frac{\partial p}{\partial v}\right)_T dv \right]$$

$$= \left[c_V + \left(\frac{\partial p}{\partial T}\right)_V v \right] dT + \left[T\left(\frac{\partial p}{\partial T}\right)_V + v\left(\frac{\partial p}{\partial v}\right)_T \right] dv \tag{11-51}$$

2. 第二 dh 方程

把第二 ds 方程代入式（11-50），得到以温度 T 和压力 p 计算焓的第二 dh 方程，即

$$dh = Tds + vdp = c_p dT + \left[v - T\left(\frac{\partial v}{\partial T}\right)_p \right] dp \tag{11-52}$$

3. 第三 dh 方程

把第三 ds 方程代入式（11-50），得到以温度 T 和比体积 v 计算焓的第三 dh 方程，注意用到了由温度 T 和压力 p 计算比体积的微分式，即

$$dh = Tds + vdp$$

$$= T\left[\frac{c_p}{T}\left(\frac{\partial T}{\partial v}\right)_p dv + \frac{c_V}{T}\left(\frac{\partial T}{\partial p}\right)_v dp\right] + vdp$$

$$= c_p\left(\frac{\partial T}{\partial v}\right)_p dv + \left[c_V\left(\frac{\partial T}{\partial p}\right)_v + v\right]dp \qquad (11-53)$$

显然，三个 dh 方程中以第二个形式最为简单，因此也是最常用的一个。

对理想气体，根据理想气体状态方程 $pv = R_g T$，以及比热容差 $c_p - c_V = R_g$，可以推导出三个 dh 方程有相同的结果，以第二 dh 方程为例

因为
$$pv = R_g T \Rightarrow \left(\frac{\partial v}{\partial T}\right)_p = \frac{R_g}{p} = \frac{v}{T}$$

所以
$$dh = Tds + vdp = c_p dT + \left[v - T\frac{v}{T}\right]dp = c_p dT \qquad (11-54)$$

第四节　比热容的特性、声速和焦-汤系数

一、比热容差

式（11-25）给出了简单可压缩物质比定容热容的严格定义，结合式（11-12），有

$$c_V \equiv \left(\frac{\partial u}{\partial T}\right)_V = \left(\frac{\partial u}{\partial s}\right)_V\left(\frac{\partial s}{\partial T}\right)_V = T\left(\frac{\partial s}{\partial T}\right)_V \qquad (11-55)$$

式（11-31）给出了简单可压缩物质比定压热容的严格定义，结合式（11-17），有

$$c_p \equiv \left(\frac{\partial h}{\partial T}\right)_p = \left(\frac{\partial h}{\partial s}\right)_p\left(\frac{\partial s}{\partial T}\right)_p = T\left(\frac{\partial s}{\partial T}\right)_p \qquad (11-56)$$

因此，可得比定压热容和比定容热容的差值为

$$c_p - c_V = T\left[\left(\frac{\partial s}{\partial T}\right)_p - \left(\frac{\partial s}{\partial T}\right)_V\right] \qquad (11-57)$$

应用本章第一节中四参数的链式关系式（$w \to T$、$x \to s$、$y \to v$、$z \to p$），有

$$\left(\frac{\partial s}{\partial T}\right)_p = \left(\frac{\partial s}{\partial T}\right)_V + \left(\frac{\partial s}{\partial v}\right)_T\left(\frac{\partial v}{\partial T}\right)_p \qquad (11-58)$$

结合麦克斯韦关系式（11-32c），故式（11-57）可变为

$$c_p - c_V = T\left(\frac{\partial s}{\partial v}\right)_T\left(\frac{\partial v}{\partial T}\right)_p = T\left(\frac{\partial p}{\partial T}\right)_V\left(\frac{\partial v}{\partial T}\right)_p \qquad (11-59)$$

若用温度 T 和压力 p 表示比热容差，利用本章第一节中三参数的循环关系式（$x \to v$、$y \to T$、$z \to p$），则有

$$\left(\frac{\partial p}{\partial T}\right)_V\left(\frac{\partial T}{\partial v}\right)_p\left(\frac{\partial v}{\partial p}\right)_T = -1 \Rightarrow \left(\frac{\partial p}{\partial T}\right)_V = -\frac{\left(\frac{\partial v}{\partial T}\right)_p}{\left(\frac{\partial v}{\partial p}\right)_T}$$

所以
$$c_p - c_V = T\left(\frac{\partial s}{\partial v}\right)_T\left(\frac{\partial v}{\partial T}\right)_p = -T\frac{\left(\frac{\partial v}{\partial T}\right)_p^2}{\left(\frac{\partial v}{\partial p}\right)_T} \qquad (11-60)$$

结合物质的热系数的定义式 (11-1) 和式 (11-3)，可得

$$\alpha_p = \frac{1}{v}\left(\frac{\partial v}{\partial T}\right)_p, \quad \beta_T = -\frac{1}{v}\left(\frac{\partial v}{\partial p}\right)_T$$

所以
$$c_p - c_V = Tv\frac{\alpha_p^2}{\beta_T} > 0 \qquad (11-61)$$

可见，简单可压缩物质的比定压热容永远大于比定容热容。对理想气体

因为
$$\alpha_p = \frac{1}{T}, \quad \beta_T = \frac{1}{p}$$

所以
$$c_p - c_V = Tv\frac{\alpha_p^2}{\beta_T} = Tv\frac{p}{T_2} = \frac{pv}{T} = R_g \qquad (11-62)$$

由于比定容热容的测定比较困难，因此可以先测出比定压热容，然后根据式 (11-61)，由物质的热系数计算出比定容热容。

二、比热容比

根据式 (11-55) 和式 (11-56)，可得比热容比为

$$\gamma = \frac{c_p}{c_V} = \frac{T\left(\frac{\partial s}{\partial T}\right)_p}{T\left(\frac{\partial s}{\partial T}\right)_V} = \frac{\left(\frac{\partial s}{\partial T}\right)_p}{\left(\frac{\partial s}{\partial T}\right)_V} \qquad (11-63)$$

应用两次循环关系式，结合物质热系数定义式 (11-3) 和式 (11-5)，式 (11-63) 可变为

$$\begin{cases} \left(\frac{\partial p}{\partial T}\right)_s\left(\frac{\partial s}{\partial p}\right)_T\left(\frac{\partial T}{\partial s}\right)_p = -1 \\ \left(\frac{\partial v}{\partial T}\right)_s\left(\frac{\partial s}{\partial v}\right)_T\left(\frac{\partial T}{\partial s}\right)_V = -1 \end{cases}$$

所以
$$\gamma = \frac{c_p}{c_V} = \frac{\left(\frac{\partial s}{\partial T}\right)_p}{\left(\frac{\partial s}{\partial T}\right)_V} = \frac{\left(\frac{\partial p}{\partial T}\right)_s\left(\frac{\partial s}{\partial p}\right)_T}{\left(\frac{\partial v}{\partial T}\right)_s\left(\frac{\partial s}{\partial v}\right)_T} = \frac{\left(\frac{\partial p}{\partial v}\right)_s}{\left(\frac{\partial p}{\partial v}\right)_T} = \frac{-\frac{1}{v}\left(\frac{\partial v}{\partial p}\right)_T}{-\frac{1}{v}\left(\frac{\partial v}{\partial p}\right)_s} = \frac{\beta_T}{\beta_s} \quad (11-64)$$

由于物质的比定压热容总是大于比定容热容，即 $\gamma > 1$，所以从式 (11-64) 可知，物质的定温压缩系数总是大于定熵压缩系数。

三、比热容和压力的关系

回顾第二 ds 方程式 (11-39) 的推导过程，相当于是对 $s = s(T, p)$ 的一阶微分，若应用热膨胀系数的定义式 (11-1)，则有

$$ds = \frac{c_p}{T}dT - \left(\frac{\partial v}{\partial T}\right)_p dp = \frac{c_p}{T}dT - (v\alpha_p)dp = MdT + Ndp \qquad (11-65)$$

则根据全微分条件，对式 (11-65) 中的一阶微分项继续微分，可得

$$\left(\frac{\partial M}{\partial p}\right)_T = \left(\frac{\partial N}{\partial T}\right)_p \Rightarrow \left[\frac{\partial(c_p/T)}{\partial p}\right]_T = -\left[\frac{\partial(v\alpha_p)}{\partial T}\right]_p$$

$$\Rightarrow \left(\frac{\partial c_p}{\partial p}\right)_T = -T\left(\alpha_p\frac{\partial v}{\partial T} + v\frac{\partial \alpha_p}{\partial T}\right)_p$$

$$\Rightarrow \left(\frac{\partial c_p}{\partial p}\right)_T = -Tv\left(\alpha_p^2 + \frac{\partial \alpha_p}{\partial T}\right)_p \qquad (11-66)$$

可见，若已知状态方程 $v=v(T,p)$，则可以计算出热膨胀系数的特性，进而计算出不同压力下的比定压热容值，然后可以根据比热容差的公式（11-61）计算出比定容热容。

对理想气体

因为
$$\alpha_p=\frac{1}{T}\Rightarrow\frac{\partial\alpha_p}{\partial T}=-\frac{1}{T^2}$$

所以
$$\left(\frac{\partial c_p}{\partial p}\right)_T=-Tv\left(\alpha_p^2+\frac{\partial\alpha_p}{\partial T}\right)_p=-Tv\left(\frac{1}{T^2}-\frac{1}{T^2}\right)_p=0 \tag{11-67}$$

即理想气体的比热容和压力无关。

四、声速

声速是声音在介质中的传播速度，由流体力学知识（热力学不做推导），结合等熵压缩率的定义式（11-5），有
$$c_s=\sqrt{\left(\frac{\partial p}{\partial\rho}\right)_s}=\sqrt{-v^2\left(\frac{\partial p}{\partial v}\right)_s}=\sqrt{v\frac{-v}{\left(\frac{\partial v}{\partial p}\right)_s}}=\sqrt{\frac{v}{\kappa_s}} \tag{11-68}$$

若测定出物质的声速，则可以根据式（11-64）和式（11-68），得到比热比为
$$c_s=\sqrt{\frac{v}{\beta_s}}\Rightarrow\kappa_s=\frac{v}{c_s^2}$$

所以
$$\gamma=\frac{c_p}{c_V}=\frac{\kappa_T}{\kappa_s}=\frac{c_s^2}{v}\kappa_T \tag{11-69}$$

五、焦-汤系数

焦耳和汤姆逊对流体绝热节流前后的温度特性进行了系统的研究，并且得到了反映节流前后温度变化规律的系数，即绝热节流系数（也称为焦-汤系数），即
$$\mu_J=\left(\frac{\partial T}{\partial p}\right)_h \tag{11-70}$$

应用第二 dh 方程式（11-52），因节流前后焓不变，即 $dh=0$，故由式（11-52）得
$$0=dh=c_p dT+\left[v-T\left(\frac{\partial v}{\partial T}\right)_p\right]dp$$
$$\Rightarrow c_p dT=\left[T\left(\frac{\partial v}{\partial T}\right)_p-v\right]dp$$
$$\Rightarrow\mu_J=\left(\frac{\partial T}{\partial p}\right)_h=\frac{dT}{dp}=\frac{1}{c_p}\left[T\left(\frac{\partial v}{\partial T}\right)_p-v\right]=\frac{v}{c_p}(T\alpha_p-1) \tag{11-71}$$

推导过程中应用了物质的热膨胀系数的定义式（11-1）。

对理想气体，有
$$\alpha_p=\frac{1}{T}\Rightarrow\mu_J=\frac{v}{c_p}(T\alpha_p-1)=0 \tag{11-72}$$

即理想气体在节流前后的温度不变。

第五节　水和水蒸气参数的计算

国际水蒸气性质协会（IAPS）于 1997 年公布了计算水和水蒸气参数的方法。方法把水和水蒸气分成饱和状态、未饱和水、过热蒸汽、近临界区和高过热蒸汽五个部分，并给出各

个部分的计算公式。例如，对未饱和水，给出了以压力 p 和温度 T 计算自由焓 g 的公式，则根据本章的研究结论，其他参数如比体积、熵、比热力学能、焓、自由能、比热容和声速等都可以计算得到。

IAPS 公布的未饱和水基本函数如下：

$$\frac{g(p,T)}{R_g T} = \gamma(\pi,\tau) = \sum_{i=1}^{34} n_i (7.1-\pi)^{I_i} (\tau-1.222)^{J_i} \tag{11-73}$$

$$\pi = \frac{p}{16.53}, \quad \tau = \frac{T}{1386} \tag{11-73a}$$

式中，系数 n_i、指数 I_i 和 J_i 见表 11-1。

表 11-1　　　　　　　　　　未饱和水自由焓计算参数

i	I_i	J_i	n_i	i	I_i	J_i	n_i
1	0	−2	0.146 329 712 131 67	18	2	3	−0.441 418 453 308 46×10⁻⁵
2	0	−1	−0.845 481 871 691 14	19	2	17	−0.726 949 962 975 94×10⁻¹⁵
3	0	0	−0.375 636 036 720 40×10¹	20	3	−4	−0.316 796 448 450 54×10⁻⁴
4	0	1	0.338 551 691 683 85×10¹	21	3	0	−0.282 707 979 853 12×10⁻⁵
5	0	2	−0.957 919 633 878 72	22	3	6	−0.852 051 281 201 03×10⁻⁹
6	0	3	0.157 720 385 132 28	23	4	−5	−0.224 252 819 080 00×10⁻⁵
7	0	4	−0.166 164 171 995 01×10⁻¹	24	4	−2	−0.651 712 228 956 01×10⁻⁶
8	0	5	0.812 146 299 835 68×10⁻³	25	4	10	−0.143 417 299 379 24×10⁻¹²
9	1	−9	0.283 190 801 238 04×10⁻³	26	5	−8	−0.405 169 968 601 17×10⁻⁶
10	1	−7	−0.607 063 015 658 74×10⁻³	27	8	−11	−0.127 343 017 416 41×10⁻⁸
11	1	−1	−0.189 900 682 184 19×10⁻¹	28	8	−6	−0.174 248 712 306 34×10⁻⁹
12	1	0	−0.325 297 487 705 05×10⁻¹	29	21	−29	−0.687 621 312 955 31×10⁻¹⁸
13	1	1	−0.218 417 171 754 14×10⁻¹	30	23	−31	0.144 783 078 285 21×10⁻¹⁹
14	1	3	−0.528 383 579 699 30×10⁻⁴	31	29	−38	0.263 357 816 627 95×10⁻²²
15	2	−3	−0.471 843 210 732 67×10⁻³	32	30	−39	−0.119 476 226 400 71×10⁻²²
16	2	0	−0.300 017 807 930 26×10⁻³	33	31	−40	0.182 280 945 814 04×10⁻²³
17	2	1	0.476 613 939 069 87×10⁻⁴	34	32	−41	−0.935 370 872 924 58×10⁻²⁵

可见，由压力 p 和温度 T 计算自由焓 g 需要用到一个 34 项的多项式，且每一项都可能是一个高次方的指数式，这样的计算量，在以前是不可想象的，但现在有了计算机后，这些计算量就微不足道了。

有了自由焓的计算公式，根据式（11-29）、式（11-30）和式（11-32），可得到比体积、熵、比热力学能、焓、比定压热容等参数的计算公式，比定容热容可由比定压热容和式（11-61）计算得到。

在计算过程中，要用到式（11-73）的偏导，对一个多项式而言，求偏导的工作是比较容易的，结果如下：

$$\gamma_\pi = \frac{\partial \gamma}{\partial \pi} = \sum_{i=1}^{34} -n_i I_i (7.1-\pi)^{I_i-1} (\tau-1.222)^{J_i}$$

$$\gamma_\tau = \frac{\partial \gamma}{\partial \tau} = \sum_{i=1}^{34} n_i (7.1-\pi)^{I_i} J_i (\tau-1.222)^{J_i-1}$$

$$\gamma_{\pi\pi} = \frac{\partial^2 \gamma}{\partial \pi^2} = \sum_{i=1}^{34} n_i I_i (I_i-1)(7.1-\pi)^{I_i-2} (\tau-1.222)^{J_i} \qquad (11\text{-}74)$$

$$\gamma_{\tau\tau} = \frac{\partial^2 \gamma}{\partial \tau^2} = \sum_{i=1}^{34} n_i (7.1-\pi)^{I_i} J_i (J_i-1)(\tau-1.222)^{J_i-2}$$

$$\gamma_{\pi\tau} = \frac{\partial^2 \gamma}{\partial \pi \partial \tau} = \sum_{i=1}^{34} -n_i I_i (7.1-\pi)^{I_i-1} J_i (\tau-1.222)^{J_i-1}$$

各个参数和自由能的关系如下（比定容热容和声速公式直接引用结果，未做推导）：

$$v\frac{p}{R_g T} = \pi\gamma_\pi$$

$$\frac{s}{R_g} = (\tau\gamma_\tau - \gamma)$$

$$\frac{u}{R_g T} = (\tau\gamma_\tau - \pi\gamma_\pi)$$

$$\frac{h}{R_g T} = \tau\gamma_\tau \qquad (11\text{-}75)$$

$$\frac{c_p}{R_g} = -\tau^2\gamma_{\tau\tau}$$

$$\frac{c_V}{R_g} = -\tau^2\gamma_{\tau\tau} + \frac{(\gamma_\pi - \tau\gamma_{\pi\tau})^2}{\gamma_{\pi\pi}}$$

$$\frac{c_s}{R_g T} = \frac{\gamma_\pi^2}{\dfrac{(\gamma_\pi - \tau\gamma_{\pi\tau})^2}{\tau^2\gamma_{\tau\tau}} - \gamma_{\pi\pi}}$$

根据式（11-75）可以编制计算机程序求得以上各个参数。

IAPS 还公布了计算水在饱和区、临界区、过热区和高温过热区的计算公式，依靠这些公式，可以全面精确地计算水的各项参数。现在工程和科学研究中用到的水蒸气计算工具，大部分都是以这种方式开发的。

习　　　题

11-1　掌握下列基本概念：热膨胀系数、定温压缩系数、定熵压缩系数、弹性系数、特性函数、麦克斯韦关系式。

11-2　将 0.1MPa、20℃的液体苯装满一刚性容器，已知苯的热膨胀系数为 0.001 23/K，定温压缩系数为 0.000 95/MPa。当夏天温度升至 28℃时，容器内的压力将达到多少？

11-3　已知某气体遵守状态方程 $p(v-b) = R_g T$，其中 b 为一个正的常数，试证明：

（1）该气体的热力学能只是温度的函数；

（2）该气体有：$c_p - c_V = R_g$

（3）该气体绝热节流后的温度升高。

11-4　某气体遵守范德瓦尔方程，试推导其比热容的计算式和焦-汤系数。

11-5　某气体遵守范德瓦尔方程，试证明其等温过程前后有

$$u_2 - u_1 = a\left(\frac{1}{v_1} - \frac{1}{v_2}\right)$$

$$h_2 - h_1 = (p_2 v_2 - p_1 v_1) + a\left(\frac{1}{v_1} - \frac{1}{v_2}\right)$$

$$s_2 - s_1 = R_g \ln\left(\frac{v_2 - b}{v_1 - b}\right)$$

第十二章 化学热力学基础

前面章节讨论的对象都是简单可压缩的物质，在热力过程中，这些物质的内部能量变化只牵涉到分子的动能和位能，物质和外界发生的功量交换只有容积功。对于不满足简单可压缩性质的物质，例如化石燃料或核燃料，热力过程中会牵涉内部化学能和核能的改变，与外界交换的功量也不只限于容积功。在本章中，要对物质间发生化学反应时的热力学特性进行研究，主要内容包括三个方面：化学反应的能量特性（即化学反应中的热力学第一定律）、化学反应的方向（即化学反应中的热力学第二定律）和化学反应的程度（即化学反应中的热力学第三定律）。

第一节 化学反应中的能量守恒

约定化学反应前的物质称为反应物，而化学反应后的物质称为生成物。含有化学反应的热力过程可由图 12-1 表示，其中包括了化学反应前的过程 01、化学反应过程 12 和化学反应后的过程 23。在 12 过程中，物质的成分和状态都发生了变化，而在 01 和 23 过程中，物质的化学成分不变，仅物理状态发生了变化。

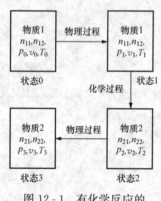

图 12-1 有化学反应的
热力过程

物理过程 01 中的反应物和物理过程 23 中的生成物，都可以认为是简单可压缩的物质，过程中热力学能的变化仅是分子动能和位能的变化，和外界交换的功只有容积功。化学过程 12 前后，反应物和生成物的热力学能变化一定要考虑化学能的变化，与外界交换的功量还有容积功以外的形式。

一、化学反应中的热力学能和焓

化学反应的本质是不同原子或不同分子中原子的最外层电子运动状态和电子能级发生改变，由此发生了原子的重新组合而生成新的物质。在这个过程中，原子间的电磁场发生改变，因此其能量也发生变化，能量的变化值对应就是化学能。

化学能是一种很隐蔽的能量，只有在发生化学变化的时候才释放出来，并转变成热能或者功量向外输出。像石油和煤的燃烧、炸药爆炸，食物在动物体内消化所放出的能量，以及燃料电池工作时输出的电能等，都来自化学能。

化学反应的反应物和生成物，都有分子的动能和位能，它们和化学能一起构成了化学反应物质的热力学能，用 U 表示。由于化学反应前后物质的原子数目不变，用摩尔数（mol）对物质的数量进行衡量会比较方便，因此，本章中，单位物质的参数都对应于 1mol，例如，单位物质的热力学能用 u 表示，焓用 h 表示，意义是 1mol 物质的热力学能和焓。

化学反应的物质通常是混合物，反应前后物质的种类会发生变化，其热力学能和焓不仅

和物质状态有关，还和成分有关。假设反应前有 j 种物质，反应后有 k 种物质，则反应前后物质的热力学能和焓为

$$
\begin{aligned}
U_1 &= U(p_1, T_1, n_{11}, n_{12}, \cdots) = \sum_{i=1}^{j} n_{1i} u_{1i} \\
U_2 &= U(p_2, T_2, n_{21}, n_{22}, \cdots) = \sum_{i=1}^{j} n_{2i} u_{2i} \\
H_1 &= H(p_1, T_1, n_{11}, n_{12}, \cdots) = \sum_{i=1}^{k} n_{1i} h_{1i} \\
H_2 &= H(p_2, T_2, n_{21}, n_{22}, \cdots) = \sum_{i=1}^{k} n_{2i} h_{2i}
\end{aligned}
\quad (12-1)
$$

式中 n——各成分的摩尔数。

从式（12-1）可知，若要确定反应物和生成物的热力学能，需要知道各组分热力学能的绝对值，但因为考虑了化学能，因此各组分的热力学能不再能按理想气体特性确定。热力学第一定律可以解决组分温度变化时的热力学能变化量，但却无法确定化学反应中组分热力学能的绝对值，这是热力学第一定律在处理化学反应时的局限性。

二、化学反应中的功

化学反应过程中物质的体积可以发生变化，对应可以和外界交换容积功，以符号 W_V 表示；化学反应还可以其他形式和外界交换功量，例如可直接利用的电能等，称有用功，以符号 W_u 表示。化学反应过程中系统和外界交换的总功量为

$$
W = W_u + W_V \quad (12-2)
$$

例如，燃料电池在工作过程中可以直接向外输出电能，此时电能就是一种其他形式的功量，同时可以向外放出热量 Q。

燃料电池如图 12-2 所示，氢气在左边流道内流动，其中一部分受催化剂作用发生电离，成为带负电的电子和带正电的氢离子（即质子）。系统中最关键的部件是质子交换膜，它可以让氢离子（即质子）通过，但电子却不能通过。离解后的氢原子面对质子交换膜这个"防守队员"，只能来一次"人球分过"，质子直接过去，但电子要在交换膜外侧绕个道。于是，没过去的电子富集于阴极，过去了的氢离子富集于阳极，两者形成了电压差，若在两极间接一负载，则形成了电流回路，这样系统就对外输出了电能。系统中的氧气相当于一个"离子黑洞"，当氧气在右侧流道内流动时，它吸收绕道而

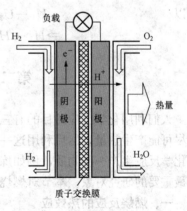

图 12-2　燃料电池工作原理

来的电子和直接渗透过来的氢离子，生成水排出。如果阳极侧没有氧气流过，则阴极侧离解生成的氢离子和电子都不会发生向右的流动。所以，驱动整个系统运动的能量来自氧气和氢气（在过程中以氢离子和电子的形式存在）结合生成水的化学反应过程，系统对外输出的能量为电能和热量。

三、化学反应中的能量守恒

能量守恒定律是普遍适用于一切过程的定律，因此，在化学反应过程中，自然也应遵循

能量守恒。

一定量一定组分的物质发生化学反应后，质量是不变的，原子的种类和数目也是不变的，从这个角度看，这团物质是一个闭口系。

对这个闭口系应用能量守恒定律，化学反应终点时系统的热力学能会比起点的减少，减少的部分能干什么呢？可用于对外做功！如果还有多余的，就可以变成热量对外放出。注意热力学能的减少值等于起点值减去终点值，而按热量的定义，若定义系统的吸热量为 Q，相当于系统的放热为 $-Q$，由此能量守恒的表达式为

$$U_1 - U_2 = W + (-Q) = W_u + W_V - Q$$
$$\Rightarrow -dU = \delta W_u + \delta W_V - \delta Q \tag{12-3}$$

上式中的热量 Q 是化学反应中系统和外界交换的热量，称为反应热，若 Q 为正值，说明反应吸热，若 Q 为负值，说明反应放热；功量 W 包括容积功 W_V 和有用功 W_u。对于起点和终点确定的反应，式（12-3）中左边的热力学能减少值是一个定值，但右边功和热量的大小是不确定的，如燃料电池中电能的量可能会少一点，而热量可能会多一点。因此，化学反应的反应热和功量都不是状态参数，而是过程参数。

在研究化学反应过程时，为了减少研究过程的变量，以明确过程中能量变化的实质，通常假定化学反应过程中保持某些状态参数不变。常用特殊过程为定温-定容反应（保持温度和比体积即反应总体积不变）和定温-定压反应（保持温度和压力不变）两种。

对于定温-定容反应，有

$$V = C \Rightarrow W_V = 0$$

所以
$$U_1 - U_2 = W_{u,V} - Q \tag{12-4}$$

对于定温-定压反应，有

$$p = C \Rightarrow W_V = p(V_2 - V_1) = pV_2 - pV_1$$

所以
$$U_1 - U_2 = W_{u,p} + pV_2 - pV_1 - Q$$
$$\Rightarrow H_1 - H_2 = W_{u,p} - Q \tag{12-5}$$

第二节 燃烧反应的热能特性

人们利用化学反应的目的有三个：一是尽可能直接向外输出有用的功，如燃料电池；二是尽可能产生热量，然后利用这一个热量为人们服务，例如化石燃料在锅炉内的燃烧；三是用化学反应生产一些物质，例如炼钢等。在热力学中，第二类燃料燃烧产生热能的化学反应是最重要的研究对象。本节对燃烧反应的热能特性进行讨论。

一、燃烧反应的热效应

若化学反应中系统不向外输出有用功，则可以把化学反应的能量守恒公式（12-3）改写成标准热量定义的形式，对定温-定容反应，有

$$Q = U_2 - U_1 \tag{12-6}$$

即通过定温-定容化学反应，反应物变成了生成物，生成物的热力学能比反应物的热力学能大，多出的差值来自反应过程中系统吸收的热量。

对于定温-定压反应，有

$$Q = H_2 - H_1 \tag{12-7}$$

即通过定温-定压化学反应，反应物变成了生成物，生成物的焓比反应物的焓大，多出的差值来自反应过程中系统吸收的热量。

上两式中的热量是化学反应前后体系需要吸收的热量，称为化学反应的热效应。对由最稳定单质生成 1mol 化合物的反应中吸收的热量，称为化合物的生成热。例如，在某一条件下，NO 的生成热为 90kJ/mol，说明由 0.5mol 氧气和 0.5mol 氮气生成 1mol 一氧化氮的过程中，需要由外界提供 90kJ 的热量；而同样条件下，CO_2 的生成热为 $-393.791kJ/mol$，说明此时由 1mol 碳（石墨）和 1mol 氧气生成 1mol 二氧化碳的反应，能够对外放出 393.791kJ 的热量。

工程上以压力 $p=101\ 325Pa$，温度 $t=25℃$ 为基准状态（称为化学标准状态，以上角标 0 表示），把从单质在定温-定压下生成化合物过程的生成热定义成为标准生成焓 ΔH_f^0（也称为标准生成热）。

注意，标准生成焓定义中的单质是指自然界存在的最稳定单质，并把它的标准生成焓定为零。对于非最稳定的单质，则其标准生成焓不为零。例如，碳的最稳定单质即石墨的标准生成焓定为零，非最稳定单质金刚石的标准生成焓为 1.896kJ/mol，意义是在化学标准状态下，由每摩尔石墨生成金刚石时需要吸热 1.896kJ。

另外一个需要注意的是，定义中所称的标准生成焓，实质意义是化合物的焓和反应物（即最稳定单质）间的焓差，而不是一个绝对的焓值，因此，其变量符号的首字母为代表差值的 Δ。

通常把 1mol 燃料完全燃烧时的热效应称为燃烧热或燃料的热值，并且把在定温-定容下进行燃烧的热效应称定容热值，以 Q_V 表示，把在定温-定压下进行燃烧的热效应称定压热值，以 Q_p 表示。根据式（12-4）和式（12-5），有

$$Q_V = U_2 - U_1, \quad Q_p = H_2 - H_1 \tag{12-8}$$

注意到，对于燃料燃烧，由式（12-8）得到的热值都是负值，意义是燃烧反应中系统对外放热。对于起点和终点温度确定的化学反应，热力学能和焓差都是定值，因此，其热效应（对燃料，也就是热值）也是定值。

通常，把燃料在化学标准状态下进行定温-定压燃烧的燃烧热定义为标准燃烧焓 ΔH_c^0（也称为标准燃烧热），并制成表格供查阅（由于来源不同，不同手册中的数据有微小差异）。标准燃烧焓本质上是燃烧前后物质的焓差，而不是绝对焓，因此其变量符号的首字母也是 Δ。

工程中使用的燃料的主体元素是碳和氢，其形式可以是固体（如煤、生物质）、液体（油料、酒精）和气体（天然气），它们要么体积可以忽略（固液类），要么可视作理想气体。助燃的氧化剂是氧气或空气，生成物主要是二氧化碳、水蒸气（量不太多，温度一般都较高，呈过热状态），以及多余的氧气或空气，这些都可以视作为理想气体。若燃料和氧化剂在相同的初态（p_1，V_1，T_1）开始，经定温-定容燃烧过程至终点（p_2，V_1，T_1），或经定温-定压燃烧过程至终点（p_1，V_2，T_1），反应前后气态物质的总摩尔数增加 Δn，注意到两种反应的终点温度相等，因此反应产物的热力学能相等，根据式（12-6），则燃料在过程中的热值差为

$$Q_p - Q_V = H_2 - H_1 - (U_2 - U_1)$$
$$= U_2 + p_1 V_2 - (U_1 + p_1 V_1) - (U_2 - U_1)$$

$$= p_1(V_2 - V_1)$$
$$= p_1 \Delta n V_m \qquad (12\text{-}9)$$

式中　V_m——对应（p_1，T_1）状态的1mol理想气体的体积。

根据式（12-9），可以从一种燃烧热计算得到另一种燃烧热。

由式（12-9）可知，若燃料时燃烧气体物质的摩尔数是增加的，则 $Q_p > Q_V$，即 $-Q_p < -Q_V$，说明定温-定压燃烧对外放出的热量要小一点，原因在于气体物质摩尔数增加时，要维持系统定压，则系统体积膨胀，系统必须推开环境物质，这需要付出一部分功，当然能放出的热量就少了。

二、赫斯定律

1840年，生活在俄国的瑞士化学家赫斯（有时译作盖斯）发现：化学反应的热效应和其经历的历程无关，而只和过程的起点和终点有关。这一结论称为赫斯定律，它的获得要早于能量守恒定律的建立，实际上是能量守恒定律在化学过程中的表现形式。赫斯定律的提出促进了热化学的研究，是分析化学过程热效应的强大工具。

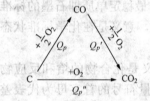

图 12-3　单步反应和两步反应

1. 利用赫斯定律间接测定热效应

有些化学反应热效应的测定非常难，碳不完全燃烧生成一氧化碳的热效应测定就是一例。但利用赫斯定律，就很容易解决这一问题。

把 C→CO_2 的反应分解成两步反应 C→CO→CO_2，如图 12-3 所示，由于单步反应和两步反应的热效应相等，则有

$$Q_p + Q'_p = Q''_p$$
$$\Rightarrow Q_p = Q''_p - Q'_p$$
$$= -393.791 - (-283.190)$$
$$= -110.601(\text{kJ/mol}) \qquad (12\text{-}10)$$

2. 利用标准生成焓计算热效应

赫斯定律的一个推论是：化学反应的热效应等于生成物的总生成热和反应物的总生成热之差。

例如，如图 12-4 所示，在化学标准状态下，C_2H_4 在氧气中完全燃烧的过程可以这样理解：1mol 的 C_2H_4 通过吸收生成热分解成 2mol 碳和 2mol 氢气，再加入 3mol 的氧气，这些混合物发生化学反应，其中 2mol 碳和 2mol 氧气燃烧生成 2mol 二氧化碳，2mol 氢气和 1mol 氧气燃烧生成 2mol 水，根据赫斯定律，C_2H_4 的标准燃烧焓为（假设燃烧产物中的 H_2O 为液态）和先分解再燃烧的多步反应的热效应是相等的，所以有

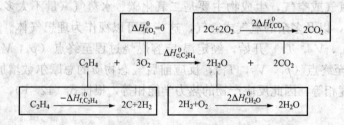

图 12-4　利用标准生成焓计算化学反应的热效应

$$\Delta H^0_{c,C_2H_4} = 2\Delta H^0_{f,CO_2} + 2\Delta H^0_{f,H_2O} - \Delta H^0_{f,C_2H_4} - 3\Delta H^0_{f,O_2}$$

$$= 2\times(-393.791) + 2\times(-286.028) - 52.502 - 3\times 0$$

$$= -1412.140(\text{kJ/mol}) \tag{12-11}$$

赫斯定律还有其他广泛的应用，如利用一些物质的燃烧热计算另一些物质的燃烧热等，本书不再展开。

三、基尔霍夫定律

对于燃烧反应，参与反应的液、固燃料的热力学能、焓与压力基本无关，参与反应的空气或氧气，以及反应生成物均可视为理想气体，因此其热力学能、焓只与温度有关。根据式（12-8）可知，燃烧反应的热效应只与温度有关，而与压力无关。

假设反应前有 j 种物质，反应后有 k 种物质，则反应前后物质的定容热容 C_V、定压热容 C_p（单位为 kJ/K）为

$$\left.\begin{array}{l} C_{V1} = \sum_{i=1}^{j} n_{1i}c_{V,1i}, C_{p1} = \sum_{i=1}^{j} n_{1i}c_{p,1i} \\ C_{V2} = \sum_{i=1}^{k} n_{2i}c_{V,2i}, C_{p2} = \sum_{i=1}^{k} n_{2i}c_{p,2i} \end{array}\right\} \tag{12-12}$$

因此，对于定温-定容燃烧，反应温度从 T_1 变为 T_1' 后的燃烧热为

$$Q'_V = U'_2 - U'_1$$

$$= U_2 + C_{V2}(T'_1 - T_1) - [U_1 + C_{V1}(T'_1 - T_1)]$$

$$= U_2 - U_1 + (C_{V2} - C_{V1})(T'_1 - T_1)$$

$$= Q_V + (C_{V2} - C_{V1})(T'_1 - T_1) \tag{12-13}$$

因此，对于定温-定压燃烧，反应温度从 T_1 变为 T_1' 后的燃烧热为

$$Q'_p = H'_2 - H'_1$$

$$= H_2 + C_{p2}(T'_1 - T_1) - [H_1 + C_{p1}(T'_1 - T_1)]$$

$$= H_2 - H_1 + (C_{p2} - C_{p1})(T'_1 - T_1)$$

$$= Q_p + (C_{p2} - C_{p1})(T'_1 - T_1) \tag{12-14}$$

若化学反应的起点为化学反应标准状态的温度 25℃（298.15K），则根据标准燃烧热的定义，式（12-14）可改写为

$$Q'_p = Q_p + (C_{p2} - C_{p1})(T'_1 - T_1)$$

$$= \Delta H^0_c + (C_{p2} - C_{p1})(T'_1 - 298.15) \tag{12-15}$$

燃烧热（可推广为化学反应的热效应）随温度变化的规律是由德国物理学家基尔霍夫（有时也译作克希霍夫）于 1858 年提出的，称为基尔霍夫定律（物理学家太过多产的麻烦在于：在电路、热化学领域和热辐射领域都有以基尔霍夫命名的定律）。

四、理论燃烧温度

燃料燃烧后产生的高温烟气通常作为高温热源向其他工质放热（如锅炉），或直接作为工质利用（如燃气轮机循环），这时，人们对燃烧产物能够达到的温度比较关心。作为一个极限，若燃烧过程中放出的热量全部用于加热燃烧产物本身，则能达到的温度是最高的，称这一最高温度为理论燃烧温度或绝热燃烧温度，以 T_t 表示。

由于燃烧产物可视为理想气体，比热容按式（12-12）确定，则定容燃烧可以达到的理论燃烧温度为

$$Q_V = C_{V2}(T_{t,V} - T_1) \Rightarrow T_{t,V} = \frac{Q_V}{C_{V2}} + T_1 \qquad (12 - 16)$$

定压燃烧可以达到的理论燃烧温度为

$$Q_p = C_{p2}(T_{t,p} - T_1) \Rightarrow T_{t,p} = \frac{Q_p}{C_{p2}} + T_1 \qquad (12 - 17)$$

燃料燃烧的实质是可燃成分和氧气的氧化反应，若燃料中有不可燃的灰分，或氧化剂是空气，则燃烧产物的摩尔数将变大，根据式（12 - 16）和式（12 - 17），可知能够达到的理论燃烧温度将下降。大推力的运载火箭发动机以高热值的液氢为燃料，以液氧作氧化剂，目的在于获得最高的燃烧温度，进而获得最大的推力（工作过程不做分析）。

五、总结

根据讨论，研究化学反应能量特性的路线可以归纳如下：

（1）任何物质在某一状态下都会有确定的压力和比体积，因此，热力学能和焓的值可以相互计算得到，已知其一，必知另一。

（2）以焓为能量特性参数，由式（12 - 5）可知，化学反应中的功和热量取决于生成物和反应物的焓差，但式（12 - 5）本身是无法确定焓差的。

（3）想办法让化学反应不对外输出有效功，这样，反应前后的焓差只表现为热量，即式（12 - 6），而热量是可以测定的，或者是可以计算的。

（4）为了减小实验测定的工作量，人们规定了化学标准状态，统一了化学反应进行的温度压力条件；规定了化学反应的物质起点，即每种元素的最稳定单质。对任何一种物质，只研究从最稳定的单质生成该物质的化学反应，并把反应中的吸热定义成标准生成焓。

（5）有了物质的标准生成焓，根据赫斯定理，任何一个化学标准状态下反应的热能特性可以一种迂回方式研究，即先让所有的反应物退回到最稳定的单质状态，当然过程中是要放出热量的（等于反应物的标准生成焓之和），然后这群原子重新组合成新的生成物，过程要吸收热量（等于生成物的标准生成焓之和）。吸热和放热的总效果就是任一化学反应的热效应，对燃料，就是标准燃烧焓。（可参考图 12 - 4）

（6）如果反应不是在化学标准状态规定的温度下进行的，则热效应可以根据基尔霍夫定律修正到实际温度下；因为热效应和压力无关，因此不必关心反应的压力是否和化学标准状态不一致。

第三节　化学反应的方向

卡诺在研究热机效率的过程中开始了热力学第二定律的探讨，经过克劳修斯、开尔文的努力，建立了可表述为孤立系熵增原理的热力学第二定律，而玻尔兹曼和麦克斯韦等科学家的工作使第二定律成为具有广泛适用性的基本科学规律。化学反应过程是一种典型的热力过程，因此，第二定律也可在化学反应的研究中发挥重要作用。

根据热力学第二定律，化学反应中的熵变满足闭口系熵方程，即

$$dS = dS_f + dS_g = \frac{\delta Q}{T} + dS_g$$

因为 $dS_g \geqslant 0$，所以

$$dS \geqslant \frac{\delta Q}{T} \qquad (12 - 18)$$

化学反应能否进行，或能够进行到何种程度，都受上面的闭口系方程约束，它是化学反应方向的根本性准则。

一、化学反应的最大功

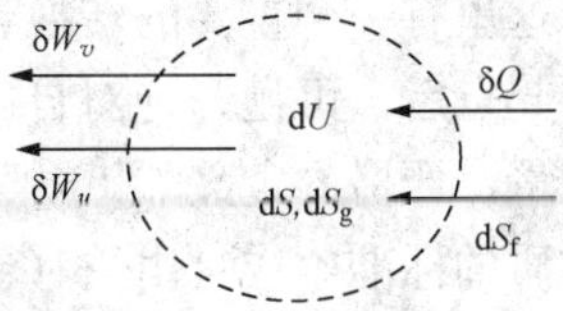

如图 12-5 所示，一团物质经历一个微元化学反应过程，过程前后物质成分发生了变化，过程中物质温度为 T，总熵变为 dS，按热量和功的正负号定义，从外界吸热 δQ，对外做的功有两部分，一部分是因体积变化而做的容积功 δW_V，另一部分是可直接利用的其他形式的功（如电能）δW_u。根据热力学第一定律式（12-3），有

$$- dU = \delta W_u + \delta W_V - \delta Q \tag{12-19}$$

从式（12-18）和式（12-19）中消去热量项 δQ，得

$$dS \geqslant \frac{\delta Q}{T} = \frac{dU + \delta W_u + \delta W_V}{T}$$

$$\Rightarrow T dS \geqslant dU + \delta W_u + \delta W_V$$

$$\Rightarrow \delta W_u \leqslant - dU + T dS - \delta W_V \tag{12-20}$$

应用式（12-20），对于定温-定容反应有

$$V = C \Rightarrow \delta W_V = 0$$

所以

$$\delta W_u \leqslant - dU + T dS = - d(U - TS) = - dF$$

$$\Rightarrow W_u \leqslant F_1 - F_2 \tag{12-21}$$

对于定温-定压反应，有

$$p = C \Rightarrow \delta W_V = p dV = d(pV)$$

所以

$$\delta W_u \leqslant - dU + T dS - d(pV) = - d(H - TS) = - dG$$

$$\Rightarrow W_u \leqslant G_1 - G_2 \tag{12-22}$$

基于式（12-21），可以把自由能理解为定温-定容过程中系统的热力学能能够转变成有用功的最大值；基于式（12-22），可以把自由焓理解为定温-定压过程中系统的焓能够转变成有用功的最大值。

上两式中，自由能和自由焓可依据混合物的参数计算方法确定，假设反应前有 j 种物质，反应后有 k 种物质，则自由能和自由焓为（单位为 kJ）

$$\left. \begin{array}{l} F_1 = \sum_{i=1}^{j} n_{1i} f_{1i}, G_1 = \sum_{i=1}^{j} n_{1i} g_{1i} \\ F_2 = \sum_{i=1}^{k} n_{2i} f_{2i}, G_2 = \sum_{i=1}^{k} n_{2i} g_{2i} \end{array} \right\} \tag{12-23}$$

自由能的定义 $f = u - Ts$ 和自由焓的定义 $g = h - Ts = u + pV - Ts$ 表明，这两个参数的确定不仅需要物质热力学能的绝对值，还需要物质熵的绝对值，但热力学第一定律只能计算过程中热力学能的差值，热力学第二定律只能计算过程中熵的差值，这又一次表明第一定律和第二定律在研究化学反应时的局限性。

由于大多数反应都在定温-定压下进行，因此，只以自由焓为例，看看在历史进程中人们究竟是怎样用自由焓来研究化学反应的。

和研究化学反应的热能特性相似，人们规定了化学反应的标准状态，规定化学反应的物

图 12-5 化学反应的能量
平衡和熵平衡

质起点为该元素最稳定的单质；然后再一次走迂回路线，让所有的反应都"先退后进"即先退回到最稳定单质状态，然后从单质化合至生成物，实现"殊途同归"。

这里有一个重要的转换：式（12-23）中的自由焓是一个绝对量，但在确定化学反应的物质起点后，可抛开绝对自由焓，而选用从最稳定单质到某一物质变化过程中的相对自由焓变化量。严格的定义如下：某物质在化学标准状态下由最稳定单质生成时的自由焓变化量为该物质的标准生成自由焓（也称为标准吉布斯函数），以符号 ΔG_f^0 表示，同时规定，元素最稳定单质的标准生成自由焓为 0。

于是，一个化学反应前后自由焓的变量可以用物质的标准生成自由焓计算（原理见图12-6），即

$$\Delta G^0 = \Delta G_{f3}^0 - \Delta G_{f1}^0 - \Delta G_{f2}^0 \tag{12-24}$$

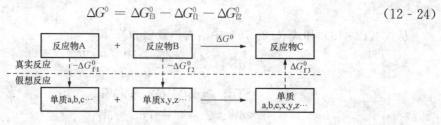

图12-6 化学反应中的自由焓计算

对于任何反应，假设反应前有 j 种物质，反应后有 k 种物质，则反应前后物质的自由焓变化量可用下式计算：

$$\Delta G^0 = \sum_{i=1}^{k}(n_{1i}\Delta G_{f,1i}^0) - \sum_{i=1}^{j}(n_{2i}\Delta G_{f,2i}^0) \tag{12-25}$$

物质的标准生成自由焓数值可以查阅有关手册（由于来源不同，不同手册中的数据有微小差异）。

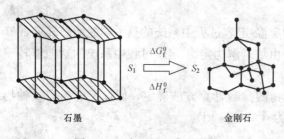

图12-7 由石墨生成金刚石

物质的标准生成焓和标准生成自由焓之间有确定的关系。如图12-7所示，以最简单的碳元素为例，碳的最稳定单质为石墨，其标准生成焓和标准生成自由焓均为0，另一种单质为金刚石，它可以由石墨生成，其标准生成焓为1.896kJ/mol，意义是在化学标准状态下，由每摩尔石墨生成金刚石时需要吸热1.896kJ。金刚石的标准生成自由焓应为

$$\Delta G_f^0 = \Delta H_f^0 - T(S_2 - S_1)$$
$$= 1896 - 298.15 \times (2.34 - 5.68)$$
$$= 2891(J/mol) \tag{12-26}$$

在式（12-26）中，需要用到从石墨生成金刚石的过程中熵的变化，这可以通过一个可逆过程来算出，但物理意义更明确的方法应该是用金刚石和石墨的绝对熵来计算，而绝对熵的确定需要通过热力学第三定律来完成。

二、吉布斯-亥姆霍兹方程

式（11-29）明确了由物质的自由焓计算熵的方法，结合自由焓的定义式，对定温-定

压反应，有

$$S_1 = -\left(\frac{\partial G_1}{\partial T}\right)_p \Rightarrow G_1 = H_1 - TS_1 = H_1 + T\left(\frac{\partial G_1}{\partial T}\right)_p$$

$$S_2 = -\left(\frac{\partial G_2}{\partial T}\right)_p \Rightarrow G_2 = H_2 - TS_2 = H_2 + T\left(\frac{\partial G_2}{\partial T}\right)_p$$

$$\Rightarrow \Delta G = G_2 - G_1 = H_2 + T\left(\frac{\partial G_2}{\partial T}\right)_{p1} - H_1 - T\left(\frac{\partial G_1}{\partial T}\right)_p = \Delta H + T\left(\frac{\partial \Delta G}{\partial T}\right)_p$$

$$(12\text{-}27)$$

同理，对定温-定容反应，有

$$\Delta F = \Delta U + T\left(\frac{\partial \Delta F}{\partial T}\right)_p \tag{12-28}$$

式（12-27）和式（12-28）将参数 G、F 与它们对温度的参数联系起来，称为吉布斯-亥姆霍兹方程。

若引入化学反应中的最大功，即式（12-22）和热效应表达式（12-8），结合式（12-27），对定温-定压反应，系统能够向外输出的最大有用功为

$$\begin{aligned}
W_{u,p,\max} &= G_1 - G_2 = -\Delta G \\
&= -\left[\Delta H + T\left(\frac{\partial \Delta G}{\partial T}\right)_p\right] \\
&= -\Delta H + T\left[\frac{\partial(-\Delta G)}{\partial T}\right]_p \\
&= -Q_p + T\left(\frac{\partial \Delta G}{\partial T}\right)_p
\end{aligned} \tag{12-29}$$

同理，对定温-定压反应，有

$$W_{u,V,\max} = -(U_2 - U_1) + T(S_2 - S_1) = -Q_v + T\left(\frac{\partial W_{u,V,\max}}{\partial T}\right)_p \tag{12-30}$$

式（12-29）和式（12-30）明确了温度变化时化学反应能够向外输出的最大有用功，它的一个应用就是计算燃料电池不同温度下的电能输出量。

三、化学反应的方向

若以化学反应物质为研究对象，则化学反应前后它的熵变应满足闭口系熵方程。对定温-定容反应，闭口系熵方程等价于式（12-21），若该反应不和外界交换有用功，则反应能够进行的条件为

$$0 = \delta W_u \leqslant -\mathrm{d}F \Rightarrow \mathrm{d}F \leqslant 0$$

$$0 = W_u \leqslant F_1 - F_2 \Rightarrow F_2 \leqslant F_1 \tag{12-31}$$

式（12-31）可以这样理解：对定温-定容反应，生成物的总自由能一定小于等于反应物的总自由能，否则就违反熵增原理。

对定温-定压反应，闭口系熵方程等价于式（12-22），若该反应不和外界交换有用功，则反应能够进行的条件为

$$0 = \delta W_u \leqslant -\mathrm{d}G \Rightarrow \mathrm{d}G \leqslant 0$$

$$0 = W_u \leqslant G_1 - G_2 \Rightarrow G_2 \leqslant G_1 \tag{12-32}$$

式（12-32）可以这样理解：对定温-定压反应，生成物的总自由焓一定小于等于反应物的总自由焓，否则就违反熵增原理。

一般的化学反应都不和外界交换有用功，因此式（12-31）和式（12-32）可作为定温-定容反应和定温-定压反应能否进行的一般性判据。

若化学反应和外界交换有用功，则反应判据变为

$$\left.\begin{array}{l} dF \leqslant -\delta W_u, F_2 \leqslant F_1 - W_u \\ dG \leqslant -\delta W_u, G_2 \leqslant G_1 - W_u \end{array}\right\} \qquad (12-33)$$

因此，反应能够进行的判断结果也会发生移动。

例如，氢气、氧气燃烧生成水（和外界无有用功交换）的化学反应，在化学标准状态下，若产物为液态水，则有

$$H_2 + \frac{1}{2}O_2 \rightarrow H_2O$$

$$\begin{aligned} G_2 - G_1 &= \Delta G^0_{f,H_2O} - \left(\Delta G^0_{f,H_2} + \frac{1}{2}\Delta G^0_{f,O_2}\right) \\ &= (-237.345) - (0+0) \\ &= -237.345(\text{kJ/mol}) \end{aligned}$$

$$G_2 - G_1 \leqslant 0 \qquad (12-34)$$

式（12-34）说明生成物的自由焓小于反应物的自由焓，因此该反应是可以进行的。但水显然不能自发地分解成氢气和氧气，因这个反应不满足自由焓减小判据。

若为电解水反应（从外界吸收有用功），则根据判据式（12-33），电解水能够发生的条件为

$$H_2O \xrightarrow{W_u} H_2 + \frac{1}{2}O_2$$

$$G_2 \leqslant G_1 - W_u$$

$$\Rightarrow W_u \leqslant G_1 - G_2 = \Delta G^0_{f,H_2O} - \left(\Delta G^0_{f,H_2} + \frac{1}{2}\Delta G^0_{f,O_2}\right)$$

$$= -237.345(\text{kJ/mol}) \qquad (12-35)$$

即水可以分解成氢气和氧气的过程中，每 1mol 水必须从外界吸收大于 237.345mol 的有效功（典型的就是电能），注意，式中功为负说明反应需要从外界输入功。

若为燃料电池（向外界输出有用功），则根据判据式（12-33），有

$$H_2 + \frac{1}{2}O_2 \xrightarrow{W_u} H_2O$$

$$G_2 \leqslant G_1 - W_u$$

$$\Rightarrow W_u \leqslant G_1 - G_2 = \left(\Delta G^0_{f,H_2} + \frac{1}{2}\Delta G^0_{f,O_2}\right) - \Delta G^0_{f,H_2O}$$

$$= 237.345(\text{kJ/mol}) \qquad (12-36)$$

式（12-36）说明，以 1mol 为的衡量单位，化学标准状态下定温-定压运行的氢氧燃料电池，其电能输出的最大值为 237.345kJ/mol。

四、化学反应的平衡

为简化研究对象，这里讨论的化学反应都不对外输出有用功。

如果给予充分的时间，则化学反应将进行到一个稳定状态，即系统内物质的含量和参数都不发生变化，称这时化学反应达到平衡状态。（这种说法已经有不严谨之处，例如，已经

发现有不少化学反应表现为周期性的振荡，如 1958 年，俄国化学家别洛索夫和扎鲍廷斯基发现的 B - Z 反应。）

当化学反应达到平衡时，实际上在系统内部同时进行着正反两个方向的反应，如下式所示（因 d 作微分符号用，因此物质组分不用 d）：

$$aA + bB \underset{-Q}{\overset{+Q}{\rightleftharpoons}} cC + eE \tag{12-37}$$

若该反应在定温-定容条件下达到平衡，则根据式（12-31），此时系统内物质的总自由能为最小值，从数学角度，即

$$dF = 0, \quad d^2F > 0 \tag{12-38}$$

若该反应在定温-定压条件下达到平衡，则根据式（12-32），此时系统内物质的总自由焓为最小，即

$$dG = 0, \quad d^2G > 0 \tag{12-39}$$

如图 12-8 所示，对式（12-37）表示的化学反应，若开始时全为 A、B，则反应向右进行，因为这一方向系统的总自由能或总自由焓是变小的，但从平衡点再往右，则系统的总自由能或总自由焓又将变大，由式（12-38）和式（12-39）可知此反应不能进行。

假设式（12-37）反应的反应物和生成物都是理想气体，反应在定温-定压下进行，为分析化学平衡状态的特点，先作一些准备性推导。对 1mol 理想气体，根据热力学第二定律，从熵的计算式（3-38）有

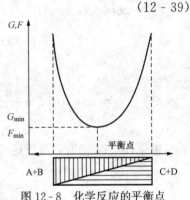

图 12-8 化学反应的平衡点

$$\left. \begin{array}{l} dS = \dfrac{dH - Vdp}{T} \Rightarrow TdS = dH - Vdp \\[2mm] G = H - TS \Rightarrow dG = dH - TdS - SdT \\[2mm] pV = RT \Rightarrow V = \dfrac{RT}{p} \end{array} \right\}$$

$$\Rightarrow dG = -SdT + Vdp = Vdp = RT\frac{dp}{p}$$

$$\Rightarrow \int_0^1 dG = G_1 - G^0 = RT\int_0^1 \frac{dp}{p} = RT\ln\frac{p_1}{p_0} \tag{12-40}$$

$$\Rightarrow G_1 = G^0 + RT\ln\frac{p_1}{p_0}$$

注意推导过程用到了定温这一条件，同时，式中 V 的单位为 m³/mol，因此理想气体状态方程对应用了通用气体常数。

应用式（12-40），可以计算定温约束条件下压力变化时物质自由焓的值，对于式（12-37）表示的反应，若物质 A、B、C、E 的分压力分别为 p_A、p_B、p_C、p_E，则各组分由压力 $p_0 = 101\ 325Pa$（对应的自由焓用 G^0 表示）变化到当前压力时，自由焓的变化量为

$$G_A = G_A^0 + RT\ln\frac{p_A}{p_0}$$

$$G_B = G_B^0 + RT\ln\frac{p_B}{p_0}$$

$$G_C = G_C^0 + RT\ln\frac{p_C}{p_0}$$

$$G_E = G_E^0 + RT\ln\frac{p_E}{p_0}$$

$$(12-41)$$

对反应式（12-37），反应前后自由焓的变化为

$$\Delta G = cG_C + eG_E - aG_A - bG_B \qquad (12-42)$$

把式（12-41）代入式（12-42），得

$$\begin{aligned}\Delta G &= cG_C + eG_E - aG_A - bG_B\\ &= cG_C^0 + eG_E^0 - aG_A^0 - bG_B^0 + RT\left(c\ln\frac{p_C}{p_0} + e\ln\frac{p_E}{p_0} - a\ln\frac{p_A}{p_0} - b\frac{p_B}{p_0}\right)\\ &= \Delta G^0 + RT\ln\frac{\left(\frac{p_C}{p_0}\right)^c\left(\frac{p_E}{p_0}\right)^e}{\left(\frac{p_A}{p_0}\right)^a\left(\frac{p_B}{p_0}\right)^b}\end{aligned}\qquad (12-43)$$

根据式（12-39），反应达到平衡时系统的总自由焓不再发生变化，即 $\Delta G=0$，故

$$\Delta G^0 = -RT\ln\frac{\left(\frac{p_C}{p_0}\right)^c\left(\frac{p_E}{p_0}\right)^e}{\left(\frac{p_A}{p_0}\right)^a\left(\frac{p_B}{p_0}\right)^b}\qquad (12-44)$$

上两式中，$\Delta G^0 = cG_C^0 + eG_E^0 - aG_A^0 - bG_B^0$。 $\qquad\qquad (12-45)$

该参数表示在各物质都维持压力 $p_0=101\,325\text{Pa}$ 不变，且温度维持在实际反应温度不变时的总自由焓变化量，它没有太多的实际意义，仅是在推导过程中出现的一个参考量。由于 ΔG^0 是一个定值，因此，式（12-44）右边的对数项也是一个定值，定义其为化学平衡常数 K_p，即

$$K_p = \frac{\left(\frac{p_C}{p_0}\right)^c\left(\frac{p_E}{p_0}\right)^e}{\left(\frac{p_A}{p_0}\right)^a\left(\frac{p_B}{p_0}\right)^b}\qquad (12-46)$$

化学平衡常数 K_p 是由压力比表示的，故用了下标 p 加以区分，其值可以查相应的手册得到。

注意：式（12-46）中出现的压力比是组分真实的分压力和参考压力（$p_0=101\,325\text{Pa}$）的比值，而非分压力与总压力之比。

用化学平衡常数 K_p 改写式（12-44），即

$$\Delta G^0 = -RT\ln K_p \Rightarrow K_p = e^{-\frac{\Delta G^0}{RT}}\qquad (12-47)$$

可见，化学平衡常数是和温度有关的，且其值和温度呈指数关系，因此，当温度发生变化时，化学反应将发生很大的变化。

用压力比（或者是用摩尔成分）表示平衡常数时，需要注意该压力为参与化学反应的混合物中的组分压力，此时混合物中的组分通常都是气态的，包括由固体升华或液体蒸发形成的蒸汽。如果参与反应的组分是固态，则其分压力为 0，它不对化学反应常数产生影响，典型的如纯碳燃烧时固态碳的多少不会影响化学反应平衡。

不同化学反应的平衡常数，数量级相差很大，例如，在标准大气压和 500K 时，氢气和氧气生成水的化学反应常数达到 10^{22}，这意味着反应平衡时水蒸气的分压力要远远大于氢气和氧气的分压，因此我们观察到的是氢氧完全反应生成了水。但若把温度升高至 4500K，此时化学平衡常数为在 1 左右，意味着此时三种物质的分压力基本相当，即此时氢气和氧气不能完全反应生成水蒸气了。

五、平衡移动原理

不管在什么条件下进行化学反应，孤立系的熵增原理总还是适用的，因此化学反应能否进行、进行到何种程度才会平衡等规律都可以根据系统的熵变或系统自由能、自由焓的变化确定。但在某些时候，可用一些定性规则分析化学反应的方向和平衡点。

法国化学家勒·夏特列于 1888 年发现并总结了化学反应平衡点移动的规律，称勒·夏特列原理，其核心是"主动适应"，即当化学反应条件发生变化时，反应将向抵消外界条件变动的方向移动。

例如：氢气和氮气混合生成 NH_3 的反应可以写成

$$N_2 + 3H_2 \underset{+Q}{\overset{-Q}{\rightleftharpoons}} 2NH_3 \qquad\qquad (12-48)$$

即氢气和氮气生成氨气，反应前后体积缩小，放出热量；氨气可以分解成氢气和氮气，反应前后体积扩大，过程中吸收热量。

根据勒·夏特列原理，若降低反应的温度，则反应将利于使系统升温的方向移动，所以放热的合成反应得到加强，使氨气的产量增加。

如果增大反应的压力，则反应将向体积缩小的方向移动，即正向生成氨气的反应将得到加强，氨气产量增加，所以合成氨工业的运行压力都很高。

如果增加反应中氢气和氮气的浓度，或降低氨气的浓度，都将使反应朝增加氨气产量的方向移动，所以实践中都把生成的氨气随时分离抽出。

当然，评价化学反应效果的参数不仅是化学反应平衡点一个，还有化学反应绝对速度（即生成物的绝对产量）等。所以，尽管勒·夏特列原理建议降低合成氨工业的反应温度，但降温后氨气的绝对生产量将下降，因此实际工业仍采用较高的反应温度。

第四节　热力学第三定律

应用热力学第一定律对化学反应能量特性分析时要用到物质热力学能的绝对值，应用第二定律研究反应最大功和方向时要用到物质熵的绝对值。如果这两个参数不能方便地确定，则化学反应的定量化研究总似基础不牢，化学反应的本质规律也不能清晰呈现。

一、热力学第三定律

1906 年，德国物理学家能斯特在研究低温条件下物质的变化时，把热力学的原理应用到低温现象和化学反应过程中，发现了一个新的规律，即现在所说的热力学第三定律。当时他所用的表述严密但拗口："当绝对温度趋于零时，固体和液体的熵在等温过程中的改变趋于零"。1912 年，能斯特把这一规律表述为"绝对零度可无限接近但永远达不到"。因为发现了热力学第三定律，能斯特获得了 1920 年的诺贝尔化学奖。

二、物质的绝对熵

德国著名物理学家马克斯·普朗克把热力学第三定律述为："当绝对温度趋于零时，固体和液体的熵趋于零"，这一表述确定了物质熵的起点，即对固体和液体，在 0K 时，有

$$s_0 = 0 \tag{12-49}$$

假设物质经历一个从 0K 到 T 的可逆过程，此过程中熵变就是物质在 T 温度下的绝对熵，即

$$s = s - s_0 = \int_{T \to 0K}^{T} ds = \int_{T \to 0K}^{T} \frac{\delta q}{T} \tag{12-50a}$$

$$= \int_{T \to 0K}^{T} \frac{c dT}{T} \tag{12-50b}$$

式（12-50a）可以适用于包括有物质相变（对应有潜热）的所有过程，而式（12-50b）仅能适用于无相变潜热的过程，比热容 c 需要通过试验测定或通过理论计算确定。

对于所有的物质，人们计算得到了在化学标准状态下的绝对熵，以此为起点，可以很方便地根据熵变的计算公式确定在任何温度和压力下的熵，再制成手册供查阅使用（由于来源不同，不同手册中的数据有微小差异）。

三、向 0K 的进军

热力学第三定律提出后，人们开始了向 0K 逼近的战斗。经典热力学或分子动理论指出，温度是对分子平均平动动能的度量，若分子不动了，则温度就到达了 0K。依据这样的思路，物理学家朱棣文提出对金属晶体的运动进行减速操作以获得低温的思路，方法是从晶体运动的反方向射入一个激光光子，通过光子和金属原子的碰撞，使原子的速度减为 0。通过这种方法，人们现在已经达到的低温纪录是 0.5nK（0.5×10^{-9}K）。朱棣文因此获得了 1997 年诺贝尔物理学奖。

在逼近 0K 的时候，有些现象必须用量子力学的理论进行分析和研究。例如，按朱棣文的方法，应该是能把原子的速度降为零的，但量子力学却指出，即使把原子"手脚全部捆死"在空间位置上，它仍会像个调皮孩子般身体扭来扭去，因此仍有一个"零点振动能"存在，并且，零点振动能已经在实验中得到证实。

在 0K 附近进行的科学研究过程中，人们还发现了一种所谓"负温度"的现象，这也是量子力学才能解释的现象。借助"实验的绝技"，德国物理学家用钾原子首次制造出一种低于绝对零度的量子气体。他们用激光和磁场将单个原子保持晶格排列，在正温度下，原子之间的斥力使晶格结构保持稳定。此时如果迅速改变磁场，使原子变成相互吸引而不是排斥，则原子对这种突然的转换尚未来得及反应，就从它们最稳定的状态，也就是最低能态突然跳到可能达到的最高能态。在正温度下，这种逆转是不稳定的，原子会向内坍塌。科学家通过调整磁场分布和激光能量手段，将原子稳定在了原位。这样，标志着这些气体物质从刚刚高过绝对零度的状态瞬间转变至低于绝对零度数十亿分之一度的水平上，实现了从高于绝对零度到低于绝对零度的转变。

这项研究已经被发表在很多自然科学杂志上，是人类在物理学上的重大突破，许多科学

家表示这将为发现新的物质——暗物质提供了一条路径。

习　题

12-1　掌握下列基本概念：有用功、定温-定容反应、定温-定压反应、热效应、生成热、定容热值、定压热值、化学标准状态、标准生成焓、标准燃烧焓、标准生成自由焓。

12-2　辨析下列概念：

(1) 化学反应过程必须考虑物质化学能的变化。

(2) 物质在化学反应过程中，只能以容积功的形式和外界交换能量。

(3) 化学反应过程中的热量和功量都是状态量。

(4) 化学反应的热效应是状态参数。

(5) 燃烧反应的定压热值总是大于定容热值。

(6) 所有单质的标准生成焓均为零。

(7) 赫斯定律反映了化学反应中的能量转换和守恒。

(8) 对某一确定的燃烧反应，其理论燃烧温度是一个定值。

(9) 化学反应受热力学第一定律、第二定律和第三定律的共同约束。

(10) 封闭体系内的化学反应过程是一个熵增或等熵的过程。

(11) 能量和功量的输入输出都会使化学反应的平衡点发生移动。

(12) 吸热反应生成物的总熵大于反应物的总熵。

(13) 应根据化学反应的平衡条件选择反应进行的参数。

(14) 物质绝对熵的零点对应于 0K。

(15) 随着科学技术的进步，人们最终可以到达 0K。

12-3　甲烷 CH_4（气态）在纯氧中发生燃烧反应，请计算其标准燃烧焓。按生成物中的水为液态和蒸汽两种情况计算。

若反应在 500℃下进行，计算其定压热效应。

12-4　现有化学反应 $C+\frac{1}{2}O_2 \longrightarrow CO$，根据一氧化碳的标准燃烧焓，求同样条件下反应的定容热效应。

12-5　现有反应：$CO_{(g)}+H_2O_{(g)} \longrightarrow CO_{2(g)}+H_{2(g)}$ 在化学标准状态下的热效应。试完成以下工作：

(1) 证明反应热效应为 $H_2O_{(g)} \longrightarrow H_{2(g)}+\frac{1}{2}O_{2(g)}$ 与 $CO_{(g)}+\frac{1}{2}O_{2(g)} \longrightarrow CO_{2(g)}$ 热效应之和；

(2) 求反应的热效应。

12-6　接上题，求该反应在标准大气压、800℃下的热效应（所有物质的比热容视为定值，由附录1查得）。

12-7　氢气和氧气在化学标准状态下反应生成液态水：$H_{2(g)}+\frac{1}{2}O_{2(g)} \longrightarrow H_2O_{(l)}$，求：

(1) 若反应为燃烧反应，则该反应的放热量为多少？

(2) 若该反应在燃烧电池内进行，则燃料电池能输出的电量为多少？

（3）燃料电池的电效率有多大？

12-8　已知 Fe_3O_4 的标准生成自由焓为 $-1117.876kJ/mol$，FeO 的标准生成自由焓为 $-266.699kJ/mol$，试判断下述反应能否在化学标准状态下进行：

$$Fe_3O_{4(s)} + CO_{(g)} \longrightarrow 3FeO_{(s)} + CO_{2(g)}$$

CO 和 CO_2 的标准生成自由焓查附录7。

12-9　2mol CO 和 3mol H_2O 在 810℃、101 325Pa 下进行如下反应：

$$H_2O + CO \longrightarrow H_2 + CO_2$$

已知该温度和压力下反应的平衡常数为 $K_p = 1$，求平衡时各成分的分压力。

12-10　已知 900℃时有如下反应：

$$H_2 + CO_2 \longrightarrow H_2O + CO$$

反应达到平衡时，各组分的 mol 数分别为：H_2 0.8mol，CO_2 1.4mol，CO 1.2mol，H_2O 1.2mol，求该温度和压力下反应的平衡常数 K_p。

附　录

常用理想气体的基本热力性质

气体	摩尔质量 M	气体常数 R_g	比定压热容 c_p (25℃)		比定容热容 c_V (25℃)		比热容比 γ (25℃)
	g/mol	kJ/(kg·K)	kJ/(kg·K)	J/(mol·K)	kJ/(kg·K)	J/(mol·K)	—
He	4.003	2.0771	5.196	20.81	3.119	12.50	1.666
Ar	39.948	0.2081	0.5208	20.89	0.3127	12.57	1.665
H_2	2.016	4.1243	14.03	28.86	10.18	20.55	1.405
O_2	32.000	0.2598	0.917	29.34	0.657	21.03	1.396
N_2	28.016	0.2968	1.039	29.08	0.742	20.77	1.400
CO	28.011	0.2968	1.041	29.19	0.744	20.88	1.399
空气	28.965	0.2871	1.005	29.09	0.718	20.78	1.400
CO_2	44.011	0.1889	0.844	37.19	0.655	28.88	1.289
H_2O	18.016	0.4615	1.863	33.64	1.402	25.33	1.329
CH_4	16.043	0.5183	2.227	35.72	1.709	27.41	1.303
C_2H_4	28.054	0.2964	1.551	55.29	1.255	44.73	1.236
C_2H_6	30.070	0.2765	1.752	58.26	1.475	49.04	1.188
C_3H_8	44.097	0.1886	1.667	37.80	1.478	33.51	1.128

常用理想气体的比定压热容（多项式）

$$c_p = a_0 + a_1 T + a_2 T^2 + a_3 T^3 \qquad \text{kJ/(kg·K)}$$

气体	a_0	a_1 (×10³)	a_2 (×10⁶)	a_3 (×10⁹)	适用温度 T (K)	最大误差（%）
H_2	14.439	−0.9504	1.9861	−0.4318	273~1800	1.01
N_2	1.0316	−0.05608	0.2884	−0.1025	273~1800	0.59
CO	1.0053	0.05980	0.1918	−0.07933	273~1800	0.89
空气	0.9705	0.06791	0.1658	−0.06788	273~1800	0.72
O_2	0.8056	0.4341	−0.1810	0.02748	273~1800	1.09
CO_2	0.5058	1.3590	−0.7955	0.1697	273~1800	0.65
H_2O	1.7895	0.1068	0.5861	−0.1995	273~1500	0.52
CH_4	1.2398	3.1315	0.7910	−0.6863	273~1500	1.33
C_2H_4	0.14707	5.525	−2.907	0.6053	298~1500	0.30
C_2H_6	0.18005	5.923	−2.307	0.2897	298~1500	0.70
C_3H_6	0.08902	5.561	−2.735	0.5164	298~1500	0.44
C_3H_8	−0.09570	6.946	−3.597	0.7291	298~1500	0.28

附录 3　　　　　常用理想气体的平均比定压热容（0～t）　　　　kJ/(kg·K)

温度 t（℃）	H_2	O_2	N_2	CO	CO_2	H_2O	空气
0	14.195	0.915	1.039	1.040	0.815	1.859	1.004
100	14.353	0.923	1.040	1.042	0.866	1.873	1.006
200	14.421	0.935	1.043	1.046	0.910	1.894	1.012
300	14.446	0.950	1.049	1.054	0.949	1.919	1.019
400	14.477	0.965	1.057	1.063	0.983	1.948	1.028
500	14.509	0.979	1.066	1.075	1.013	1.978	1.039
600	14.542	0.993	1.076	1.086	1.040	2.009	1.050
700	14.587	1.005	1.087	1.093	1.064	2.042	1.061
800	14.641	1.016	1.097	1.109	1.085	2.075	1.071
900	14.706	1.026	1.108	1.120	1.104	2.110	1.081
1000	17.776	1.035	1.118	1.130	1.122	2.144	1.091
1100	14.853	1.043	1.127	1.140	1.138	2.177	1.100
1200	14.934	1.051	1.136	1.149	1.153	2.211	1.108
1300	15.023	1.058	1.145	1.158	1.166	2.243	1.117
1400	15.113	1.065	1.153	1.166	1.178	2.274	1.124
1500	15.202	1.071	1.16	1.173	1.189	2.305	1.131
1600	15.294	1.077	1.167	1.180	1.200	2.335	1.138
1700	15.383	1.083	1.174	1.187	1.209	2.363	1.144
1800	15.472	1.089	1.180	1.192	1.218	2.391	1.150
1900	15.561	1.094	1.186	1.198	1.226	2.417	1.156
2000	15.649	1.099	1.191	1.203	1.233	2.442	1.161
2100	15.736	1.104	1.197	1.208	1.241	2.466	1.166
2200	15.819	1.109	1.201	1.213	1.247	2.489	1.171
2300	15.902	1.114	1.206	1.218	1.253	2.512	1.176
2400	15.983	1.118	1.210	1.222	1.259	2.533	1.180
2500	15.604	1.123	1.214	1.226	1.264	2.554	1.184

附录 4　　　　　　常用理想气体的平均比定容热容（0～t）　　　　　kJ/(kg·K)

温度 t（℃）	H_2	O_2	N_2	CO	CO_2	H_2O	空气
0	10.071	0.655	0.742	0.743	0.626	1.398	0.717
100	10.229	0.663	0.743	0.745	0.677	1.412	0.719
200	10.297	0.675	0.746	0.749	0.721	1.433	0.725
300	10.322	0.69	0.752	0.757	0.760	1.458	0.732
400	10.353	0.705	0.76	0.766	0.794	1.487	0.741
500	10.385	0.719	0.769	0.778	0.824	1.517	0.752
600	10.418	0.733	0.779	0.789	0.851	1.548	0.763
700	10.463	0.745	0.79	0.796	0.875	1.581	0.774
800	10.517	0.756	0.800	0.812	0.896	1.614	0.784
900	10.582	0.766	0.811	0.823	0.915	1.649	0.794
1000	13.652	0.775	0.821	0.833	0.933	1.683	0.804
1100	10.729	0.783	0.83	0.843	0.949	1.716	0.813
1200	10.810	0.791	0.839	0.852	0.964	1.750	0.821
1300	10.899	0.798	0.848	0.861	0.977	1.782	0.83
1400	10.989	0.805	0.856	0.869	0.989	1.813	0.837
1500	11.078	0.811	0.863	0.876	1.000	1.844	0.844
1600	11.17	0.817	0.870	0.883	1.011	1.874	0.851
1700	11.259	0.823	0.877	0.89	1.020	1.902	0.857
1800	11.348	0.829	0.883	0.895	1.029	1.930	0.863
1900	11.437	0.834	0.889	0.901	1.037	1.956	0.869
2000	11.525	0.839	0.894	0.906	1.044	1.981	0.874
2100	11.612	0.844	0.900	0.911	1.052	2.005	0.879
2200	11.695	0.849	0.904	0.916	1.058	2.028	0.884
2300	11.778	0.854	0.909	0.921	1.064	2.051	0.889
2400	11.859	0.858	0.913	0.925	1.070	2.072	0.893
2500	11.480	0.863	0.917	0.929	1.075	2.093	0.897

附录 5 **氨的 lgp-h 图**

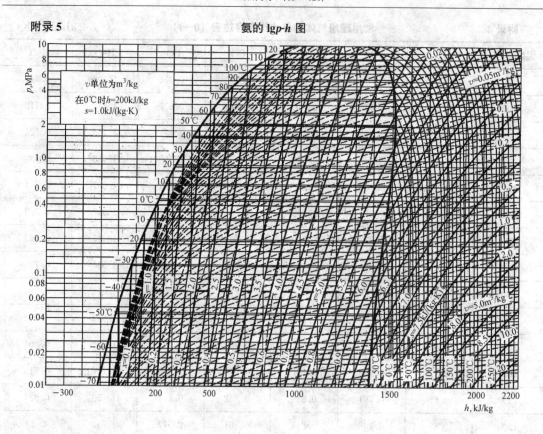

附录 6 **一些物质的标准燃烧焓**

物质	分子式	相对分子质量	产物水为液态	产物水为汽液态
		g/mol	ΔH_c^0 （kJ/mol）	ΔH_c^0 （kJ/mol）
氢（g）	H_2	2.016	−286.028	−241.997
碳（石墨）（s）	C	12.011	−393.791	−393.791
一氧化碳（g）	CO	28.011	−283.190	−283.190
甲烷（g）	CH_4	16.043	−890.927	−802.842
乙炔（g）	C_2H_2	26.038	−1300.489	−1256.435
乙烯（g）	C_2H_4	28.054	1412.137	−1324.052
乙烷（g）	C_2H_6	30.07	1560.932	−1428.815
丙烷（g）	C_3H_8	44.097	2221.539	−2045.349
苯（g）	C_6H_6	78.114	3303.850	−3171.733
辛烷（g）	C_8H_{18}	114.23	5515.876	5119.526
辛烷（l）	C_8H_{18}	114.23	5474.473	−5078.123

注 括号中 g 表示气态，l 表示液态，s 表示固态。

附录 7 　一些物质的标准生成焓、标准生成自由焓和绝对熵

物质	分子式	相对分子质量	ΔH_f^0	ΔG_f^0	S_m^0
		g/mol	kJ/mol	kJ/mol	J/(mol·K)
一氧化碳（g）	CO	28.011	−110.601	−137.254	197.67
二氧化碳（g）	CO_2	44.01	−393.791	−394.675	213.82
水（g）	H_2O	18.016	−241.997	−228.750	188.84
水（l）	H_2O	18.016	−286.028	−237.345	69.98
甲烷（g）	CH_4	16.043	−74.922	−50.848	186.27
乙炔（g）	C_2H_2	26.038	226.882	209.309	200.98
乙烯（g）	C_2H_4	28.054	52.502	68.403	219.37
乙烷（g）	C_2H_6	30.07	−84.724	−32.908	229.64
丙烷（g）	C_3H_8	44.097	−103.916	−23.504	270.09
苯（g）	C_6H_6	78.114	82.982	12.9744	269.37
辛烷（g）	C_8H_{18}	114.23	−208.586	16.537	467.03
辛烷（l）	C_8H_{18}	114.23	−250.114	6.615	361.02
氢（g）	H_2	2.016	0	0	130.66
氧（g）	O_2	32.000	0	0	205.16
氮（g）	N_2	28.016	0	0	191.62
碳（石墨）（s）	C	12.011	0	0	5.68
碳（金刚石）（s）	C	12.011	1.896	2.900	2.34

注　括号中 g 表示气态，l 表示液态，s 表示固态。

参 考 文 献

[1] 曾丹苓，敖越，张新铭，等. 工程热力学. 3 版. 北京：高等教育出版社，2002.

[2] 沈维道，童钧耕. 工程热力学. 4 版. 北京：高等教育出版社，2007.

[3] 严家騄，王永青. 工程热力学. 北京：中国电力出版社，2007.

[4] 秦允豪. 热学. 2 版. 北京：高等教育出版社，2004.

[5] 施明恒，李鹤立，王素美. 工程热力学. 南京：东南大学出版社，2003.

[6] 郭奕玲，沈慧君. 物理学史. 2 版. 北京：清华大学出版社，2005.

[7] W. 瓦格纳，A. 克鲁泽. 水和蒸汽的性质. 北京：科学出版社，2003.

[8] 王季陶. 现代热力学及热力学学科全貌. 上海：复旦大学出版社，2005.

[9] WARK K J，RICHARDS D E. Thermodynamics. 6th Ed. 北京：清华大学出版社，2006.